"十四五"职业教育国家规划教材

"十三五"职业教育国家规划教材

普通高等职业教育计算机系列规划教材

网络设备配置与管理

（第2版）

邱 洋 计大威 主 编

蔡军英 王 华 范培英 副主编

電子工業出版社

Publishing House of Electronics Industry

北京 · BEIJING

内容简介

交换机和路由器是计算机网络的核心设备，对于希望今后从事网络系统集成、网络管理与维护等工作的学生来说，掌握交换机和路由器的基本应用技术十分重要。

本书主要针对高等职业院校计算机及网络相关专业，在第1版的基础上，仍然以学校校园网项目为主线，将学习平台升级为思科公司的 Packet Tracer 7.0 版本模拟器，增加了 VPN 和无线局域网的基本配置内容，并且将动态路由分为 RIP 和 OSPF 两部分进行介绍。本书从项目任务需求描述开始，按照项目导入、分解任务、项目实施等过程来介绍。本书内容主要涉及组建网络所需的最基本的技术和技能，包含交换式局域网组建、交换式网络优化、提高网络可靠性、实现网络互联、内外网访问等内容，对应学生今后工作岗位的相应技能。本书每章最后还设计了相关练习题，并且书中所有内容都经过了 Packet Tracer 7.0 的验证。

本书可作为高等职业院校计算机及网络相关专业的教材或参考书，以及各类网络设备培训班的培训教材或辅助教材，并且适合所有从事网络管理和系统管理的专业人员及网络爱好者阅读。

图书在版编目（CIP）数据

网络设备配置与管理 / 邱洋，计大威主编. —2版. —北京：电子工业出版社，2018.10
普通高等职业教育计算机系列规划教材
ISBN 978-7-121-34415-2

Ⅰ. ①网… Ⅱ. ①邱… ②计… Ⅲ. ①网络设备－配置－高等职业教育－教材②网络设备－设备管理－高等职业教育－教材 Ⅳ. ①TN915.05

中国版本图书馆 CIP 数据核字（2018）第 124245 号

策划编辑：徐建军（xujj@phei.com.cn）
责任编辑：康　霞
印　　刷：涿州市京南印刷厂
装　　订：涿州市京南印刷厂
出版发行：电子工业出版社
北京市海淀区万寿路 173 信箱　　邮编：100036
开　　本：787×1 092　1/16　印张：16.25　字数：416 千字
版　　次：2014 年 9 月第 1 版
2018 年 10 月第 2 版
印　　次：2024 年 12 月第 18 次印刷
印　　数：2000 册　　定价：39.00 元

凡所购买电子工业出版社图书有缺损问题，请向购买书店调换。若书店售缺，请与本社发行部联系，联系及邮购电话：（010）88254888，88258888。

质量投诉请发邮件至 zlts@phei.com.cn，盗版侵权举报请发邮件至 dbqq@phei.com.cn。

本书咨询联系方式：（010）88254570。

前言

Preface

随着物联网、云计算等应用的不断发展，计算机网络技术作为这些应用的基础显得尤为重要，社会对高技能的网络应用型人才需求也与日俱增。在计算机网络平台中，交换机、路由器是最常见也最常用的网络设备，这两种设备的配置与管理技术已成为计算机网络的核心技术，掌握这两种设备的应用能力对网络专业学生的就业有很大帮助。

本书以作者多年网络设备配置的工作经历与教学经验为基础，以 Cisco 设备为平台，以校园网网络平台管理项目为中心，详细讲解了网络设备在网络系统集成中的规划、实施、管理和维护，如提高交换式网络的可靠性、静态路由实现网络互联、利用路由器实现网络数据的筛选等内容。本书内容全面，讲解精练，图文并茂，结构清晰，突出了实用性和可操作性。本书在编写风格上尽量避免枯燥、空洞的理论堆砌，使读者容易上手，在不知不觉之中掌握网络设备的管理与应用方法和技巧，是一本不可多得的网络技术参考书。

本书在编写过程中保持了第 1 版的特色，仍然采用“工作导向、任务驱动”的案例教学方式，根据校园网项目实施过程进行介绍。每章都先给出需要完成的任务目标，然后介绍为实现该目标所需的基本知识，通过案例详细介绍每个基本技能的应用，最后在大部分章节中安排了模拟配置校园网的某一部分功能来实现基本技能的综合应用和强化。通过这种安排，教师可通过任务引导学生进行实际操作，力求减少实用性不强、晦涩枯燥的理论讲解，能够让学生体验形象直观、生动有趣的知识学习和技能训练的过程。

与第 1 版相比，本书将动态路由部分分为 RIP 和 OSPF 两章，补充了 VPN 和无线技术的内容。同时所有章节都完善了相关案例和内容，弥补了第 1 版中的不足。

针对初学者的特点，本书在编排上注意由简到繁、由浅入深和循序渐进，力求通俗易懂、简捷实用。本书概念清晰、逻辑性强、层次分明、实例丰富，非常适合教师教学和学生学习。全书图文并茂，所有操作都依据实际效果显示一步一步讲述，读者可以边看书边上机操作，通过范例和具体操作，理解基本概念和学会操作方法。

为了保证全书内容的实用性和可操作性，本书所有例题和项目实施都使用编写本书时思科最新版的 Packet Tracer7.0 模拟器搭建实验环境进行配置操作，方便了学生的课后学习。为了能够让学生更方便地对书上的实验进行验证，本书所有实验内容都可以在思科的 Packet Tracer 7.0 模拟器上进行操作。

本书由上海电子信息职业技术学院的邱洋、计大威担任主编，蔡军英、王华、范培英担任副主编，全书由邱洋统稿。另外，参与本书编写的还有朱冰、鲁家皓。

为了方便教师教学，本书配有电子教学课件及相关资源，请有此需要的教师登录华信教育资源网（www.hxedu.com.cn）进行注册后免费下载，如有问题可在网站留言板留言或与电子工业出版社联系（E-mail:hxedu@phei.com.cn）。

教材建设是一项系统工程，需要在实践中不断加以完善及改进，由于编者水平有限，书中难免存在疏漏和不足，恳请同行专家和读者给予批评和指正。

编　者

目录
Contents

第1章 认识网络

计算机网络是指将地理位置不同的具有独立功能的多台计算机及其外部设备，通过通信线路连接起来，在网络操作系统、网络管理软件及网络通信协议的管理和协调下，实现资源共享和信息传递。

计算机网络是信息传递十分重要的环节，也是物联网、云计算、大数据、人工智能等应用的基础平台之一。随着我国电商、移动支付等应用的极速发展，计算机网络的建设和维护需要大量的网络技术人员，同时对相关人员也提出了更高的技术要求。

在学习了计算机网络的相关基础知识以后，如何设计、规划和组建各种实用的计算机网络，通过网络间的互联为用户提供高效的网络服务和信息共享就成为一种重要的职业追求，这一类职业有哪些技术素质，怎样开展这一类工作呢？本书将以一个校园网项目为载体，带领大家学习网络设备的配置与管理知识。

1.1 项目导入

1. 项目描述

小张是刚刚入职的新人，他将跟随公司资深技术员王师傅参加一所高等院校新校区网络建设项目，王师傅根据项目情况安排小张回顾所学过的网络知识，并且要求小张在项目实施过程中能够利用模拟器去学习和模拟项目的配置过程。

2. 项目任务

- 回顾网络体系结构的基本内容；
- 了解计算机网络的常用设备；
- 了解常用的思科模拟器软件；
- 能够利用 Cisco Packet Tracer 模拟器搭建网络拓扑。

1.2 任务 1 认识网络体系结构

计算机网络是一个复杂的具有综合性技术的系统，为了允许不同系统之间进行实体互联，在通信时必须遵从相互均能接受的规则，这些规则的集合称为协议（protocol）。计算机网络体系结构为不同的计算机之间互联提供相应的规范和标准。

1.2.1 OSI/RM 模型

在 20 世纪 80 年代末和 90 年代初，网络的规模和数量都得到了迅猛增长，但是许多网络基于的是不同的硬件和软件而实现的，这就使得它们之间互不兼容，并且很难在使用不同标准的网络之间进行通信。

为了解决这个问题，国际标准化组织（International Organization for Standardization，ISO）提出了网络模型方案以标准方式帮助规范厂商生产可相互操作的网络产品，并于 1984 年发表了 OSI/RM 参考模型，它是 ISO 在网络通信方面所定义的开放系统互联模型。有了这个开放模型，各网络设备厂商就可以遵照共同的标准来开发网络产品，最终实现彼此兼容。

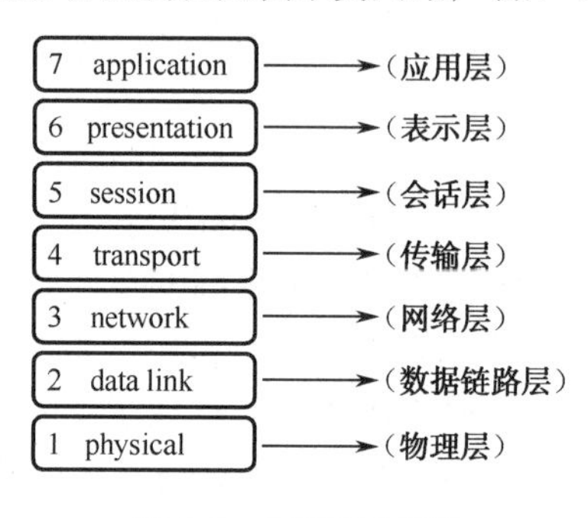

图 1-1 OSI/RM 模型

整个 OSI/RM 模型共分为 7 层，从下往上分别是物理层、数据链路层、网络层、传输层、会话层、表示层和应用层。

1.2.2 OSI/RM 模型各层的功能

当接收数据时，数据自下而上传输；当发送数据时，数据自上而下传输。下面简要介绍这几个层次。

（1）物理层。

物理层是 OSI 参考模型的最低层，其任务就是提供网络的物理连接，所以物理层建立在物理介质上，而不是逻辑上的协议和会话。它提供的是机械和电气接口，主要包括电缆、物理端口和附属设备。例如，双绞线、同轴电缆、接线设备（如网卡等）、RJ-45 接口、串口和并口等在网络中都是工作在这个层次的。

物理层提供的服务包括物理连接、物理服务数据单元顺序化（接收物理实体收到的比特顺序与发送物理实体所发送的比特顺序相同）和数据电路标识。

（2）数据链路层。

数据链路层建立在物理传输能力的基础上，以帧为单位传输数据，其主要任务就是进行数据封装和数据链接的建立。封装的数据信息中，地址段含有发送节点和接收节点的地址，控制段用来表示数据帧的类型，数据段包含实际要传输的数据，差错控制段用来检测传输中帧出现的错误。

数据链路层的功能包括数据链路连接的建立与释放、构成数据链路的数据单元、数据链路连接的分裂、定界与同步、顺序和流量控制，以及差错的检测和恢复等方面。

（3）网络层。

网络层属于 OSI 中的较高层次了，它解决的是网络与网络之间，即网际的通信问题。网络层的主要功能是提供路由，即选择到达目标主机的最佳路径，并沿该路径传送数据包。除此之外，网络层还要能够消除网络拥挤，具有流量控制和拥挤控制的能力。

网络层的功能包括建立和拆除网络连接、路径选择和中继、网络连接多路复用、分段和组块、服务选择和传输，以及流量控制。

（4）传输层。

传输层解决的是数据在网络之间的传输质量问题，它属于较高层次。传输层用于提高网络层服务质量，提供可靠的端到端的数据传输，如常说的 QoS 就是这一层的主要服务。这一层主要涉及的是网络传输协议，它提供的是一套网络数据传输标准，如 TCP 协议。

传输层的功能包括映像传输地址到网络地址、多路复用与分割、传输连接的建立与释放、分段与重新组装、组块与分块。

（5）会话层。

会话层利用传输层来提供会话服务，会话可能是一个用户通过网络登录到一个主机，或者一个正在建立的用于传输文件的会话。

会话层的功能主要有会话连接到传输连接的映射、数据传送、会话连接的恢复和释放、会话管理、令牌管理和活动管理。

（6）表示层。

表示层用于数据管理的表示方式，如用于文本文件的 ASCII 和 EBCDIC，用于表示数字的 1S 或 2S 补码形式。如果通信双方用不同的数据表示方法，双方就不能互相理解。表示层就是用于屏蔽这种不同之处的。

表示层的功能主要有数据语法转换、语法表示、表示连接管理、数据加密和数据压缩。

（7）应用层。

应用层是 OSI 参考模型的最高层，它解决的也是最高层次，即程序应用过程中的问题，它直接面对用户的具体应用。应用层包含用户应用程序执行通信任务所需要的协议和功能，如电子邮件和文件传输等，在这一层中 TCP/IP 协议中的 FTP、SMTP、POP 等协议得到了充分应用。

1.2.3 数据的封装和解封装过程

为了使数据在网络传输过程中能够被顺利、正确地传送到目的地，需要对数据进行包装，称为数据的封装（encapsulation），即将协议数据单元（PDU）封装在一组协议头和尾中的过程。在 OSI 7 层参考模型中，每层主要负责与其他机器上的对等层进行通信。该过程是在“协议数据单元”中实现的，其中每层 PDU 一般由本层的协议头、协议尾和数据封装构成。

在发送端，数据的封装是按照OSI参考模型自上而下层层封装的，每层都会添加一些特定的控制数据传输的信息，用于接收端的对应层根据封装的控制信息对数据进行相应处理，称为包头，如图1-2所示。

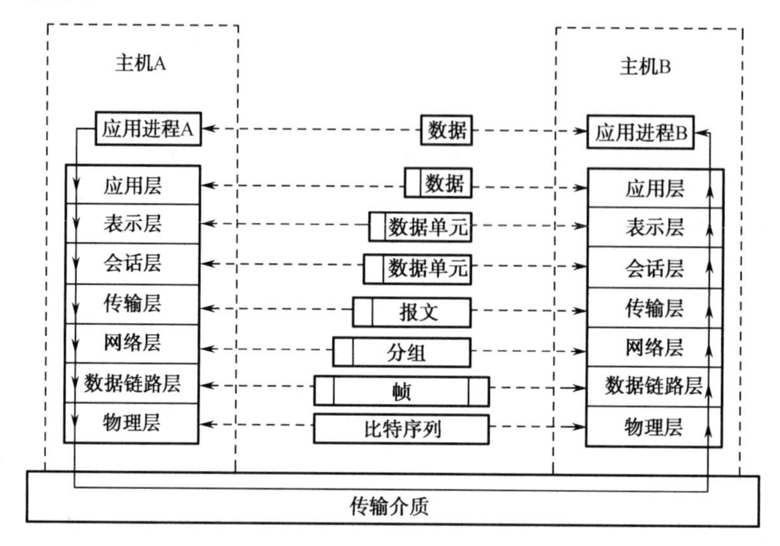

图1-2　数据的封装与解封装

从应用层来的数据流到达传输层时，被分割成一个个便于传输的数据段，传输层对每个数据段单独进行封装，然后再传给网络层。网络层把上层传递下来的整个内容——包含数据和包头，看成自己的数据再次对其进行封装。数据链路层把来自网络层的数据包再次封装，这次不但增加了帧头，还在尾部增加了帧的附加部分（trailer），这部分携带的是数据的校验值。

经过层层封装的数据在物理层以比特流的方式传送出去。

因为每一层所完成的任务不同，所以每层加入的信息也不相同，这也正是为什么要进行多层封装的原因。

在接收端，主机要想知道对方传输来的真实信息，需要自下而上一层一层地把包头和尾去掉，最终复原数据，这个过程称为解封装。

在特定层次上的包含数据和包头的数据单元称为协议数据单元（Protocol Data Unit，PDU），并给它们命名：

- 传输层以上的PDU称为数据；
- 由于在传输层对数据进行了分段，所以第4层的PDU称为“段”（segment）；
- 网络层的PDU称为数据包（packet）；
- 数据链路层的PDU称为帧（frame）；
- 物理层的PDU称为比特（bit）。

1.2.4　网络设备在层次模型中所处的位置

根据不同的作用，网络设备可以对应到OSI参考模型的不同层，如图1-3所示。

- 中继器（repeater）：工作在物理层，在电缆之间逐个复制二进制位（bit）。
- 交换机（bridge）：工作在链路层，在LAN之间存储和转发帧（frame）。
- 路由器（router）：工作在网络层，在不同的网络之间存储和转发分组（packet）。

➢ 协议转换器（gateway）：工作在三层以上，实现不同协议之间的转换。Internet 中通常把路由器也叫网关。

本书的主要内容就是介绍交换机和路由器这两种设备的配置和管理。

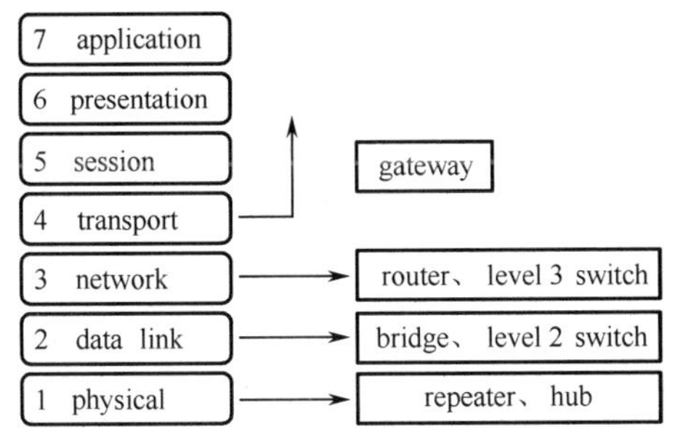

图 1-3　工作在各层的网络设备

1.2.5　TCP/IP 协议

TCP/IP 协议是互联网中实际使用的协议，也就是说，没有一个操作系统是按照 OSI 协议的规定编写自己的网络系统软件的，都是按照 TCP/IP 协议要求编写的。OSI 模型和 TCP/IP 模型的比较如图 1-4 所示。

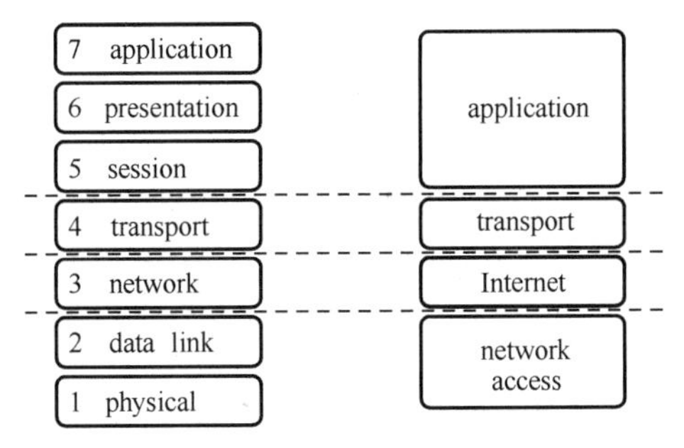

图 1-4　OSI 模型和 TCP/IP 模型的比较

TCP/IP 协议的层次并不是按 OSI 参考模型来划分的，只跟它有一种大致的对应关系。TCP/IP 协议是一个协议集，由十几个协议组成，其中两个重要协议分别为 TCP 协议和 IP 协议。图 1-5 是 TCP/IP 协议集中各个协议之间的关系。

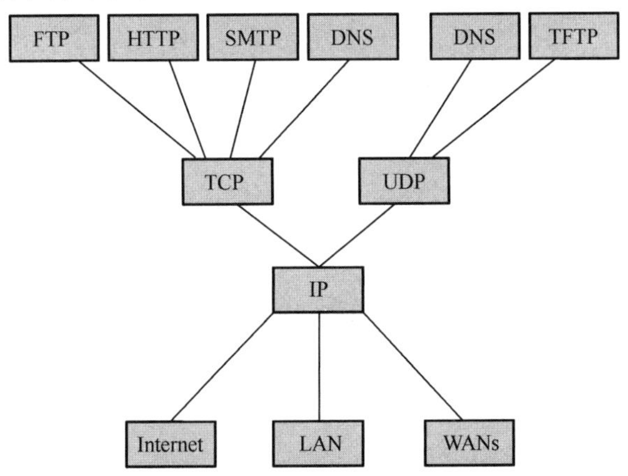

图 1-5　TCP/IP 协议集中各个协议之间的关系

TCP/IP 协议集给出了实现网络通信第三层以上的协议。

① 应用层：FTP、TFTP、HTTP、SMTP、POP3、SNMP、DNS、Telnet。

② 传输层：TCP、UDP。

③ 网络层：IP、ARP（地址解析协议）、RARP（逆向地址解析协议）、DHCP（动态 IP 地址分配）、ICMP（Internet Control Message Protocol）、RIP、IGRP、OSPF（属于路由协议）。

POP3、DHCP、IGRP、OSPF 虽然不是 TCP/IP 协议集的成员，但是都是非常知名的网络协议，因此仍然把它们放到 TCP/IP 协议的层次中来，可以更清晰地了解网络协议的全貌。

1.3 任务 2 认识常用网络设备

1.3.1 交换设备

1. 交换设备的作用

交换是将通信两端用户的信息传输到符合要求的相应位置的技术统称，这是种快速、高效、低成本的解决方式，为大量数据的高速传递提供了可行性，通常将网络分为三个层次，分别为接入层、汇聚层和核心层。

（1）接入层。

接入层通常指最低层的接入位置必须基于低成本、高密度的考虑，就是用户将网线插入个人 PC 的网卡，从而连通个人 PC 与交换机之间的链路。一般这个位置的交换机称为接入层交换机，只需要满足即插即用的网络设备能力，从而易于网络工程师对于整体网络的维护与保障。

（2）汇聚层。

汇聚层指的是，大量相同行为的用户发出的数据通过接入层交换进入内网网络，转交给核心网络设备，并对核心网络设备进行保护与协助，完成这项任务的交换机称为汇聚层交换机。在这一层中接入层交换较高的性能及较强的数据识别与处理能力。

（3）核心层。

核心层交换通常是网络内的核心，所有的数据都通过核心设备在骨干网络中进行高速交换，之后再从汇聚层到接入层，从而完成整体的数据交换。对核心交换设备来说，冗余能力、可靠性、转发效率都是重点考虑的能力，而对于网络控制则尽量放在接入层或汇聚层，以便降低网络控制对核心设备能力的影响。

2. 交换设备的种类

接入层交换采用多个端口，每个端口都具有桥接功能，可以连接一个局域网或一台高性能服务器或工作站。采用大量的端口是为了满足多区域、多地点物理设备接入的需要，只需要将预设的网线接入设备，就可以完成一个稳定、有效的局域网网络，从而达到通信的目的。目前主流的设备厂商分别是华为与思科，它们都研发了满足各类需要的接入层交换设备。如图 1-6 所示。

图 1-6　接入层交换机

汇聚层通常是网络内、楼宇之间的网络连接。通常会采用携带路由功能的三层交换机进行连接沟通。其目的是在保证数据交换快速的前提下，可以使用路由技术进行数据转发，从而使用户可以进行远端目的地的访问请求。汇聚层在接入层与核心层之间形成桥梁，可以处理一些局域网连通选路，而无须使用核心交换机的转发能力，并且为核心网络提供有限的网络保障能力。图 1-7 为常见的汇聚层交换机。

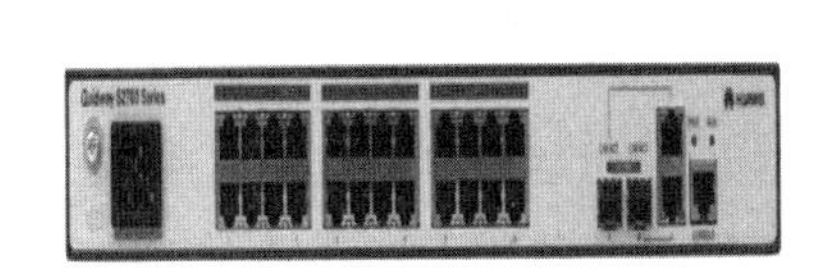

图 1-7　汇聚层交换机

核心层主要考量的是对核心网络的冗余性及安全、可靠的网络数据传输保障，并且在此基础上对网络的高速传输进行最大限度的提高，可以说核心网络传输不存在网络安全方面的考虑，只是对于物理设备进行保护，所有安全问题都将在接入层与汇聚层之间展开，但核心层无疑是占整个网络投资的重中之重，如图 1-8 所示。

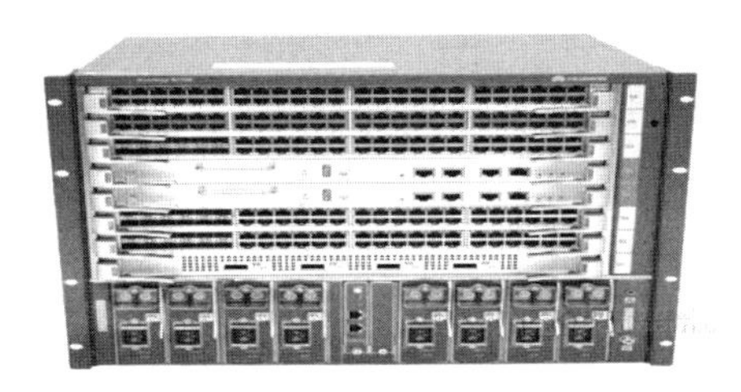

图 1-8　核心交换机

1.3.2　路由设备

1. 路由设备的作用

路由的字面解释就是在道路上行走，而如何走上正确的道路就是路由器需要做的事情。路由器做的最基本的两个动作：首先通过不同协议确定最短且正确的道路；其次是如同交换机一样进行转发，并带上正确的数据转发信息。

路由器一般位于网络出口，作为整体网络的网关，对公司外围网络进行数据传输，并且在一定程度上防止外围网络对内进行的各种攻击，其在数据传输能力上无法与交换机相提并论，但路由设备的路由功能和其他交换机所没有的功能使其可以胜任网关的作用。

2. 路由设备的种类

目前一般公司内部采用两种路由设备：一种为网关路由器，另一种更趋向于接入层的无线路由器。两者侧重点不同，网关路由器通常只对整体网络与外网沟通负责，并且对网络进行简单的防护与控制，而无线路由器面向的是在物理线路无法覆盖到的地方进行网络部署，方便网络管理人员对于网络进行控制。

路由器与交换机相同，也采用多个接口相互通信，但每个接口之间都通过使用 IP 地址进行数据交互，就如同邮局按照邮编及地址等数据进行收发邮件一样，图 1-9 为基本功能的网关型路由器。

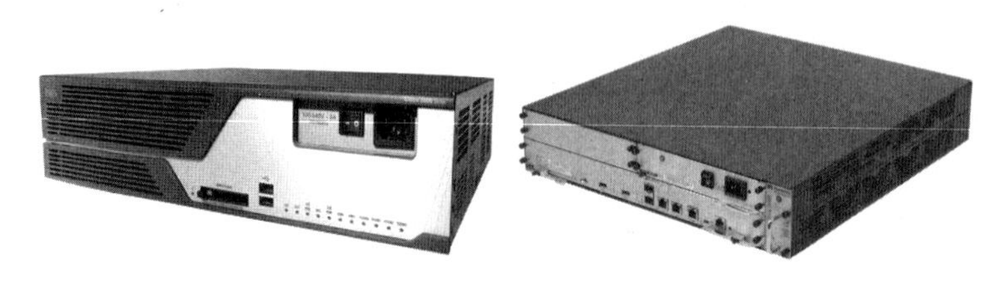

图 1-9　基本功能的网关型路由器

无线路由器就是增加了无线功能的路由器，使用户可以安全、快捷地接入已经配置完成的网络中，而无须再次进行物理布线等烦琐操作，从而大大减少了在接入层范围内，由于设计等原因导致的物理网络线缆无法完全覆盖而导致的一系列问题，节约了大量的物理线路成本，也更符合当今社会的移动办公模式，图 1-10 为无线路由器。

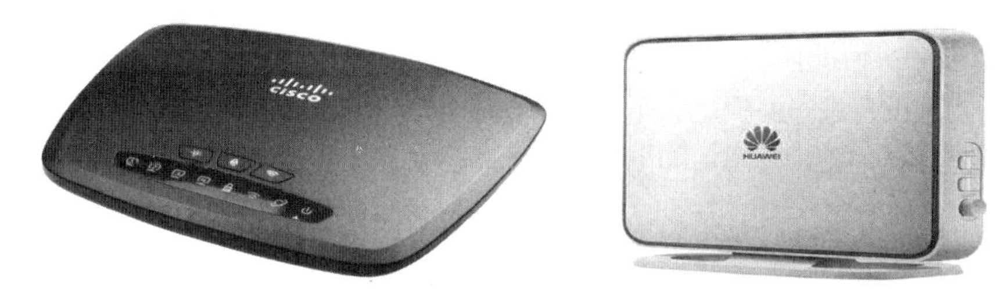

图 1-10　无线路由器

1.3.3　安全设备

防火墙是在内部与外部网络之间、专用与公用网络之间的一层屏障。这是一种通过软件、硬件叠加的方式，进行安全防护的设备，并且能扩展与衍生出如 VPN、流量统计、日志记录、流量监控等各类特殊应用。所有进出网络的数据必须要经过防火墙的审查、修改、记录等，才能被认定为此数据是安全、可靠且可以使用的。根据安全定义，防火墙适用于网络边界等，相当于路由网关的位置。其自身的安全抗打击能力是非常强的。

使用此种设备，可以在外部非法用户攻击内部网络时提供安全保障，这是企业内网安全的第一面盾牌，通过对数据流的分析，网络管理人员可以对目前公司内部所使用的地址与端口进行了解，关闭不使用的端口，从而最大限度地保护整体网络的通信安全，图 1-11 为防火墙设备。

虽然防火墙设备可以集成各类特殊应用进行数据处理，但由于大量数据在经过防火墙处理时，其本身承担了巨大的数据压力，这将导致网络数据处理速度整体缓慢，这是绝对不允许的，所以就出现了专门的网络安全设备，例如，入侵检测系统（Intrusion Detection Systems，IDS）、入侵防御系统（Intrusion Prevention System，IPS）。而防火墙只是将所有数据进行复制并传输到类似于模拟拓扑中的监控区域进行数据检查和处理，从而在不影响数据处理的前提下，仍然做到了安全、可控的行为。图 1-12 为入侵防御和入侵检测设备。

图 1-11 防火墙设备

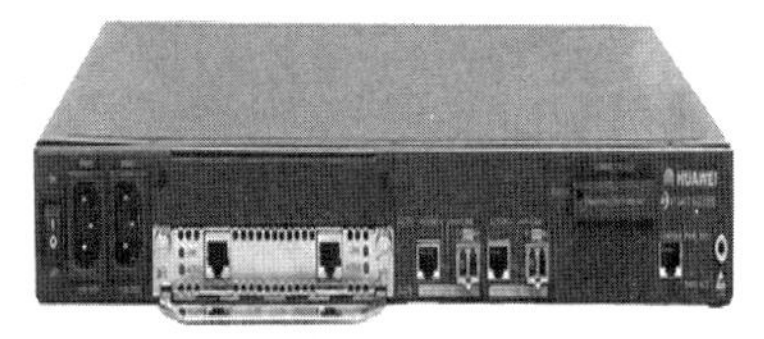

图 1-12 入侵防御和入侵检测设备

1.4 任务 3 了解常用思科模拟器软件

1.4.1 Cisco Packet Tracer 模拟器

Cisco Packet Tracer 模拟器是由思科公司发布的一款主要针对 CCNA 认证级别的实验辅助工具，是一个功能强大的网络仿真程序，为希望学习思科网络课程的学习者提供了设计、配置、排除网络故障的模拟环境。读者可以在该软件的图形界面上直接使用拖曳方法建立网络拓扑，然后根据需求对网络设备进行配置，还可以通过软件所提供的数据包传送的详细过程，观察网络实时运行情况，练习故障排查能力。

Cisco Packet Tracer 模拟器也是本书实验环境的模拟软件，本书所有内容都在此模拟器上实现，目的是能够让所有读者可以对本书的实验内容进行验证。目前 Cisco Packet Tracer 模拟器的最新版本在编写本书时为 Cisco Packet Tracer7.1.0 版，本书所有实验内容也都在此版本上进行操作。

Cisco Packet Tracer 模拟器可以到思科网站上免费下载，但使用时需要输入申请的思科网络学院学员账号，下面简单介绍一下软件的获得方法。

（1）注册为思科网络学院学员。

主要有以下几个步骤：

- 打开思科网络学院网站（www.netacad.com）；
- 根据图 1-13 所示选择“Introduction to Packet Tracer”菜单；
- 根据图 1-14 所示选择“Enroll now-English”按钮进入申请页面；
- 然后在打开的申请页面中输入个人信息即可。

注意：图中的页面都可以转换为中文显示。

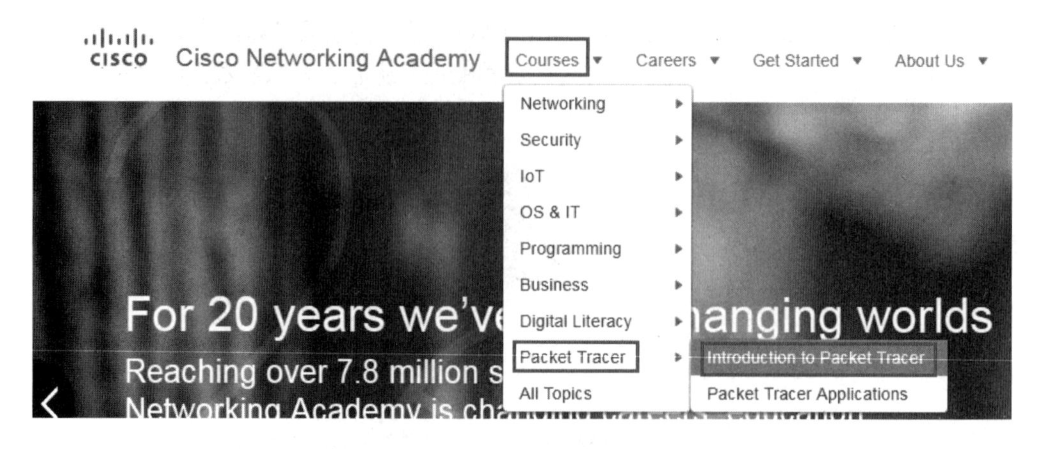

图 1-13　思科网络学院

Introduction to Packet Tracer

The **Introduction to Packet Tracer** course is designed for beginners with no prior networking knowledge. The self-paced course teaches the basic operations of Cisco Packet Tracer, the robust simulation tool used to visualize networks. Multiple hands-on activities focus on everyday examples including networking and Internet of Things (IoT) exposing learners to important concepts while at the same time reinforcing learnings. Whether you want to develop networking knowledge or you plan to take one of the Networking Academy courses that use Packet Tracer, you'll find **Introduction to Packet Tracer** provides valuable tips and best practices for using Cisco Packet Tracer.

- Learn the basic operations of Packet Tracer: - File commands, visualization and configuration of networking devices.
- Simulate the interactions of data traveling through the network.
- Learn to visualize the network in logical and physical modes.
- Reinforce your understanding with extensive hands-on networking and IoT activities.
- Get immediate feedback on your work through built-in quizzes and tests.
- Connect with the global Cisco Networking Academy community.

Languages: English

图 1-14　进入学员注册网页

（2）下载模拟器软件。

利用申请的账号登录思科网络学院，登录后所打开的网页会自动转为中文页面，选择“资源”标题栏，在打开的下拉菜单中选择“下载 Packet Tracer”进入下载页面。读者可在下载页面中根据自己计算机的系统选择相应的下载包。

1.4.2　GNS3 模拟器

GNS3 是一款优秀的开源软件，是一款具有图形化界面的网络模拟软件，可以运行在 Windows、OS X 和 Linux 平台上。GNS3 通过模拟路由器和交换机来创建复杂物理网络的模拟环境。简单说来，它是 Dynamips 模拟软件的一个图形前端，与直接使用 Dynamips 这样的模拟软件相比更容易上手且更具有可操作性。

GNS3 借助开源技术，其中包括 Dynamips、QEMU 和 VirtualBox 等开源模拟器。它可以像运行 Cisco IOS 那样轻松地运行 Juniper、Arista 和其他网络操作系统。

为了仿真 Cisco 硬件，GNS3 捆绑了 Dynamips 模拟器，Dynamips 模拟器程序可以仿真 Cisco1700、Cisco2600、Cisco3600、Cisco3700 和 Cisco7200 系列路由器硬件。QEMU 可以用于模拟 PIX 或 ASA 防火墙设备。VirtualBox 虚拟机的引入进一步拓展了 GNS3 的模拟环境。

与 Cisco Packet Tracer 模拟器相比，GNS3 可以模拟更加复杂的网络环境，特别是路由设备的操作，所以读者如果要参加思科 CCNP 及以上认证测试，利用 GNS3 进行实验操作是比较好的选择。当然 GNS3 也有不足，例如，不能较好地模拟交换机（注：较新版本的 GNS3 利用 IOU 也能模拟思科的交换机）；对计算机设备性能要求较高，因为 GNS3 在模拟设备时，需要运行对应设备的操作系统，占用计算机资源较多，所以在模拟较多的设备时对计算机性能要求较高；GNS3 安装配置比较烦琐，对初学者而言使用 Cisco Packet Tracer 模拟器进行学习更加适合，所以本书不介绍 GNS3 的操作。

如果读者需要下载 GNS3 软件，可到 www.gns3.com 网站进行操作。在本书编写时最新版本为 2.1.3，在 Windows 下此版本最好与 VMware Workstation 12 配合使用，使用方法这里不再介绍。

1.5 任务 4 初识 Cisco Packet Tracer

Cisco Packet Tracer 模拟器是本书实验环境的模拟软件，下面简单介绍这款模拟器的初步使用。

1.5.1 打开模拟器

根据任务 3 的介绍，请读者自行申请思科网络学院账号并下载 Cisco Packet Tracer 模拟器软件，本书使用的是 64 位 Windows 系统下的 7.1.1 版本软件。这里要注意的是，在大部分情况下，此软件的高版本可以打开低版本编辑过的内容，反之不行。

在第一次打开模拟器时会弹出一个登录界面，如图 1-15 所示。默认情况下，需要输入申请的思科网络学院账号进行登录，但也可以单击右下角的“Guest Login”按钮选择非账号登录。在实际使用中，建议还是利用账号登录，因为 Guest Login 登录会有功能上的缺失（例如，同一个项目的保存次数不超过 10 次）。

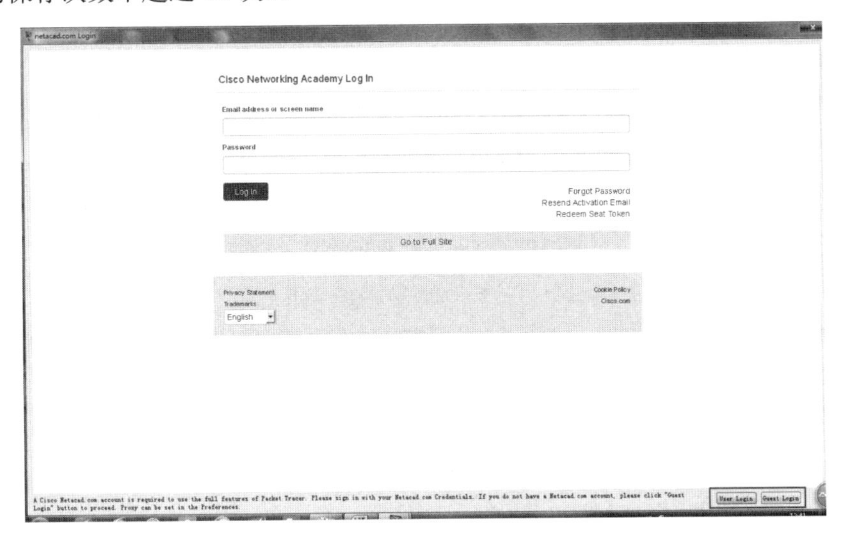

图 1-15 登录界面

1.5.2 工作界面

图 1-16 所示为 Cisco Packet Tracer 打开后的操作界面。

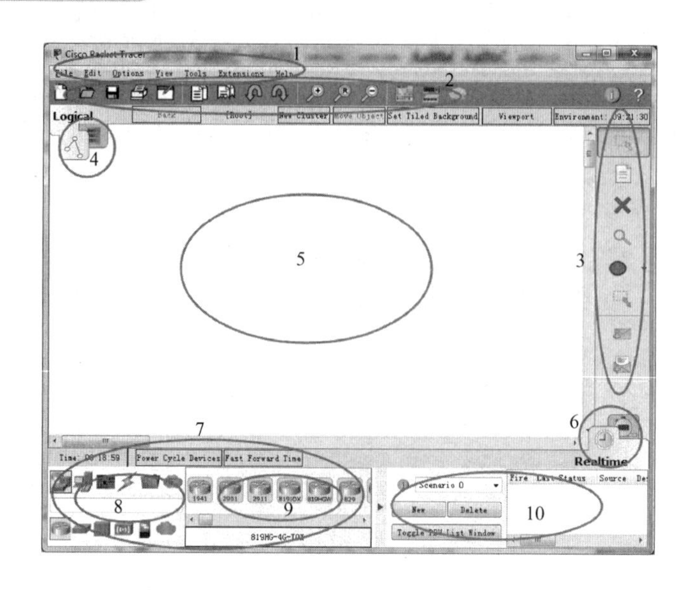

图 1-16　Cisco Packet Tracer 打开后的操作界面

表 1-1 所示为图 1-16 中每个标注区域的作用。

表 1-1　Cisco Packet Tracer 基本界面介绍

1	菜单栏	此栏中有文件、编辑、选项、查看、工具、扩展和帮助按钮，在此可以找到一些基本命令，如打开、保存、打印和选项设置，此外还可以访问活动向导
2	主工具栏	此栏提供了文件按钮中命令的快捷方式
3	常用工具栏	此栏提供了常用的工作区工具，包括选择、整体移动、备注、删除、查看、调整大小、添加简单数据包和添加复杂数据包等
4	逻辑/物理工作区转换栏	可以通过此栏中的按钮完成逻辑工作区和物理工作区之间的转换。 逻辑工作区：主要工作区，在该区域里完成网络设备的逻辑连接及配置。 物理工作区：该区域提供了办公地点（城市、办公室、工作间等）和设备的直观图，可以对它们进行相应配置
5	工作区	此区域可供创建网络拓扑，监视模拟过程，查看各种信息和统计数据
6	实时/模拟模式转换栏	可以通过此栏中的按钮完成实时模式和模拟模式之间的转换。 实时模式：默认模式。提供实时的设备配置和 Cisco IOS CLI（Command Line Interface）模拟。 模拟模式：模拟模式用于模拟数据包的产生、传递和接收过程，可逐步查看
7	网络设备库	该库包括设备类型库和特定设备库
8	设备类型库	此库包含不同类型的设备，如路由器、交换机、HUB、无线设备、连线、终端设备和网云等（5.2 版本共有 9 种不同类型的设备）
9	特定设备库	此库包含不同设备类型中不同型号的设备，其随着设备类型库的选择级联显示
10	用户数据包窗口	此窗口管理用户添加的数据包

1.5.3 搭建网络拓扑

1. 选择设备

根据图 1-16 所示在网络设备库中利用拖曳的方式向工作区添加两台 2911 路由器、两台 2960 交换机和两台 PC，如图 1-17 所示。

图 1-17 选择设备

2. 选择线缆

接下来需要选取合适的线缆将设备连接起来，可以根据设备间的不同接口选择特定的线缆进行连接，当然如果只是想快速地建立网络拓扑而不考虑线缆选择，则可以选择“自动连线”。

在设备互连时，线缆的选择关系到设备间能否连通，在图 1-16 所示的网络设备库中选择闪电型图标会出现图 1-18 所示的线缆类型，下面对常用的几种线缆进行简单介绍。

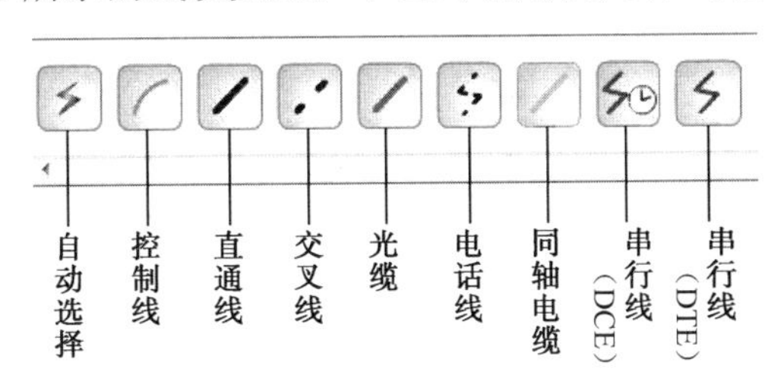

图 1-18 常用线缆类型

① 直通线（双绞线）：线的两端用同一标准制作接头，用于不同种类设备之间的互连，如交换机与路由器、计算机与交换机、计算机与集线器等。

② 交叉线（双绞线）：线的两端分别用两种标准制作接头，用于同种设备之间的互连，如交换机与交换机、交换机与集线器、集线器与集线器、路由器与路由器、计算机与计算机、计算机到路由器（都属于 DTE 设备）。

③ 串行线（DCE）：DCE 是数据通信设备，为其他设备提供时钟服务。此设备通常位于 WAN 链路的运营商一端。使用时需要设置时钟（Clock Rate）。

④ 串行线（DTE）：DTE 是数据终端设备，从其他设备接收时钟服务并做相应调整。此设备通常位于链路的 WAN 客户端或用户端。使用时不需要设置时钟（Clock Rate）。事实上设置 Clock Rate 是允许的，但是不会产生任何作用。

注意：上面所说的直通线和交叉线的使用规则是比较烦琐的，在实际使用中，网络设备的端口通常能够根据对方所连的端口进行自适应操作，从而避免因为线缆用错而导致网络故障，但在 Cisco Packet Tracer 模拟器中还要根据规则使用。

3. 利用双绞线连接设备

双绞线是局域网中使用最广泛的线缆，有直通线和交叉线两种类型，都用于连接设备的以太网端口。根据前面的描述在模拟器中这两种线缆必须正确使用，否则设备之间无法通信。在图 1-19 中，两台路由器的以太网端口需要使用交叉线进行连接，其他设备均使用直通线进行连接。

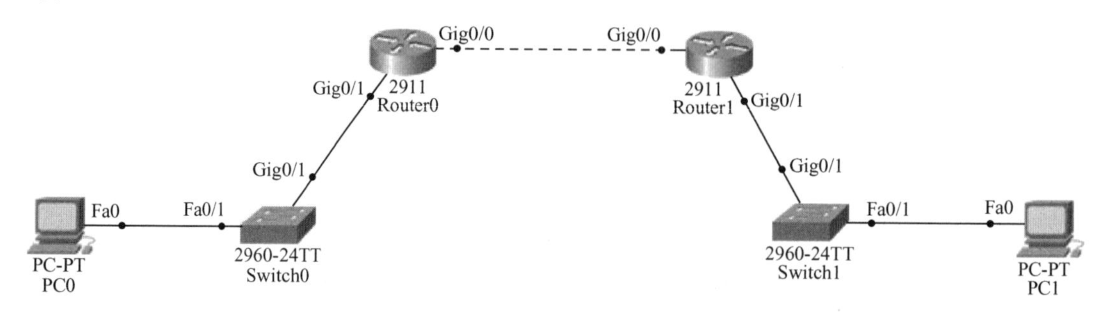

图 1-19　拓扑图

4. 利用串行线缆连接设备

对于路由这类设备，有时候需要使用串行线来进行连接，此时串行线必须连接在路由器的 Serial 口上，模拟器中的路由器在默认情况下是没有 Serial 口的，这时需要给路由器添加相应模块来增加 Serial 口，方法如下。

① 单击路由器，出现如图 1-20 所示的界面。

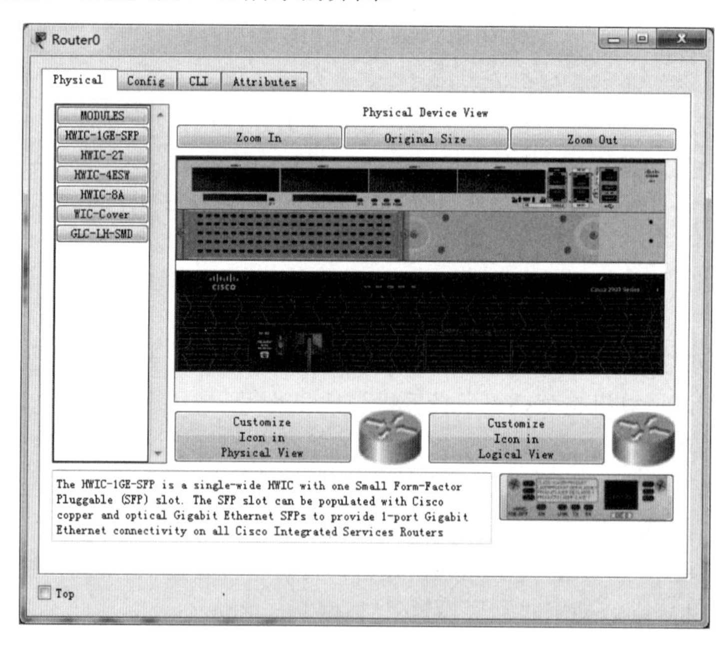

图 1-20　设备的物理界面

② 在添加模块前，必须先关闭路由器电源，绿色灯表示电源打开，如图 1-21 所示。

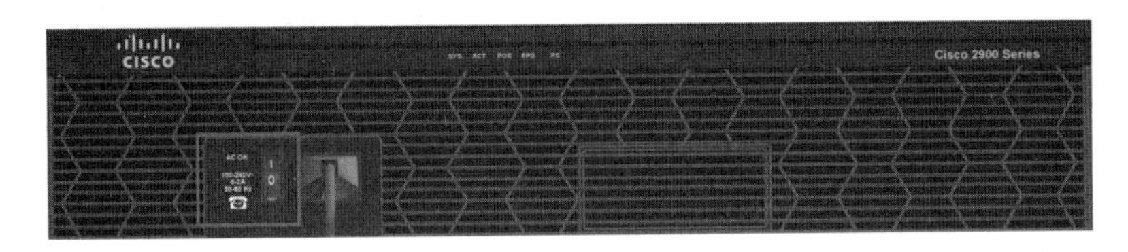

图 1-21　电源开关

③ 关闭电源后，在左边一栏选择 HWIC-2T 模块，将它拖动到路由器的相应位置，然后打开电源，如图 1-22 所示。

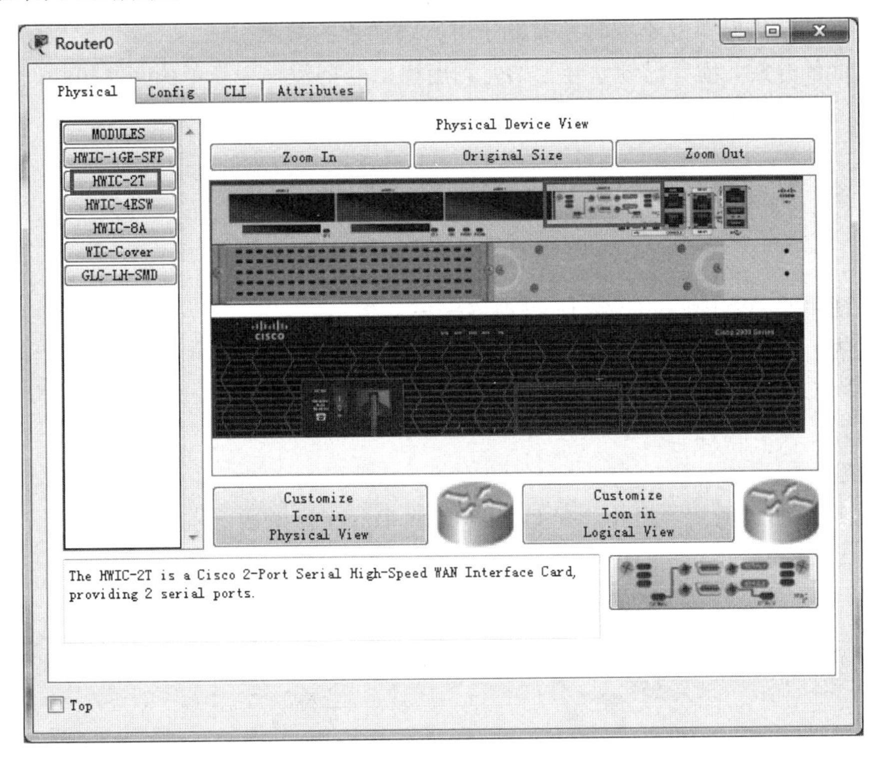

图 1-22　添加模块

④ 使用串行线重新连接 Router0 和 Router1，如图 1-23 所示。

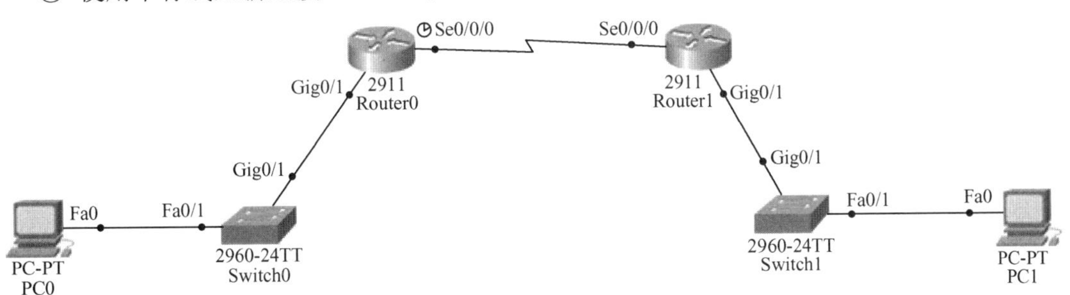

图 1-23　连接设备

⑤ 在拓扑图中可看到各线缆两端有不同颜色的圆点，表示的含义如表 1-2 所示。

表 1-2　线缆两端圆点的含义

线缆两端圆点的状态	含　　义
亮绿色	物理连接准备就绪，还没有 Line Protocol Status 的指示
闪烁的绿色	连接激活
红色	物理连接不通，没有信号
黄色	交换机端口处于“阻塞”状态

说明：线缆两端圆点的不同颜色有助于进行连通性的故障排除。

通过上面的介绍，读者已经学会了如何利用模拟器搭建一个简单的网络拓扑，模拟器的其他功能将在后面章节中逐步介绍。

1.6　练习题

实训　使用 Cisco Packet Tracer 模拟器搭建网络

实训目的：

掌握利用 Cisco Packet Tracer 模拟器搭建网络拓扑的方法。

网络拓扑：

实训内容：

根据图 1-24 所示的实验拓扑，在 Cisco Packet Tracer 模拟器上搭建网络拓扑。

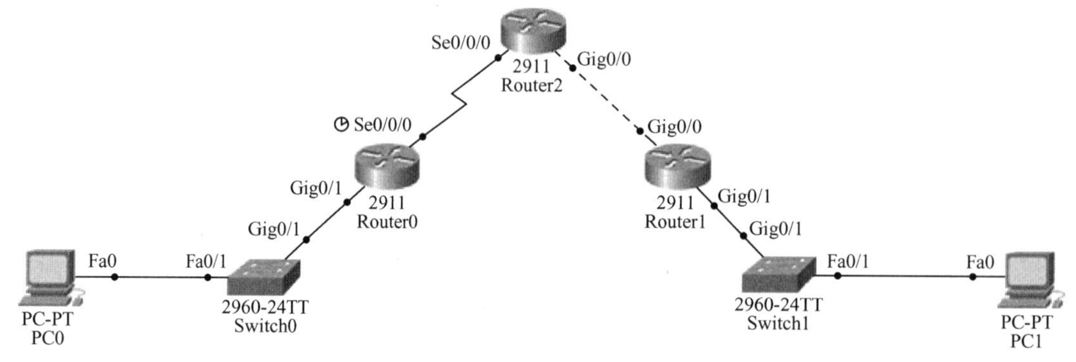

图 1-24　实验拓扑

第2章 组建交换式小型办公网络

随着网络应用越来越多地深入到人们的日常生活和工作中，局域网在其中也起到了越来越重要的作用，越来越多的企业、学校等单位开始组建局域网用于信息的共享和交流，充分利用局域网可以提高办公效率，同时可以节省大量纸张、油墨等，既节约了办公成本又提升了绿色办公的品质且避免了环境污染。本章通过建设校园网项目中的计算机应用系教师办公室网络来介绍交换机初始应用等内容。

2.1 项目导入

1. 项目描述

小张参与的是一所高等院校新校区网络建设项目，高等院校的校园网一般都是大型局域网网络，但也可以看成由许多小型局域网网络组成，例如，教学办公区、实验区域、学生宿舍区，甚至是某个办公室网络，都可以看成相对独立的局域网络，这些网络中最主要的设备就是交换机。王师傅要求小张根据资料学习交换机的工作原理，学习如何登录到交换机的配置界面和基本配置命令的使用。最后通过项目中计算机应用系教师办公室网络的实际情况在模拟器上搭建网络拓扑，并且根据需求配置交换机的基本参数。校园网结构如图 2-1 所示。

2. 项目任务

- 回顾局域网技术理论和了解交换机的工作原理；
- 掌握 Cisco IOS 的操作特点；
- 掌握两种登录交换机的方法和使用环境；
- 掌握交换机的基本配置命令。

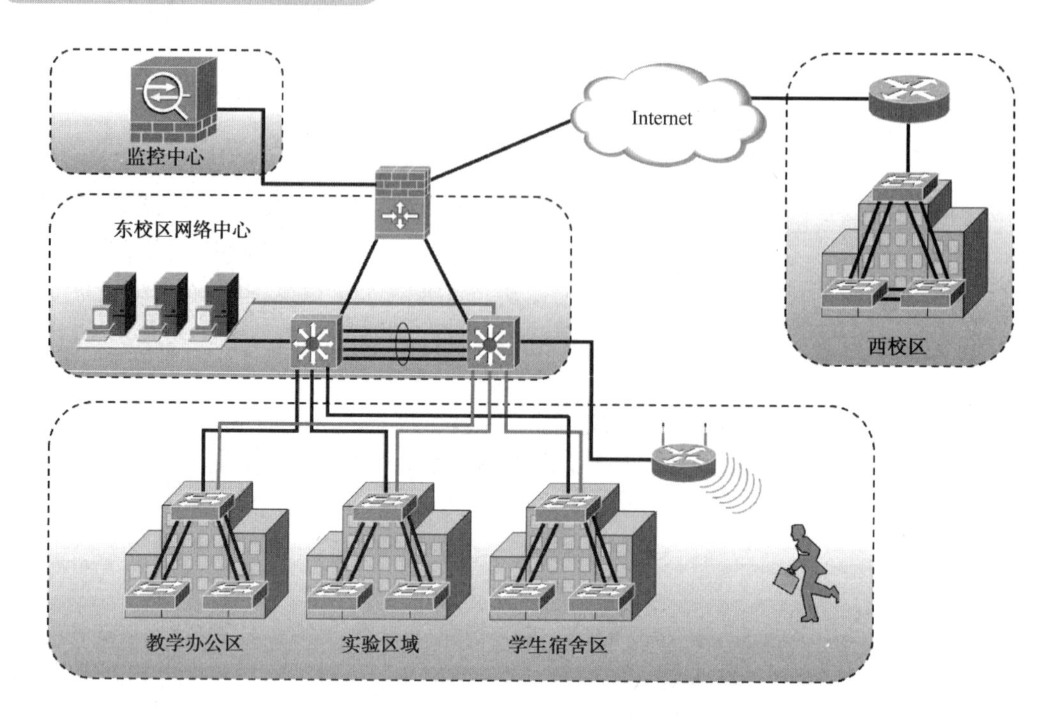

图 2-1　校园网结构

2.2　任务 1　基本知识回顾和学习

2.2.1　局域网技术简介

根据网络覆盖的范围，网络分为局域网（LAN）、城域网（MAN）和广域网（WAN）三种。局域网（Local Area Network，LAN）是指覆盖范围在 10km 之内的网络，如校园网、企业网等。

局域网也常称为以太网，因为目前大部分局域网是以 IEEE802.3 网络协议为基础运行的。在网络体系结构中常见的局域网运行协议主要有以太网协议（IEEE802.3）、令牌总线（IEEE802.4）、令牌环网（IEEE802.5），在没有特别指明的情况下局域网通常是指以太网。下面根据局域网的发展介绍两种网络形式：共享式以太网和交换式以太网。

1. 共享式以太网

共享式以太网的典型拓扑结构有总线型网络和星形网络，其特点如下。

（1）总线型共享式以太网。

共享式以太网是早期局域网技术应用的主流，最初构建在总线型拓扑结构上，使用同轴电缆细缆或粗缆作为公用总线来连接其他节点，其中一个节点是网络服务器，提供网络通信及资源共享服务，其余节点是网络的工作站，总线的两端安装一对 50Ω的终端匹配器，如图 2-2 所示。

以太网可以采用多种连接介质，包括同轴电缆、双绞线和光纤等。同轴电缆作为早期的主要连接介质逐渐趋于淘汰，它主要用于总线型以太网的连接。

同轴电缆分为细缆和粗缆，其中细缆采用的是 10Base-2 标准，每一网络段的总线长度最长为 180m，最高传输速率为 10Mb/s；粗缆遵循 10Base-5 标准，总线长度可达 500m。总线与工作站之间的连接距离不应超过 0.2m，总线上工作站与工作站之间不应小于 0.46m。图 2-3 显示了同轴电缆的连接器件。

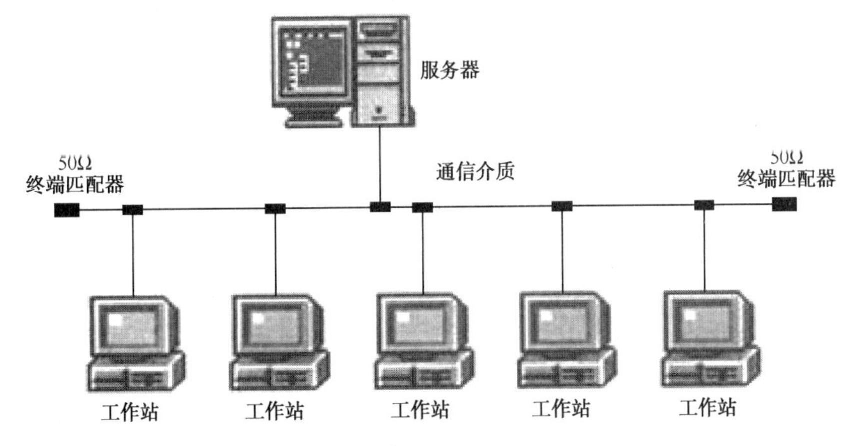

图 2-2　总线型网络

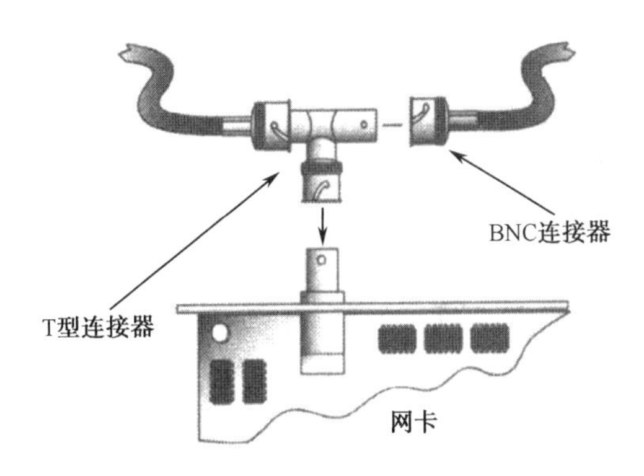

图 2-3　同轴电缆连接器件

共享式以太网采用广播方式通信，总线长度和工作站数目都是有限制的，一般为 30 台左右。总线型网络最大的问题就是连接的可靠性很差，只要有一台工作站出现网络故障，就会造成整个网络瘫痪，并且故障点查找起来十分困难，所以目前总线型网络在局域网中已基本不常使用。

（2）星形共享式以太网。

由于可靠性很差、故障点难以排查等缺陷，总线型网络随着技术的发展逐渐被星形结构的共享式以太网所取代。星形结构网络通过集线器和双绞线将终端设备进行连接，避免了总线型网络的缺陷，并且可以利用多台集线器通过级联或堆叠扩展组网，是局域网主要的组网方式。虽然目前的局域网不再是共享式网络，但仍采用星形结构的组网方式，如图 2-4 所示。

集线器工作于 OSI 的物理层，又称为物理层设备，可以看成中继器的发展，和总线网络一样共享带宽，是星形拓扑结构的连接点。由于功能简单，起到的是信号中继和设备连接的作用，所以安装、连接好网线，通上电源之后即可使用，不需要特殊配置。集线器的基本功能是信号中继，由于没有地址等参数，所以只能使用广播方式进行信息转发，当一个端口接收到信号后，将以广播方式从集线器的其他所有端口发送出去，各端口所连接的设备在接收到信息后会对信息进行检查，判断是否该接收此信息，若发现该信息是发给自己的，则接收，否则丢弃。

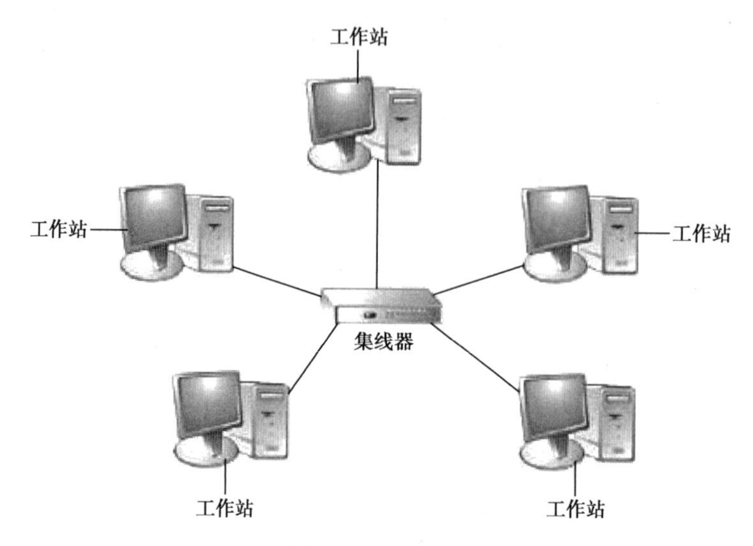

图 2-4　星形网络

星形结构组网中，传输介质（网线）通常采用非屏蔽双绞线、屏蔽双绞线或光纤。使用双绞线时，其接头采用 RJ-45 水晶头。

双绞线分为屏蔽双绞线（STP）和非屏蔽双绞线（UTP）两大类。常用的非屏蔽双绞线又分为 3 类（UTP-3）、5 类（UTP-5）、超 5 类和 6 类。UTP-3 是话音级的双绞线，数据传输速率可达 16Mb/s；UTP-5 是数据级双绞线，在单位长度上的绞节数更多，数据传输速率可达 100Mb/s。在局域网中，UTP-3 和 UTP-5 分别作为 10Base-T 和 100Base-T 标准的通信线路，通信距离为 100m。超 5 类和 6 类非屏蔽双绞线支持 100Base-TX 标准，最高传输速率为 155Mb/s，最远传输距离为 120m。

制作双绞线的 RJ-45 接头时，双绞线的线序遵循 EIA/TIA 568A 和 EIA/TIA 568B 两种标准，568A 用于制作 10M 双绞线，568B 用于制作 100M 双绞线。目前网络中一般用 568B 标准制作直通线，即两端的线序是相同的，这两种标准的 RJ-45 接头线序如图 2-5 所示。

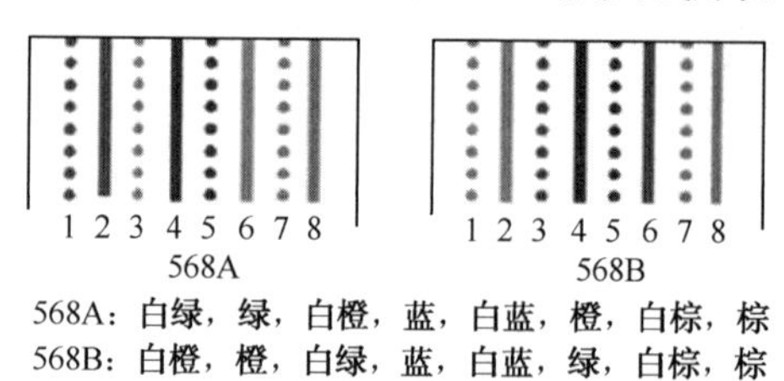

568A：白绿，绿，白橙，蓝，白蓝，橙，白棕，棕
568B：白橙，橙，白绿，蓝，白蓝，绿，白棕，棕

图 2-5　RJ-45 接头线序

（3）共享式以太网的不足。

以太网采用的是载波侦听多路访问/冲突检测协议（Carrier Sense Multiple Access with Collision Detection，CSMA/CD）。当以太网中的一台主机要传输数据时，它将按如下步骤进行。

步骤 1　侦听信道上是否有信号在传输，如果有信号，表明信道处于“忙”状态，继续侦听，直到信道空闲为止。

步骤 2　若没有侦听到任何信号，则传输数据。

步骤 3 传输的时候继续侦听，如发现冲突则执行退避算法，随机等待一段时间后，重新执行步骤 1（当冲突发生时，涉及冲突的计算机会发送一个拥塞序列，以警告所有节点）。

步骤 4 若未发生冲突则发送成功，计算机会返回到侦听信道状态。

注意：上面的步骤只是简单的描述，实际情况要复杂得多，如果有兴趣，读者可参看其他专门介绍计算机网络原理的书籍。

由于共享式以太网采用的是载波侦听多路访问/冲突检测协议，因此是以争用方式使用信道的，这就容易造成冲突现象，形成冲突域，理论上，无论网络规模有多大，所有接入到此网络的设备都处于同一个冲突域中。冲突域内的一台主机发送数据时，同处于同一个冲突域内的其他主机都可以接收到，但只能接收数据，不能发送数据，否则将引起冲突，从而导致发送失败。因此，一个网络中接入的设备越多，冲突将成倍增加，从而导致信息传输的失败率增加，对于用户而言就是网速降低，带宽下降。对于共享式以太网，简单而言就是每台设备将平均分配总带宽，所以接入的设备越多，每台设备可用带宽就越小。同时，对于共享式以太网而言，整个冲突域也是广播域，网络上还有许多广播信息正在进行传输，这将进一步造成传输困难，而共享式以太网所用的集线器属于物理层设备，无法缩小冲突域，因此必须使用数据链路层设备才能解决这一问题，而最典型的数据链路层设备就是交换机。

2. 交换式以太网

交换式以太网是以交换式集线器（Switching Hub）或交换机（Switch）为中心构成的，是一种以星形拓扑结构为基础的网络。这种网络结构目前运用得非常广泛。

以太网交换机最早出现在 1995 年，其前身是网桥，交换机使用的算法与网桥基本相同。交换机可简单理解为是一个多端口的网桥，连接在端口上的主机或网段独享带宽。交换机的算法相对简单，硬件厂商将算法进行固化，生产出了交换机的核心 ASIC 芯片，从而实现了基于硬件的线速度交换机。虽然交换式以太网仍然采用载波侦听多路访问/冲突检测协议进行工作，但由于将物理层的集线器换成了数据链路层的交换机，因此交换式以太网无论在性能上还是功能上都得到了极大扩展，成为目前局域网的主要形式。交换式以太网主要有以下几个优点：

① 交换式以太网最大的优点是不需要改变网络其他硬件，包括电缆和用户的网卡，仅需要用交换式交换机改变共享式集线器，节省用户网络升级的费用。交换机端口可兼容低速设备，实现不同网络的连接，成为网络局域网升级时的首选方案。

② 它同时提供多个通道，比传统的共享式集线器提供更大的带宽，传统的共享式 10Mb/s/100Mb/s 以太网采用广播式通信方式，每次只能在一对用户间进行通信，如果发生碰撞需要重试，而交换式以太网允许不同用户间进行传送，比如，一个 16 端口的以太网交换机允许 16 个站点在 8 条链路间通信。

③ 在时间响应方面的优点使得局域网交换机倍受青睐。它以比路由器低的成本提供了比路由器宽的带宽、高的速度，除非有连接广域网（WAN）的要求，否则在局域网中交换机有替代路由器的趋势。

目前的以太网交换机已具备强大的交换处理能力和丰富的功能，如 VLAN 划分、生成树协议、组播支持、服务质量等。交换机和路由器已成为局域网组网的关键核心设备，交换式以太网成为目前最流行的组网方式，结构如图 2-6 所示。

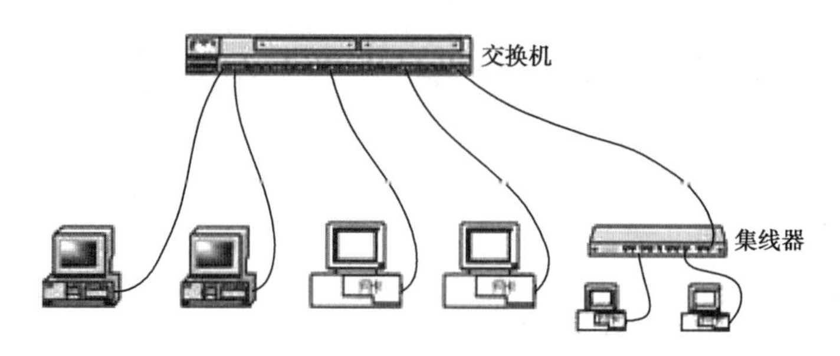

图 2-6　交换式以太网结构

2.2.2　交换机基础知识

交换机工作于 OSI 的第二层，是数据链路层设备，能识别 MAC 地址，通过解析数据帧中目的主机的 MAC 地址，将数据帧快速地从源端口转发至目的端口，从而避免与其他端口发生碰撞，提高了网络的交换效率。

三层交换机是带路由功能的交换机，可工作在 OSI 的第三层，即网络层。三层交换机作为三层设备使用时相当于一个多端口的路由器，能根据 IP 地址转发数据包。多层交换机是依据网络协议或协议端口号进行数据转发的，本书主要介绍二层交换机及三层交换机的基本应用。

1. 交换机的工作原理

二层交换机工作在数据链路层，交换机拥有很高的背板带宽和内部交换矩阵，交换机所有端口的数据交换速率都和背板带宽指标有关。交换机收到数据帧后，会查找内存中的地址对照表以确定目的 MAC 地址（网卡的硬件地址）对应哪个端口，然后通过内部交换矩阵迅速将数据帧传送到目的端口并发送出去，若地址对照表中的目的 MAC 地址不存在，则数据帧将从除接收端口之外的所有端口发送出去。交换机会根据数据帧中的 MAC 地址进行学习，将新 MAC 地址添加到地址对照表中。通过交换机的过滤和转发，可以有效减小冲突域的范围（理论上每个端口都是一个独立的冲突域），但交换机不能隔离广播信息，整个交换网络物理上都属于一个广播域。如果需要分割广播域，则可以在交换机上使用虚拟局域网（VLAN）的功能或借助网络层设备实现，这将在后面章节中进行介绍。

2. 交换机的组成

交换机前、后面板都有很多 RJ-45 端口，有少数几个端口是用于在特定情况下进行交换机登录的，其他大部分端口都用于连接计算机或其他设备，并且这些端口都有反映工作状态的指示灯。交换机可看成一台特殊的计算机，其内部硬件和计算机内部硬件十分类似，如图 2-7 所示，主要有以下几个部分。

① CPU（中央处理器）：类似于计算机中的 CPU，但交换机使用专门设计的集成电路（ASIC），目的是实现数据的高速传输。

② ROM（只读存储设备）：相当于计算机中的 BIOS，交换机加电启动时，将首先运行 ROM 中的程序，以实现对交换机硬件的自检并引导启动 IOS。该存储器在系统掉电时程序不会丢失。

③ FLASH（闪存）：FLASH 是一种可擦写、可编程的 ROM，其中包含 IOS 及微代码。FLASH 相当于计算机中的硬盘，但速度要快得多，可通过写入新版本的 IOS 来实现对交换机系统的升级。在掉电时 FLASH 中的程序不会丢失。

④ NVRAM（非易失性随机存储器）：用于存储交换机的配置文件，设备启动后将根据配置文件对设备参数进行配置，该存储器中的内容在系统掉电时也不会丢失。

⑤ DRAM（动态随机存储器）：DRAM 是一种可读写存储器，相当于计算机中的内存，交换机在运行过程中执行的程序及配置参数都需要存放在 DRAM 中，其内容在系统掉电时将完全丢失。

图 2-7　交换机的内部结构

交换机上可以有多种采用不同技术的端口，可起到不同的功能，也可实现不同速率的连接和转发，同时所连的传输介质也有可能不同，常用的端口主要有以下几种。

① 以太网端口（Ethernet）。此类端口的速率为 10Mb/s，目前基本淘汰。

② 快速以太网端口（Fast Ethernet）。此类端口的速率为 100Mb/s，俗称百兆端口，目前在接入层交换机上被广泛使用，但随着技术的发展，将逐步被千兆端口所取代。

③ 吉比特以太网端口（Gigabit Ethernet）。此类端口的速率为 1000Mb/s，即千兆端口，目前还有更高速率的万兆端口，千兆及以上端口基本用光纤作为传输介质。

④ 控制台端口（Console）。此端口用于管理人员登录交换机对其进行配置等，它提供了登录交换机最主要的一种方法。

2.3　任务 2 Cisco IOS 操作特点

2.3.1　了解 Cisco IOS

Cisco 网际操作系统（Internet Work Operating System）是一个为网际互联优化的复杂的操作系统，它是一个与硬件分离的软件体系结构，随着网络技术的不断发展，可动态升级以适应不断变化的技术（硬件和软件）。尽管 IOS 可能仍然等同于路由软件，但是它的持续发展已使之过渡到支持局域网和 ATM 交换机，并且为网络管理应用提供重要的代理功能。

IOS 存在多种版本，不同版本会涉及不同功能，必须根据实际情况决定运行哪种形式的 IOS。Cisco 用一套编码方案来制订 IOS 的版本，IOS 的完整版本号由三部分组成：主版本号、辅助版本号、维护版本号。主版本号和辅助版本号用一个小数点分隔，两者构成了一套 IOS 的主要版本，而维护版本号显示于括弧中。例如，在模拟器中，利用命令 **show version** 可查看到 2960 交换机的 IOS 版本号为 12.2（25），说明主要版本是 12.2，维护版本就是 25（第 25 次更新）。Cisco 经常要发布 IOS 更新，修正原来存在的一些错误或增加新的功能，在其发布了一次更新后，通常要递增维护版本的编号。

用户一般通过命令对网络设备进行功能设置，对于IOS的配置来说，它的命令在整个IOS产品线中基本是共通的，这意味着管理人员只需掌握一个命令界面即可。无论是通过控制台端口、通过一部Modem，还是通过一个Telnet登录设备，所看到的命令行界面都是相同的，所以学习网络设备配置、命令的使用是重点内容之一。

2.3.2 Cisco IOS 常用命令模式

为了保证设备的系统安全，IOS提供了用户模式和特权模式两种基本的命令执行级别，同时还提供了全局配置、接口配置、Line配置等多种级别的配置模式。设置不同的模式，除了考虑系统安全外（让不同级别的用户使用不同模式的命令），还为了降低命令操作的难度，因为不同命令可以根据作用分布在不同模式，减少了每一种模式下的命令数量。由于思科交换机和路由器都使用相同的IOS系统，所以交换机所涉及的许多命令在路由器上也一样适用。

1. 用户（User EXEC）模式

登录交换机后将直接进入该模式，在此模式下，只能执行有限的一组命令，这些命令通常用于查看显示系统信息和执行一些最基本的测试命令，如ping、traceroute等。

用户模式的命令行提示符是“设备名>”，如“Switch>”。

其中，Switch是交换机的默认主机名；“>”表示当前用户处于用户模式。

2. 特权（Privileged EXEC）模式

在正常使用过程中，进入特权模式是需要输入密码的，用户只有进入特权模式后才能执行改变交换机配置的操作，才能查看交换机的配置信息，同时特权模式也是进入其他配置模式的接口。在用户模式下，执行 **enable** 命令可以进入特权模式。

特权模式的命令行提示符是“设备名#”，如Switch#。这里要注意的是，从特权模式切换到其他配置模式（不包括用户模式）后，提示符中仍然会包含“#”字符。

如果配置了进入特权模式密码，在从用户模式切换到特权模式时系统会提示输入密码，密码校验通过后，即进入特权模式。

```
Switch> enable
Password:                                    //密码输入时不回显
Switch#
```

3. 全局配置（Global Configuration）模式

在特权模式下执行 **configure terminal** 命令，即可进入全局配置模式。在该模式下，只要输入一条有效的配置命令并回车，内存中正在运行的配置就会立即生效。该模式下配置命令的作用域是全局性的，对整个交换机都起作用。

```
Switch#configure terminal
Enter configuration commands, one per line.   End with CNTL/Z.
Switch(config)#                              //全局配置模式的命令行提示符
```

4. 接口配置（Interface Configuration）模式

在全局配置模式下执行 **interface interface-type** 命令，即进入接口配置模式。在该模式下，可对选定的接口进行配置，此模式下只能执行配置交换机接口的命令。

```
Switch(config)#interface vlan 1            //进入 vlan 接口
Switch(config-if)#                         //接口配置模式的命令行提示符
```

5. Line 配置（Line Configuration）模式

在全局配置模式下执行 **line vty** 或 **line console** 命令，将进入 Line 配置模式。该模式主要用于对虚拟终端（vty）或控制台端口进行配置。其中配置虚拟终端的目的是提供远程登录环境。

```
Switch(config)#line console 0              //进入控制台配置
Switch(config-line)#                       //Line 配置模式的命令行提示符

Switch(config)#line vty 0 4                //配置 5 个虚拟终端
Switch(config-line)#                       //Line 配置模式的命令行提示符
```

2.3.3 Cisco IOS 使用技巧

Cisco IOS 的命令操作提供了许多帮助用户提高操作效率的方法，下面介绍几种常用的操作技巧，希望读者在实际操作中多用这些技巧提高命令的操作效率。

① 可随时用“**?**”来获得帮助，例如，在用户模式下输入“?”。

```
Switch>?
Exec commands:
  <1-99>       Session number to resume
  connect      Open a terminal connection
  disable      Turn off privileged commands
  disconnect   Disconnect an existing network connection
  enable       Turn on privileged commands
  exit         Exit from the EXEC
```

② 如果在输入命令时不知道此命令可用的参数，则可以在命令后输入“?”来获得可用的参数，如下面的显示内容。

```
Switch>show ?
  arp              Arp table
  cdp              CDP information
  clock            Display the system clock
  crypto           Encryption module
  dtp              DTP information
  etherchannel     EtherChannel information
```

③ 有些命令比较长，输入比较困难，这时可利用 Tab 键来补全命令。只要输入命令开头几个字母，在保证唯一性的前提下，按 Tab 键就可将命令后面的字母补全。

```
Switch>ter                                 //按 Tab 键
Switch>terminal
```

④ 可以采用简写命令提高输入速度，简化输入难度。只要输入的命令行关键字和其他命令能够区分，系统就能够识别输入的内容。例如，interface FastEthernet 0/1 可以简写为 int f0/1。

说明：对于初学者，建议利用 Tab 键将命令补全，以便熟悉命令的完整写法。

⑤ 若要实现某条命令的相反功能，只需在该条命令前面加“**no**”并执行即可。

⑥ 可以用【Ctrl+C】组合键终止某条命令的执行，例如，执行 ping 命令时可用此组合键终止。

⑦ 可以用【Ctrl+Z】组合键直接退出命令行界面。

2.4 任务 3 登录交换机

2.4.1 交换机的登录方式

当管理员需要对交换机进行配置和管理时，首先需要登录交换机，目前交换机主要有以下 5 种登录方式。

① 通过控制台（Console）端口登录交换机。

② 通过 Telnet 登录交换机。

③ 通过 SSH 登录交换机。

④ 通过 Web 登录交换机。

⑤ 通过网管软件登录交换机。

后面 4 种方式都是利用网络进行远程登录，是日常管理的主要模式，但第一种方式是后面 4 种方式的基础。第一种登录方式采用计算机 RS-232 串口与交换机的“Console”端口通过配置电缆连接后进行登录，只有通过这种方式登录交换机并进行管理 IP 地址等初始配置，其他登录方式才可通过网络进行登录。本书主要介绍前 3 种登录方式，SSH 登录方式的配置比较复杂，将放在后面的章节进行介绍。下面先介绍如何利用控制台端口登录交换机。

子任务 1 通过 Console 端口登录交换机

（1）学习情境。

王师傅已经向小张讲授了利用 Console 端口登录交换机的方法，现在让小张利用 Console 端口登录计算机应用系教师办公室的交换机。

（2）操作过程。

① 通过 Console 端口连接交换机。

因为其他方式需要借助于 IP 地址、域名或设备名称才可以实现登录，而新购买的交换机不可能内置这些参数，所以通过 Console 端口连接并配置交换机是最常用、最基本的，也是网络管理员必须掌握的管理和配置方式。对于可管理的交换机通常有一个名为 Console 的控制台端口，目前较新的交换机的该端口都采用 RJ-45 接口，通过该端口，可实现对交换机的配置。常见配置线缆的一端是 RJ-45 水晶头，用于连接交换机的控制台端口，而另一端提供了 DB-9（针）和 DB-25（针）串行接口插头，用于连接计算机的串行接口，如图 2-8 所示。

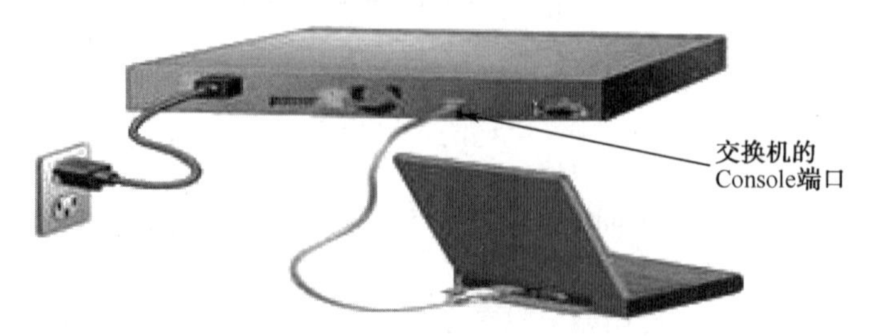

图 2-8 通过 Console 端口连接交换机

② 设置控制台登录软件。

线缆连接好就可以打开计算机和交换机电源进行软件配置了，目前登录软件很多，常用的有 Windows 系统自带的“超级终端”工具、Putty 软件、SecureCRT 软件，由于本书所有配置实验都是在 Cisco Packet Tracer 模拟器上实现的，所以无需使用登录软件，但为了让读者对实际登录参数配置有个基本认识，下面通过“超级终端”工具对配置进行简单介绍，具体步骤如下。

在 Windows7 及以上系统中没有“超级终端”工具，需要读者通过互联网下载此工具，此工具无需安装。

步骤 1　在下载的“超级终端”工具文件夹中，单击其中的“hypertrm.exe”可执行文件，如图 2-9 所示。

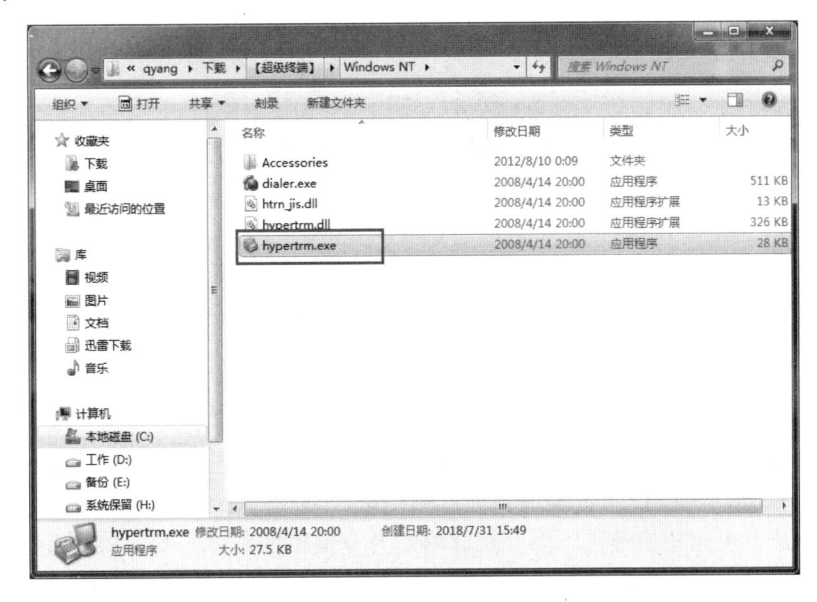

图 2-9　打开“超级终端”文件夹

步骤 2　在“名称”文本框中输入需新建连接的名称，然后单击“确定”按钮，如图 2-10 所示。

步骤 3　在“连接时使用”下拉列表框中选择与交换机相连的计算机串口，单击“确定”按钮，如图 2-11 所示。

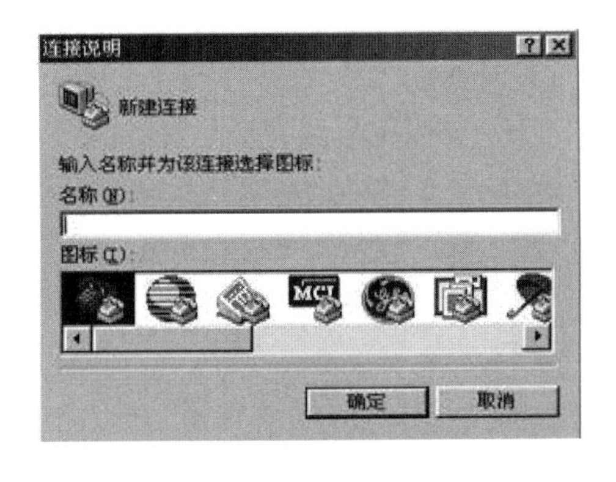

图 2-10　新建连接

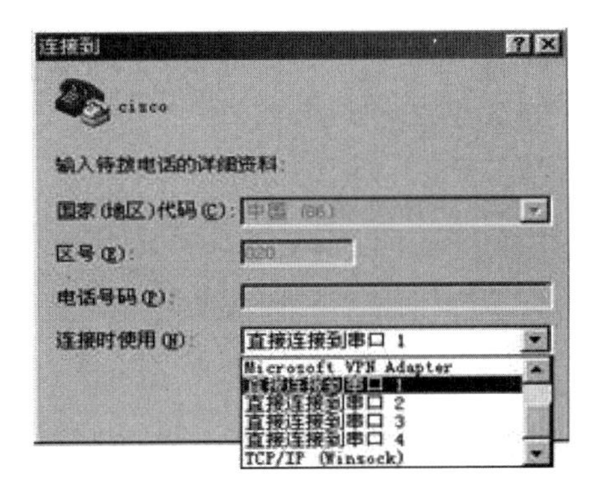

图 2-11　选择计算机串口

步骤 4　在“波特率”下拉列表框中选择“9600”，因为这是串口的最高通信速率，其他各选项统统采用默认值，如图 2-12 所示。单击“确定”按钮，如果通信正常，则会出现主配置界面，并且会在这个界面中显示交换机的初始配置情况。

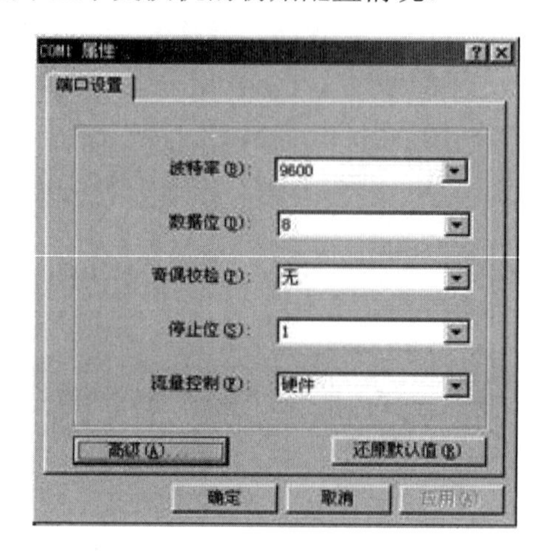

图 2-12　端口设置

说明： 读者也可以使用其他登录软件进行操作，只要设置好如图 2-11 和图 2-12 中的参数即可（除了 COM 口的参数需要根据计算机实际情况选择外，其他参数与图 2-12 相同）。

2.4.2　配置交换机远程登录参数

通过 Console 端口登录交换机只能在交换机第一次配置等特定情况下操作，并且 Console 线缆一般只有 1.5m，所以日常管理通常通过网络进行远程登录交换机来实施。远程登录需要配置管理 IP 地址、密码等参数，下面介绍如何配置交换机的基本参数并实现 Telnet 远程登录。

子任务 2　利用交互方式配置交换机的基本参数

（1）学习情境。

王师傅让小张利用 Console 端口登录交换机，然后配置 IP 地址等基本参数为后面的配置工作做准备。由于小张还不熟悉命令，所以无法对交换机进行基础配置，在咨询王师傅后，小张知道了可以在特权模式下利用 **setup** 命令进入交互配置界面，对交换机的一些基础参数进行配置。为了更好地完成任务，小张首先在模拟器上进行模拟操作。下面来了解一下小张的操作过程。

（2）学习配置命令。

下面先简单认识一下将要用到的配置命令。

① 进入交互配置模式。

```
setup
```

② 查看当前运行配置信息。

```
show running-config
```

此命令查看的内容是当前运行的配置内容，有可能某些配置内容并未保存，所以重启交换机后这些配置就不再起作用了。

（3）操作过程。

① 搭建网络拓扑。

网络拓扑如图 2-13 所示，通过 Console 线缆连接计算机和交换机，请读者根据拓扑图在模拟器上搭建网络拓扑。

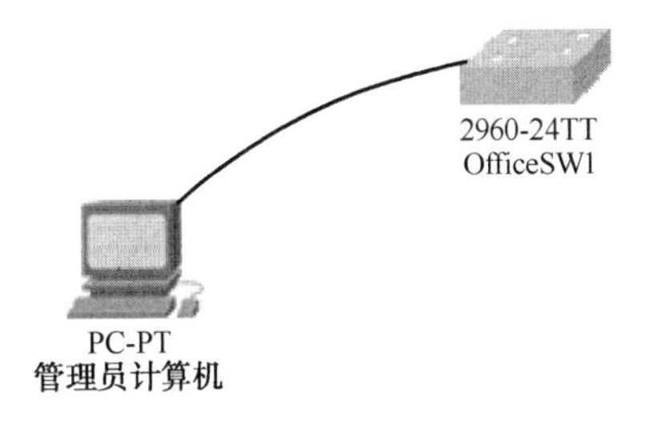

图 2-13 实验拓扑

② 通过计算机登录交换机。

下面的步骤是演示如何在模拟器中通过计算机以 Console 端口方式登录交换机的。这里要注意的是，在后面章节演示过程中不会使用这种方式进入交换机的命令操作界面，可直接通过交换机的操作对话框进入命令操作界面。

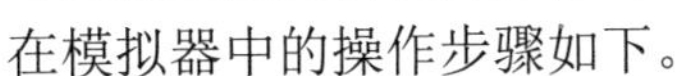

在模拟器中的操作步骤如下。

步骤 1 在模拟器中选择 2960 系列交换机和计算机，用 Console 线缆的一端连接计算机的 RS-232 端口，另一端连接交换机的 Console 端口。

步骤 2 单击计算机图标打开计算机的配置界面，选择“Desktop”选项卡，在出现如图 2-14 所示的界面后，单击“Terminal”图标进入图 2-15 所示的端口配置环境。配置完端口参数后，单击“OK”按钮进入图 2-16 所示的界面。

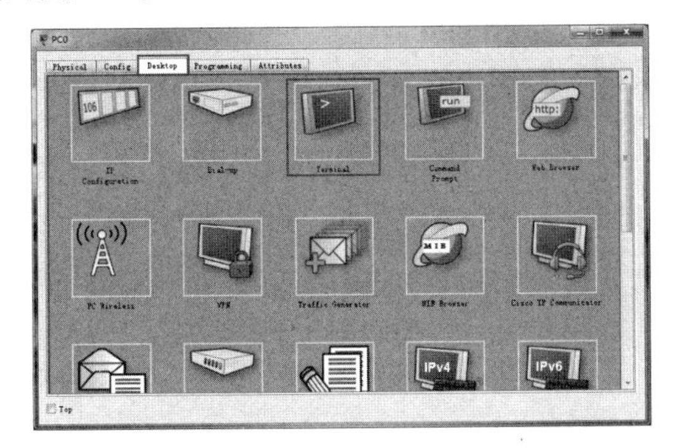

图 2-14 计算机配置界面

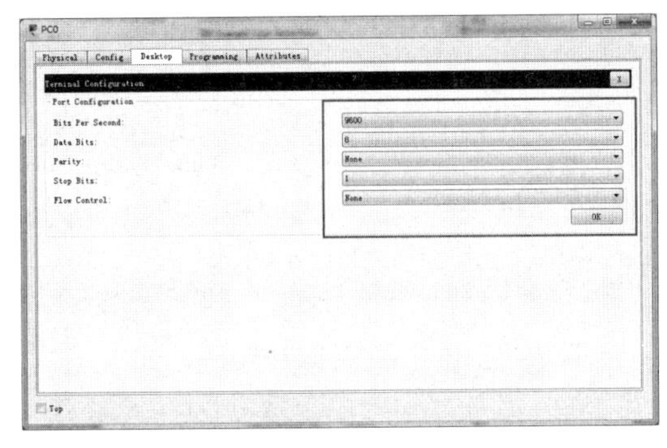

图 2-15 配置端口参数

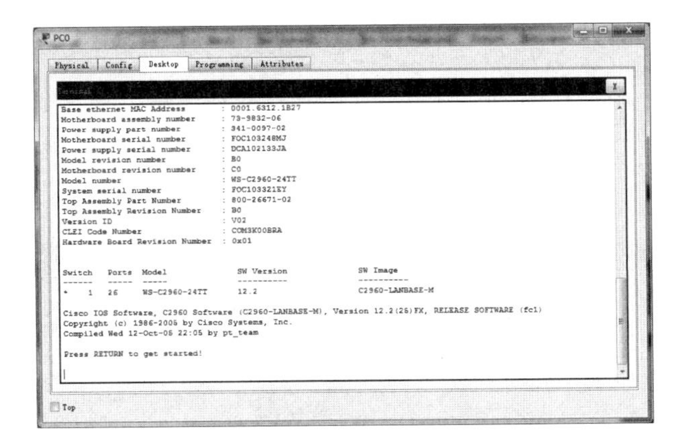

图 2-16 登录交换机后的配置环境

③ 使用 Setup 模式进行初始配置。

交换机加电后，即开始了启动过程。首先运行 ROM 中的自检程序，对系统进行自检；然后引导运行 FLASH 中的 IOS，并且在 NVRAM 中寻找交换机的配置；最后将其装入 DRAM 中运行，其启动过程将在终端屏幕上显示。对于某些还未配置的交换机，在启动时会自动进入交互模式并询问是否进行配置，此时可输入“yes”进行配置，在任何时刻，可按【Ctrl+C】组合键终止配置。若不想配置，可输入“no”，也可以在特权模式下使用 **setup** 命令进入交互模式。

➢ 进入交互模式。

在模拟器搭建的环境中，采用 **setup** 命令进入交互模式，可以为 Telnet 登录配置必要参数，配置过程如下。

```
Switch>enable                              //切换到特权模式
Switch#setup                               //进入 Setup 模式
```

➢ 进行参数配置。

步骤 1 询问是否要进入交互模式，“[ ]”中给出的选项中的 yes 表示进入交互模式，输入“？”可获得帮助信息。

```
  --- System Configuration Dialog ---
Continue with configuration dialog? [yes/no]: yes             //是否要继续配置对话
At any point you may enter a question mark '?' for help.
Use ctrl-c to abort configuration dialog at any prompt.
Default settings are in square brackets '[]'.

Basic management setup configures only enough connectivity
for management of the system, extended setup will ask you
to configure each interface on the system

Would you like to enter basic management setup? [yes/no]: yes  //是否进入配置界面
```

步骤 2 配置主机名称和密码。

```
Configuring global parameters:
  Enter host name [Switch]: OfficeSW1                 //配置主机名称
  The enable secret is a password used to protect access to
  privileged EXEC and configuration modes. This password, after
  entered, becomes encrypted in the configuration.
  Enter enable secret: cisco                          //配置特权模式密码（加密保存）
  The enable password is used when you do not specify an
  enable secret password, with some older software versions, and
  some boot images.
  Enter enable password: admin                        //配置特权模式密码（明文保存）
  The virtual terminal password is used to protect
  access to the router over a network interface.
  Enter virtual terminal password: cisco              //配置远程登录密码

Configure SNMP Network Management? [no]:no            //询问是否要配置 SNMP 参数，这里选择 no
```

说明： 在使用网络管理软件对设备进行管理时一般需要配置 SNMP（简单网络管理协议）参数。

步骤 3 配置管理 IP 地址。

```
Enter interface name used to connect to the
management network from the above interface summary: vlan1          //选择要配置的管理接口
Configuring interface Vlan1:
  Configure IP on this interface? [yes]: yes
    IP address for this interface: 192.168.100.1                    //配置管理接口的 IP 地址
    Subnet mask for this interface [255.255.255.0] : //配置子网掩码，直接回车表示选择“[]”中的默认值

Would you like to enable as a cluster command switch? [yes/no]:no   //是否要启用集群模式
```

说明：管理员可以通过管理接口的 IP 地址进行远程登录交换机，但交换机是二层设备，IP 地址不能直接配置到交换机上，所以可以利用交换机的默认 VLAN （VLAN 1）配置 IP 地址。

步骤 4　选择配置参数的处理方式。

```
[0] Go to the IOS command prompt without saving this config.
[1] Return back to the setup without saving this config.
[2] Save this configuration to nvram and exit.
Enter your selection [2]:
```

默认选项为 2，表示保存配置到 NVRAM 存储器中，然后进入 IOS 的命令行界面。如果选择“0”，则表示不保存配置进入 IOS 的命令行界面，也就是说前面的配置取消。选择“1”表示重新进入交互模式。

交互模式只能配置基本参数，如果需要配置其他参数就必须使用命令进行操作，进入 IOS 的命令行界面后就可以采用命令方式进行配置了，在 Setup 模式下配置的内容在命令模式下都可配置。

④ 查看配置。

通过命令行提示符中的交换机名称可看到相关配置立即生效，还可通过 **show** 命令查看配置文件中的相关内容。

```
OfficeSW1#show running-config                              //查看当前运行的配置
Building configuration...

Current configuration : 1181 bytes
!
version 12.2
no service timestamps log datetime msec
no service timestamps debug datetime msec
no service password-encryption
!
hostname OfficeSW1                                         //主机名称
!
enable secret 5 $1$mERr$hx5rVt7rPNoS4wqbXKX7m0             //特权模式密码（加密保存）
enable password admin                                      //特权模式密码（明文保存）
……省略部分内容

interface Vlan1
ip address 192.168.100.1 255.255.255.0                     //管理接口的 IP 地址参数
……省略部分内容
```

```
line vty 0 4
password cisco        //远程登录密码
login

……省略部分内容
```

上面加黑显示的内容就是前面交互模式中配置的内容，配置完成后除了查看配置文件外，还需要进行测试，相关测试过程将在子任务 3 中进行介绍。

子任务 3　使用命令实现交换机初始配置

（1）学习情境。

小张在学习了交互模式配置交换机参数后，王师傅让他利用命令方式实现相同的配置，于是小张根据王师傅的指导学习了相关命令并在模拟器上实现了这些操作。

（2）学习配置命令。

下面先简单认识一下将要用到的配置命令。

① 配置主机名。

```
hostname  <主机名>
```

② 配置 IP 参数。

```
ip address  <IP 地址> <子网掩码>
```

③ 禁用和启用端口。

禁用端口：**shutdown**

启用端口：**no shutdown**

④ 配置 VTY。

进入 VTY 配置模式：**line vty <0-15>**

配置登录密码：**password　<密码>**

启用密码：**login**

⑤ 配置特权模式密码。

密码加密保存在配置文件：**enable secret　<密码>**

密码以明文方式保存在配置文件：**enable password　<密码>**

⑥ 保存配置。

```
write 或 copy  running-config  startup-config
```

⑦ 删除配置的内容。

```
erase  startup-config
```

此命令的作用是删除启动配置文件，重新启动后交换机会以默认配置启动。

（3）操作过程。

① 搭建网络拓扑。

网络拓扑如图 2-17 所示，在图 2-13 的拓扑上添加一根直通双绞线连接计算机和交换机，请读者根据拓扑图在模拟器上搭建网络拓扑。

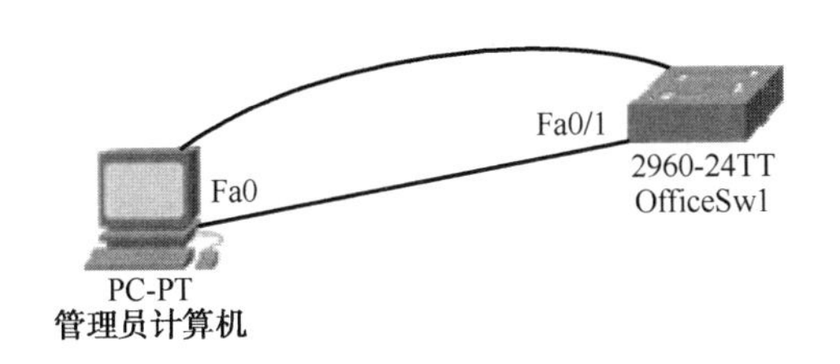

图 2-17 网络拓扑

添加直通双绞线的目的是为了后面利用 Telnet 命令在计算机上远程登录交换机，所以计算机也必须配置 IP 地址。

② 配置计算机的 IP 地址。

如图 2-18 所示配置计算机的 IP 地址为 192.168.100.2，子网掩码为 255.255.255.0。

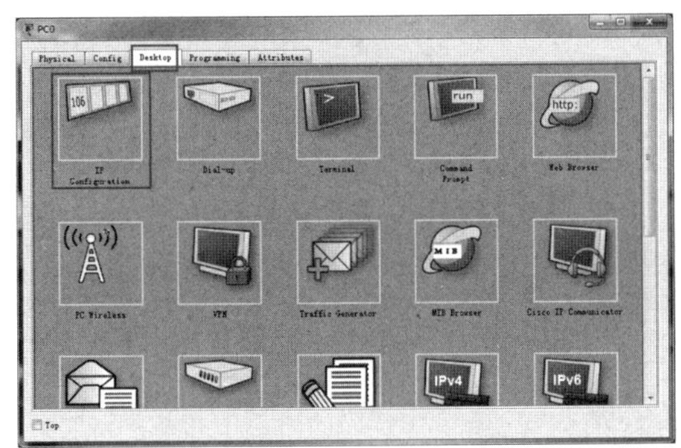

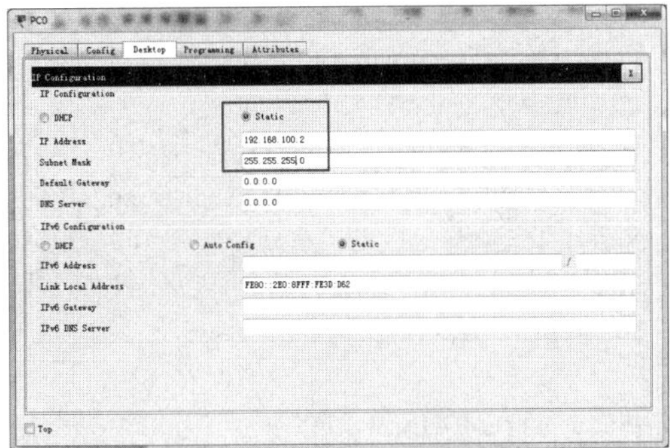

图 2-18 配置计算机的 IP 地址

③ 配置交换机。

步骤 1 配置交换机的主机名称。

```
Switch>enable
Switch#configure terminal
Switch(config)#hostname OfficeSW1                //配置主机名称
OfficeSW1(config)#
```

步骤 2 配置管理 IP 地址。

```
OfficeSW1(config)#interface vlan 1
OfficeSW1(config-if)#ip address 192.168.100.1 255.255.255.0
OfficeSW1(config-if)#no shutdown                 //开启接口
```

注意：在配置完接口后最好使用 no shutdown 命令开启接口。

步骤 3 配置虚拟终端（vty），命令如下：

```
OfficeSW1(config)#line vty 0 4
OfficeSW1(config-line)#password admin            //配置虚拟终端登录密码
OfficeSW1(config-line)#login                     //启用密码
```

说明：如果未设置密码，在用 Telnet 方式登录时将无法连接交换机。

步骤 4 配置特权模式密码，命令如下：

```
OfficeSW1(config)#enable password  123          //配置明文保存的密码为123
OfficeSW1(config)#enable secret  456            //配置加密保存的密码为456
```

上面两条命令都是配置特权模式密码，第一条命令中的密码将以明文方式保存在配置文件中，而第二条命令中的密码将以加密方式保存在配置文件中。如果两条密码都配置了，则第一条密码将不起作用，这两条密码在配置文件中的显示如下：

```
enable secret 5 $1$mERr$DqFv/bNKU3CFm5jwSLasx/      //加密方式保存
enable password 123                                 //明文方式保存
```

④ 配置文件的操作。

步骤1 查看当前运行配置文件中的信息。

```
OfficeSW1#show running-config                       //查看running-config配置文件
Building configuration...
Current configuration : 1140 bytes
version 12.2
no service timestamps log datetime msec
no service timestamps debug datetime msec
no service password-encryption
!
hostname OfficeSW1                                  //主机名称
!
enable secret 5 $1$mERr$DqFv/bNKU3CFm5jwSLasx/      //特权加密密码
enable password 123                                 //特权明文密码
!!
spanning-tree mode pvst
!
interface FastEthernet0/1
……省略部分内容
interface Vlan1                                     //Vlan的配置
 ip address 192.168.100.1 255.255.255.0             //配置Vlan1的地址
!!
line con 0
!
line vty 0 4                                        //虚拟终端配置内容
 password admin
 login
line vty 5 15
 login
!!
……省略部分内容
```

步骤2 保存配置并查看。

常用的配置文件有 running-config 和 startup-config，这两个文件之间的关系很紧密，startup-config 是启动配置文件，存放在 NVRAM 存储器中，它是由 running-config 通过保存方式产生的。running-config 存放在内存中，是当前运行的配置，关机或重启后配置将丢失，如果需要保留配置内容，则需将其保存在 startup-config 文件中，可以使用以下两种操作：

```
OfficeSW1#write
或
OfficeSW1#copy   running-config   startup-config
```

查看启动配置文件可用下面的操作：

```
OfficeSW1#show startup-config
```

由于显示内容与当前运行的配置一样，这里不再列出，请读者自行查看。

如果需要将保存的配置内容清除，则可以用以下操作：

```
OfficeSW1#erase   startup-config
```

⑤ 测试结果。

在管理员计算机的“Desktop”选项卡中选择“Command Prompt”图标进入计算机的命令提示符状态，利用 Telnet 命令进行远程登录测试，如图 2-19 所示，可看出计算机已登录到交换机并进入特权模式（在登录和切换到特权模式时需要输入相应的密码）。

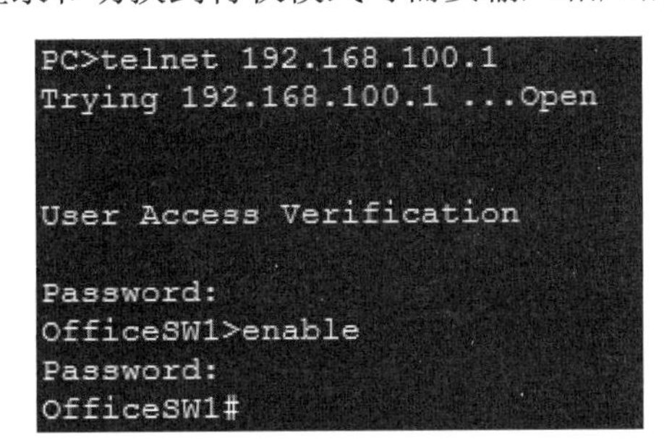

图 2-19 测试结果

2.5 任务 4 交换机端口的基本配置

交换机提供了大量的端口供计算机等终端设备进行连接，同时也是交换机功能对外的体现，所以在交换机的配置过程中，端口的配置也是一个十分重要的工作。下面介绍端口的一些基本配置，其他如端口安全等配置将在后面章节介绍。

1. 学习情境

随着项目的实施，交换机的配置内容也逐步增加，王师傅安排小张对连接教师办公室的交换机端口配置描述信息，端口速率设置为 100Mb/s，确认端口的工作模式为自动协商。

2. 学习配置命令

下面先简单认识一下将要用到的配置命令。

① 选择端口。

选择一个端口：**interface** <端口类型><端口编号>

选择多个连续端口：**interface range** <端口类型><端口编号-编号>

② 端口描述。

```
description <描述字符>
```

③ 端口速率。

```
speed { auto |10|100 }
```

④ 端口工作模式。

```
duplex { auto|full|half }
```

3. 操作过程

（1）搭建网络拓扑。

网络拓扑使用图 2-17 所示的拓扑，请读者根据拓扑图在模拟器上搭建网络拓扑。

（2）选择一个端口。

在对端口进行配置之前，应先选择所要配置的端口，交换机的端口由端口的类型、模块号和端口号共同标识。

例如，思科 2960 系列交换机只有一个模块，模块编号为 0，该模块有 24 个快速以太网端口，若要选择 5 号端口，则配置命令为：

```
OfficeSW1#configure terminal
OfficeSW1(config)#interface fastEthernet 0/5              //选择 0 模块 5 号端口
OfficeSW1(config-if)#
```

注意命令提示符的变化。

（3）选择多个端口。

在选择多个端口时，可使用 range 关键字来指定一个端口范围，从而实现选择多个端口，并且对这些端口进行统一配置。

若要选择交换机的第 1～4 口的快速以太网端口，则配置命令为：

```
OfficeSW1(config)#interface range   fastEthernet 0/1 – 4
OfficeSW1(config-if-range)#
```

说明：有些交换机需要在“-”前、后留一个空格，否则命令无法识别。

（4）对端口进行描述。

在实际配置中，可对端口指定一个描述性的说明文字，对端口的功能和用途等进行说明，起备忘作用。

如果描述文字中包含空格，则要用引号将描述文字引起来。例如，交换机的 1 号端口添加一个备注说明文字，则配置命令为：

```
OfficeSW1(config)#interface fastEthernet 0/1
OfficeSW1(config-if)#description   Room101                //添加描述文字
```

（5）设置端口通信速率。

默认情况下，交换机的端口速率设置为 auto（自动协商），此时链路的两个端点将交流有关各自能力的信息，从而选择一个双方都支持的最大速率。

例如，将交换机 1 号端口的通信速率设置为 100Mb/s，则配置命令为：

```
OfficeSW1(config)#interface fastEthernet 0/1
OfficeSW1(config-if)#speed 100                           //设置端口速率为 100Mb/s
```

说明：如果在一个 10Mb/s/100Mb/s 的端口上将端口速率设置为 auto，则端口的速率和工作模式都是自动协商的。

（6）设置端口的单/双工模式。

默认情况下，端口的单/双工模式也是auto（自动协商），但如果要自行指定，则在配置交换机时，应注意端口单/双工模式的匹配，如果链路的一端设置的是全双工模式，而另一端是半双工模式，则会造成响应差和高出错率，丢包现象会很严重，用户感受就是计算机无法连接网络。

命令中的参数full代表全双工（full-duplex）模式，half代表半双工（half-duplex）模式，auto代表自动协商模式。

将交换机的1号端口设置为全双工模式，则配置命令为：

```
OfficeSW1(config)#interface fastEthernet 0/1
OfficeSW1(config-if)#duplex   full                    //设置为全双工模式
%LINK-5-CHANGED: Interface FastEthernet0/1, changed state to down

%LINEPROTO-5-UPDOWN: Line protocol on Interface FastEthernet0/1, changed state to down
```

从上面给出的信息可以发现，在模拟器中将连接计算机的1号端口设置为full模式后，此端口状态为down，表示端口当前处于禁用状态，在计算机利用ping命令测试时也会发现与交换机之间已经无法通信。这说明计算机的网卡工作模式是half模式，而交换机端口设置为full模式后无法与计算机进行匹配，所以在一般情况下交换机端口还是采用默认的auto模式比较好，由交换机端口根据对端的模式进行调整。调整为auto模式，命令如下：

```
OfficeSW1(config)#interface fastEthernet 0/1
OfficeSW1(config-if)#duplex auto       //设置为自动协商模式
%LINK-5-CHANGED: Interface FastEthernet0/1, changed state to up

%LINEPROTO-5-UPDOWN: Line protocol on Interface FastEthernet0/1, changed state to up
```

从上面的显示可以看出端口已经自动启用（up）。

2.6 项目实施：构建简单的办公网络

根据本章2.1节的项目描述，下面通过在Cisco Packet Tracer模拟器上模拟组建教学办公楼中计算机应用系教师办公室的网络来完整描述设备的配置过程和内容。

1. 项目任务

- 为教学办公楼内的计算机应用系教师办公室组建一个小型办公网络。
- 使管理员在日常维护中能够通过Telnet方式登录交换机。
- 为了网络安全，必须配置交换机上的各类密码，同时要保证密码安全。

2. 网络拓扑

图2-20为教学办公楼内计算机应用系教师办公室的网络拓扑图。

3. 配置参数

表2-1所示为对应设备的IP地址参数。

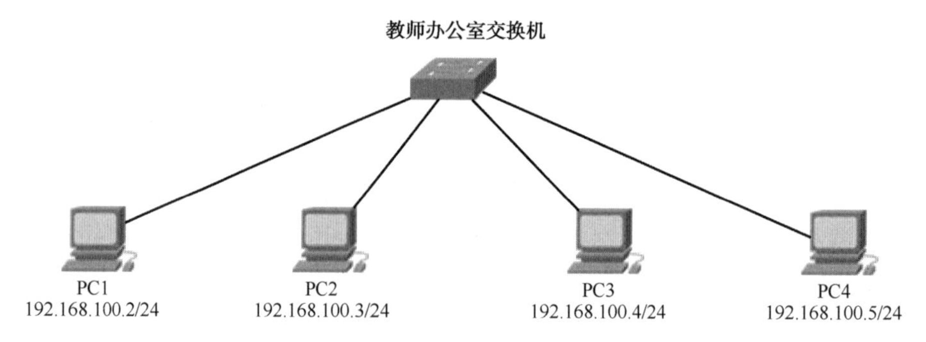

图 2-20　计算机应用系教师办公室网络拓扑图

表 2-1　对应设备的 IP 地址参数

设　备　名	地　　址
OfficeSW1（交换机）	192.168.100.254/24
PC1	192.168.100.2/24
PC2	192.168.100.3/24
PC3	192.168.100.4/24
PC4	192.168.100.5/24

4. 连接方式

表 2-2 为计算机连接到交换机的端口号。

表 2-2　计算机连接到交换机的端口号

设　备　名	交换机端口号
PC1	F0/1
PC2	F0/2
PC3	F0/3
PC4	F0/4

5. 操作过程

（1）配置客户端计算机的 IP 地址参数。

图 2-21 所示为配置计算机 PC1 的方法，其他计算机也按此配置。

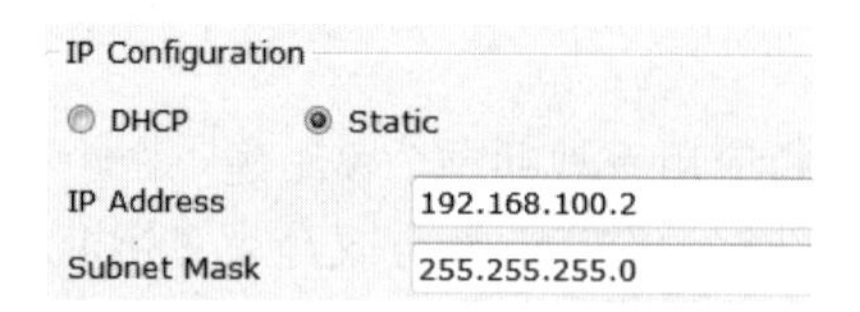

图 2-21　计算机 IP 参数的配置

（2）配置交换机。

步骤 1　配置交换机的名称。

```
Switch>enable
Switch#
```

```
Switch#configure terminal
Switch(config)#hostname OfficeSW1
OfficeSW1(config)#
```

步骤 2 配置交换机的端口参数。

```
OfficeSW1#configure terminal
OfficeSW1(config)#interface range fastEthernet 0/1 – 4
OfficeSW1(config-if-range)#description Computer
OfficeSW1(config-if-range)#speed 100
OfficeSW1(config-if-range)#no shutdown
```

上面的命令同时选择了 4 个端口，配置端口描述、端口速率并开启了端口。

步骤 3 查看端口的配置是否正确。

```
OfficeSW1#show running-config
……省略部分内容
interface FastEthernet0/1
 description Computer
 speed 100
!
interface FastEthernet0/2
 description Computer
 speed 100
!
interface FastEthernet0/3
 description Computer
 speed 100
!
interface FastEthernet0/4
 description Computer
 speed 100
……省略部分内容
```

步骤 4 配置交换机的管理地址。

```
OfficeSW1#configure terminal
OfficeSW1(config)#interface vlan 1
OfficeSW1(config-if)#ip address 192.168.100.254 255.255.255.0
OfficeSW1(config-if)#no shutdown
```

步骤 5 配置交换机的远程登录参数。

```
OfficeSW1(config)#line vty 0 4
OfficeSW1(config-line)#password admin
OfficeSW1(config-line)#login
```

步骤 6 配置 Console 的登录密码。

```
OfficeSW1(config)#line console 0
OfficeSW1(config-line)#password admin
OfficeSW1(config-line)#login
```

步骤 7 配置特权模式密码。

```
OfficeSW1(config)#enable secret cisco
```

步骤 8 查看配置。

```
OfficeSW1#show running-config
```

由于配置内容都比较类似，这里不再列出。

步骤 9 保存配置。

```
OfficeSW1#write
OfficeSW1#copy  running-config  startup-config
```

（3）测试结果。

① 测试设备之间的通信。

在 PC1 上进入“命令提示符”模式，利用“Ping”命令测试是否能与其他 3 台计算机进行通信。如果配置没有错误，则所有计算机之间都能通信。

② 测试 Telnet 远程登录交换机。

测试过程与前面介绍的内容一样，这里不再重复。

③ 测试所配置密码的作用。

根据配置的内容，在模拟器上直接打开交换机的命令行界面时，由于模拟的是 Console 口登录，所以将会要求用户输入登录密码“admin”，登录后切换到特权模式要求输入密码“cisco”。

2.7 练习题

实训 1　交换机的连接和基本配置

实训目的：

- 掌握交换机的连接方式。
- 掌握登录交换机的方法。
- 掌握交换机的配置模式和命令的使用特点。
- 初步认识配置交换机的基本命令。

网络拓扑：

实验拓扑如图 2-22 所示。

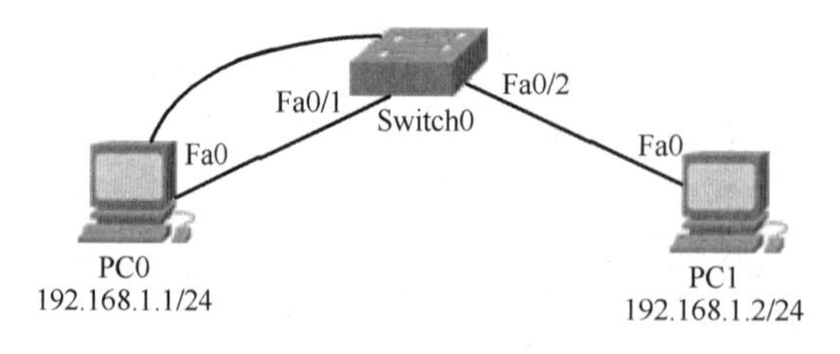

图 2-22　实验拓扑图

实训内容：

（1）根据图 2-22 在 Cisco Packet Tracer 模拟器中搭建网络。

① 利用 Console 端口配置线缆将 PC0 和 Switch0 进行连接。

② 利用直通线将 PC0、PC1 与 Switch0 进行连接。

（2）计算机的 IP 参数配置。

① PC0 的 IP 地址为 192.168.1.1/24。

② PC1 的 IP 地址为 192.168.1.2/24。

（3）利用 Console 端口登录交换机。

① 在 PC0 上通过 Terminal 窗口模拟利用 Console 端口登录交换机。

② 测试在 PC1 上是否也能够通过此方法登录交换机，若不能登录，找出不能登录的原因。

（4）练习不同模式的切换方法，掌握不同配置模式的基本作用和提示符形式。

① 进入和退出特权模式。

```
Switch> enable
Switch# disable
```

② 进入和退出全局配置模式。

```
Switch# configure terminal
Switch(config)# exit
```

③ 进入和退出接口配置模式（以交换机的第一个快速以太网端口为例）。

```
Switch(config)# interface fastEthernet 0/1
Switch(config-if)# exit
```

④ 进入和退出线路配置模式（有 Console 和 VTY）。

```
Switch(config)# line console 0
Switch(config-line)# exit
```

（5）配置进入特权模式的密码，区分 Password 和 Secret 的作用及特点。

```
Switch(config)# enable password myenpa
Switch(config)# enable secret myense
```

问题：上面两个命令都设置时，哪个密码起作用？

（6）配置利用控制台端口登录交换机的密码。

```
Switch(config)# line console 0
Switch(config-line)# password myconsole
Switch(config-line)# login
```

（7）配置 Telnet 登录交换机的密码，同时允许通过 5 个虚拟终端进行登录。

（8）继续对交换机进行适当配置，然后通过计算机利用 Telnet 的方式登录交换机。

实训 2　交换机的基本配置

实训目的：

掌握交换机端口的基本配置。

网络拓扑：

实验拓扑图如图 2-23 所示。

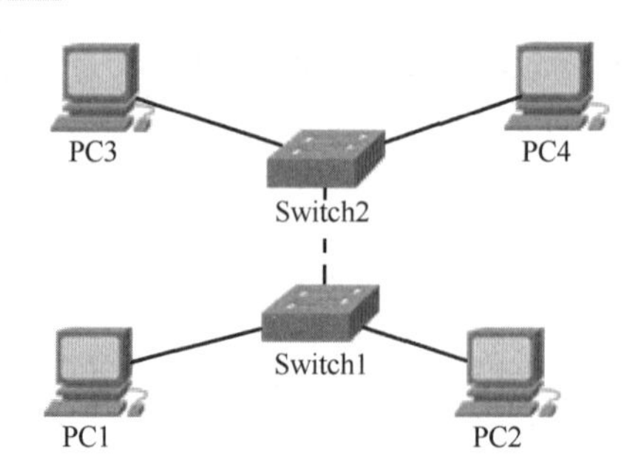

图 2-23 实验拓扑图

实训内容：

（1）设备连接和 IP 地址分配表（见表 2-3）。

表 2-3 设备连接和 IP 地址分配表

设备名称	IP 地址	子网掩码	对方端口
PC1	192.168.1.1	255.255.255.0	Switch1 的 F0/1
PC2	192.168.1.2	255.255.255.0	Switch1 的 F0/2
PC3	192.168.1.3	255.255.255.0	Switch2 的 F0/1
PC4	192.168.1.4	255.255.255.0	Switch2 的 F0/2
Switch1	192.168.1.100	255.255.255.0	Switch2 的 F0/24
Switch2	192.168.1.110	255.255.255.0	Switch1 的 F0/24

（2）将 Switch1 的主机名称改为“Student”，将 Switch2 的主机名称改为“Teacher”。

（3）设置所有连接计算机的端口描述为“Computer”、端口的通信速率为 100Mb/s。

（4）配置两台交换机支持 Telnet 登录。

（5）利用 show 命令查看相应的配置信息。

第3章 利用VLAN划分网络

随着云计算、大数据、物联网等应用的普及，人们的日常生活和工作已经同网络紧密结合在一起。网络上传输的信息也越来越多，如果任凭所有信息都无限制地在网络上传输，将会极大地影响网络的正常应用。例如，在交换式局域网中希望将广播信息的传输控制在一定范围，因为许多病毒程序也是通过广播信息在网络中传播的。同时，随着局域网规模的不断扩大，为了更好地管理网络，减小网络管理人员的管理难度和压力，也需要用一种比较好的方式对网络进行分割管理。在以交换机为主的交换式局域网中，比较好的方法就是利用虚拟局域网（VLAN）技术对网络进行逻辑上的划分，从而实现上述需求。本章通过校园网网络划分来介绍虚拟局域网技术。

3.1 项目导入

1. 项目描述

校园网规模比较大、用户比较多，很难避免用户的计算机感染病毒。如果将所有用户计算机都不加限制地连接在同一交换网中，则会造成病毒的迅速传播。另外，校园网中的用户也有许多类型，例如，教学办公区就有许多不同部门，而有些部门的数据是需要控制访问的，同时所有资源都在一个网络中，也会增加网络管理的难度。王师傅带领小张根据网络规划对东校区教学办公和生活区及西校区进行虚拟局域网的配置。王师傅要求小张学习相关虚拟局域网的基础理论，并且在模拟器上进行项目的配置验证。校园网结构如图3-1所示。

2. 项目任务

- 掌握VLAN的基础理论。
- 组建东校区和西校区办公、生活网络。
- 为避免病毒的迅速传播，提高网络的使用效率，需将各部门划分进不同的VLAN。
- 提高VLAN的管理效率。
- 必须保证不同部门之间信息的正常交流。

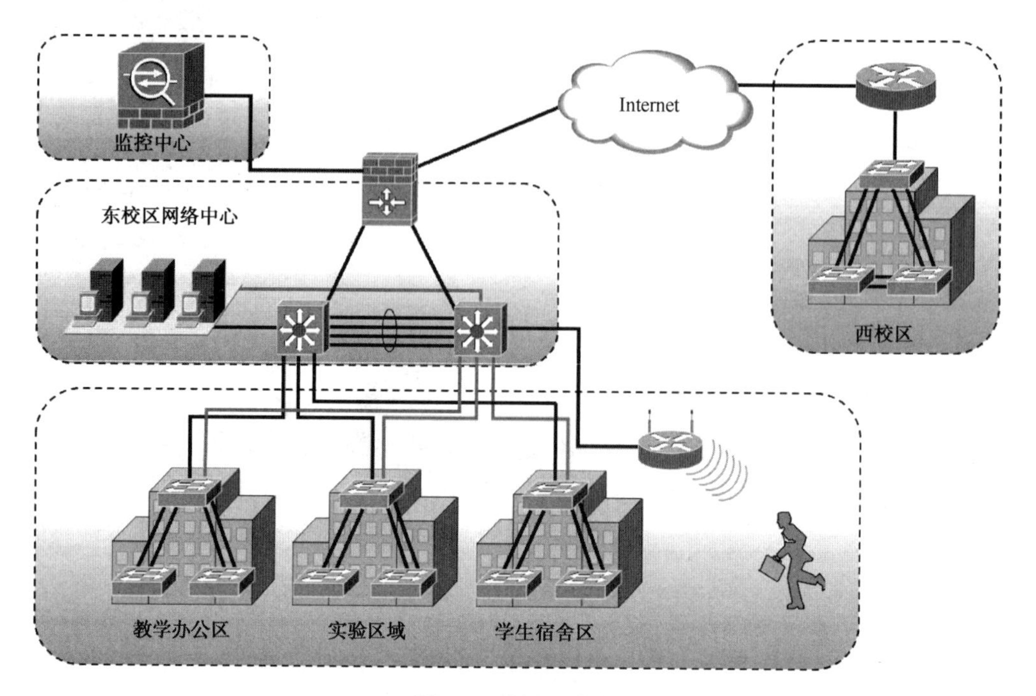

图 3-1　校园网结构

3.2　任务 1　学习 VLAN 应用的基本知识

虚拟局域网（Virtual Local Area Network）简称为 VLAN。此技术是通过交换机所提供的功能将局域网从逻辑上划分为一个个的网段，从而实现虚拟工作组的一种交换技术。

交换机的引入解决了共享式以太网中的冲突，提高了数据传输效率，但对广播信息的传输没有任何限制，整个网络属于同一个广播域，任何一个广播帧或多播帧都将被广播到整个局域网中的每一台主机。在网络通信中，广播信息是普遍存在的，如果不加限制，广播帧将占用大量的网络带宽，导致网络速度和通信效率下降，并且额外增加网络主机为处理广播信息所产生的负荷。很多病毒也是通过广播方式进行扩散的，如果没有有效的隔离措施，一旦病毒发起泛洪广播攻击，将会很快占用网络的带宽，从而导致网络阻塞和瘫痪。

对于隔离广播信息，理论上需要通过网络层设备来实现，即路由器。在操作时可以利用路由器上的以太网端口结合 IP 地址进行网络地址分段，从而实现对广播域的分割和隔离。路由器所能划分出的网段，取决于路由器上以太网端口的数目，但由于路由器的主要作用是实现数据在不同网络之间的转发，因此路由器所带的以太网端口数量很少，一般不超过 4 个，同时设备价格也很高，所以用于分割广播域的成本较高，因此在局域网中往往使用交换机实现广播域分割。交换机配备较多的以太网端口，但交换机必须支持 VLAN 交换技术。虚拟局域网主要有以下几个特点。

1. 控制广播域的范围

通过在交换机上划分 VLAN，可将一个大的局域网划分成若干个网段，每个网段内所有主机间的通信和广播仅限于在该 VLAN 内进行，广播帧不会被转发到其他网段，即一个 VLAN

就是一个广播域，从而实现了对广播域的分割和隔离，并且不同 VLAN 内部的主机之间是不能进行直接通信的，如图 3-2 所示。

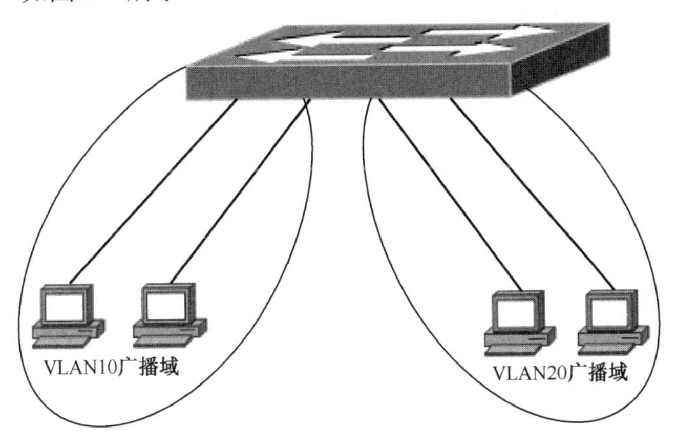

图 3-2　利用 VLAN 分割广播域

2. 简化网络管理和提高组网的灵活性

由于 VLAN 对交换机端口实施的是逻辑分组，所以不受任何物理连接的限制，同一 VLAN 中的用户可以连接在不同的交换机上，并且可以位于不同的物理位置，从而增加了网络应用和管理的灵活性，如图 3-3 所示。

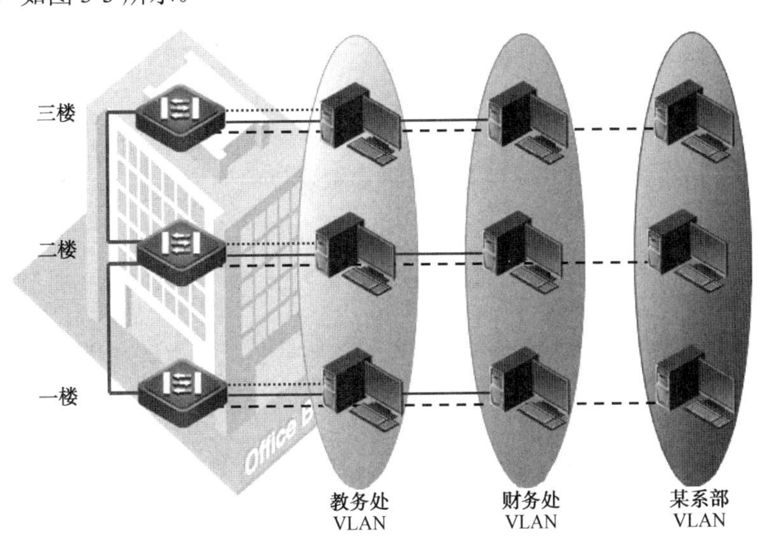

图 3-3　跨区域的虚拟局域网

3. 增加网络的安全性

由于默认情况下 VLAN 间是相互隔离的，不能直接通信，所以对于保密性要求较高的部门，如财务部门，可将其划分在一个 VLAN 中，其他 VLAN 中的用户不能直接访问该 VLAN 中的主机，可通过访问控制列表控制访问范围，从而既起到隔离作用，又提高了访问的安全性。

3.3 任务 2 单台交换机 VLAN 配置

3.3.1 虚拟局域网的划分方式

1. 静态 VLAN

静态 VLAN 通常也称为基于端口的 VLAN，其特点是按交换机端口进行分组，每一组定义为一个 VLAN，属于同一个 VLAN 的端口可来自一台交换机，也可来自多台交换机，即可以跨越多台交换机设置 VLAN。基于端口的 VLAN 划分如图 3-4 所示。

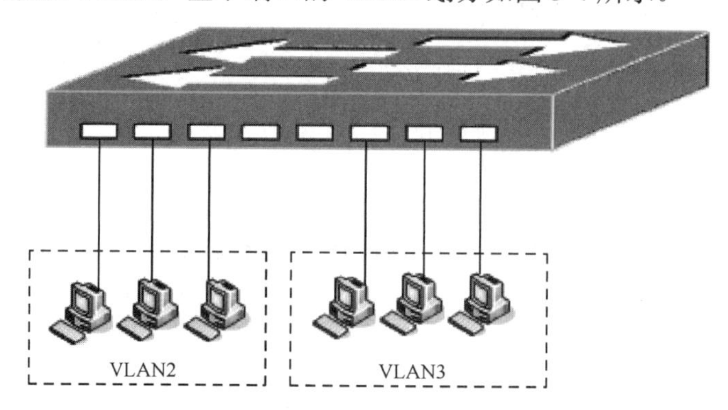

图 3-4 基于端口的 VLAN 划分

静态 VLAN 是目前最常用的一种 VLAN 端口划分方式，基本上所有可管理的交换机都可以使用静态 VLAN。但静态 VLAN 配置时，需要将端口一个个加入 VLAN，对于经常要改变办公位置的设备来说，很难保证此设备一直处于同一个 VLAN 中，因此管理和应用上较为不灵活，通常适合于网络拓扑结构不是经常变化的网络。

2. 动态 VLAN

动态 VLAN 是根据每个端口所连的计算机动态设置端口所属 VLAN 的方法。动态 VLAN 有多种划分方式，下面简单了解一下基于 MAC 地址的 VLAN、基于子网的 VLAN 和基于用户的 VLAN。

- 基于 MAC 地址的 VLAN：这种方式根据端口所连计算机的网卡 MAC 地址，来决定该端口所属的 VLAN。
- 基于子网的 VLAN：这种方式根据端口所连计算机的 IP 地址，来决定端口所属的 VLAN。
- 基于用户的 VLAN：这种方式根据端口所连计算机的当前登录用户，来决定该端口所属的 VLAN。

虽然动态 VLAN 的使用较灵活，但对交换设备的性能和功能要求较高，同时还需要配备服务器设备，所以成本也较高，目前最常用的还是静态 VLAN 方式，本书后面所介绍的 VLAN 划分方式都是静态 VLAN。

3.3.2　在单台交换机上配置 VLAN

1. 学习情境

小张在学习了 VLAN 的技术理论后，根据王师傅的建议在模拟器上学习和练习在一台交换机上配置 VLAN 的命令，并且验证相关操作。

2. 学习配置命令

下面先简单认识一下将要用到的配置命令。

① 进入 VLAN 数据库：

```
vlan database
```

② 创建 VLAN：

```
vlan <vlan ID> [ name  <名称> ]
```

VLAN ID 的范围是 1~4094，分为普通范围和扩展范围。某些交换机的 VLAN ID 只支持普通范围的 1~1005，适用于中小型网络。其中，1 是默认 VLAN，一般用于设备管理；1002~1005 预留给 FDDI 和令牌环的 VLAN 使用，也不能删除；2～1000 用于划分 VLAN，可以建立、使用和删除；1006～4094 是扩展 VLAN 的 ID，一般用于更大规模的网络，但功能较普通范围的 VLAN 少，并且后面介绍的 VTP 功能只能识别普通范围的 VLAN。一台 2960 系列交换机最多支持 255 个普通范围与扩展范围的 VLAN。

③ 配置端口为访问（Access）模式：

```
switchport mode access
```

④ 将端口加入 VLAN：

```
switchport access vlan <vlan ID>
```

⑤ 查看 VLAN 信息：

```
show vlan
```

3. 操作过程

（1）搭建网络拓扑。

网络拓扑如图 3-5 所示，交换机型号为 2960，请读者根据拓扑图在模拟器上搭建网络拓扑。

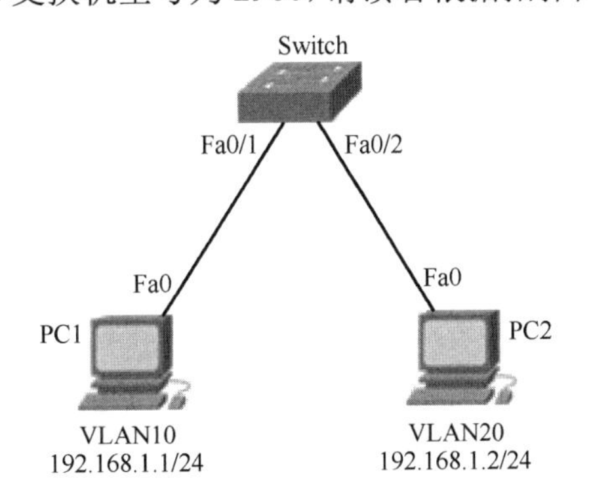

图 3-5　单台交换机上配置网络拓扑

（2）配置计算机的 IP 地址。

请根据图 3-5 所示的内容配置计算机的 IP 地址，配置过程不再演示。

（3）配置交换机。

步骤 1 创建 VLAN。

在交换机上创建 VLAN 有两种方法：一种是进入 VLAN 数据库创建；另一种是在全局模式下创建。下面分别介绍这两种方法。

方法 1 在 VLAN DATABASE 界面创建 VLAN。

进入 VLAN DATABASE 界面，命令如下：

```
Switch>enable
Switch#vlan database                    //进入 vlan database 界面
Switch(vlan)#
```

创建 VLAN，命令如下：

```
Switch(vlan)#vlan 10 name teacher       //创建 VLAN10，并且命名为 teacher
VLAN 10 added:
    Name: teacher
```

创建的 VLAN 可以采用“**no vlan ID**”的命令进行删除，但要注意的是，VLAN1 是设备默认的 VLAN，无法删除，可以改名。默认情况下，所有的端口都属于 VLAN1。

方法 2 全局模式下创建 VLAN。

```
Switch#configure terminal
Switch(config)#vlan 20                  //创建 VLAN20
Switch(config-vlan)#name students       //命名为 students
```

说明：以上两种创建 VLAN 的方法都可使用，推荐采用第二种方法来创建 VLAN。

步骤 2 将计算机加入 VLAN。

要将计算机加入某一个 VLAN 中，只需将此计算机所连接的交换机端口加入此 VLAN 即可，命令如下：

```
Switch(config)#interface fastEthernet 0/1
Switch(config-if)#switchport mode access      //将端口配置为访问模式
Switch(config-if)#switchport access vlan 10   //将端口加入 VLAN10 中

Switch(config)#interface fastEthernet 0/2
Switch(config-if)#switchport mode access      //将端口配置为访问模式
Switch(config-if)#switchport access vlan 20   //将端口加入 VLAN20 中
```

（4）查看配置结果。

步骤 1 查看 running-config 的配置内容。

```
Switch#show running-config
……省略部分内容
!
interface FastEthernet0/1
switchport access vlan 10
switchport mode access
```

```
!
interface FastEthernet0/2
switchport access vlan 20
switchport mode access
!
……省略部分内容
```

说明：由于普通范围的 VLAN 信息保存在 vlan.dat 数据库文件中，所以在配置文件中并不显示 VLAN 信息，需要用下面的命令显示 VLAN 信息。

步骤 2　查看 VLAN 信息。

```
Switch#show   vlan          //查看 VLAN 的配置信息

VLAN Name                             Status    Ports
---- -------------------------------- --------- -------------------------------
1    default                          active    Fa0/2, Fa0/3, Fa0/4, Fa0/5
                                                 Fa0/6, Fa0/7, Fa0/8, Fa0/9
                                                 Fa0/10, Fa0/11, Fa0/12, Fa0/13
                                                 Fa0/14, Fa0/15, Fa0/16, Fa0/17
                                                 Fa0/18, Fa0/19, Fa0/20, Fa0/21
                                                 Fa0/22, Fa0/23, Fa0/24, Gig1/1
                                                 Gig1/2
10   teacher                          active    Fa0/1
20   students                         active    Fa0/2
1002 fddi-default                     act/unsup
1003 token-ring-default               act/unsup
1004 fddinet-default                  act/unsup
1005 trnet-default                    act/unsup
```

从上面加黑字标注的内容中可看到 VLAN10 和 VLAN20 的信息，各自有一个端口加入，还能看到其他所有端口都属于 VLAN1。

（5）测试结果。

在 PC1 上利用 ping 命令测试另一台计算机 PC2 会发现，虽然这两台计算机的网段地址都是 192.168.1.0，但却无法通信，因为此时这两台计算机分别属于 VLAN10 和 VLAN20，这也体现了虚拟局域网分割网络的作用，此时 VLAN10 中的广播信息也将无法扩散到 VLAN20 中。实现不同 VLAN 之间通信的方法会在后面的章节中介绍。

3.4　任务 3　多台交换机的 VLAN 配置

3.4.1　跨交换机的 VLAN 成员通信方法

在实际应用中，一个 VLAN 通常需要跨越多台交换机，例如，计算机系的教师分布在教学办公楼和实验楼，在这两栋楼里都有对应的办公室，此时计算机系对应的 VLAN 就将跨越多台交换机，如图 3-6 所示。

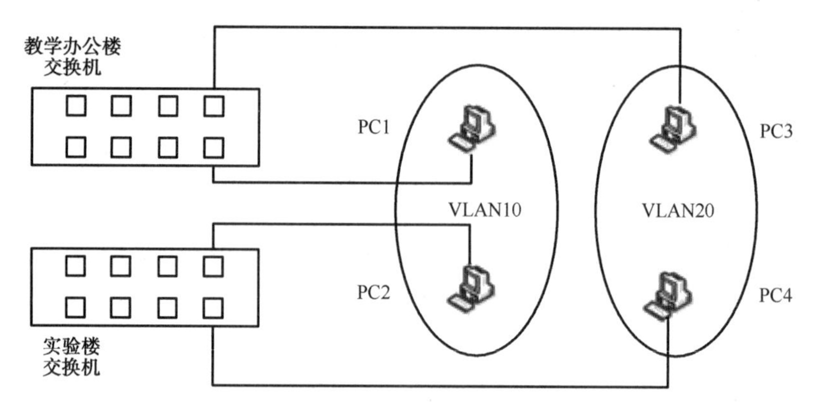

图 3-6　跨多台交换机的 VLAN

当同一个 VLAN 内的成员都连接在同一台交换机上时，彼此通信十分方便，但当 VLAN 内的成员分布在多台交换机上时，默认情况下，除了 VLAN 1 的成员外，其他 VLAN 内部的成员均无法进行通信，那么在这种情况下如何才能实现同一个 VLAN 内部成员的通信呢？有以下两种方法。

（1）跨交换机的 VLAN 通信方法 1。

如图 3-7 所示，在每台交换机上为每个 VLAN 提供一个端口，用于进行不同 VLAN 内的主机通信。有多少个 VLAN，就对应需要占用多少个端口。

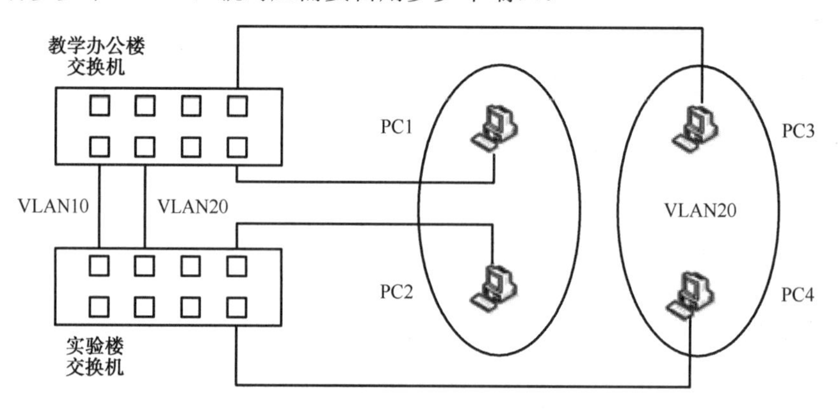

图 3-7　实现跨交换机的 VLAN 通信方法 1

（2）跨交换机的 VLAN 通信方法 2。

上面的方法虽然解决了 VLAN 内主机间的跨交换机通信问题，但每增加一个 VLAN，就需要在交换机间添加一条链路，这将额外占用交换机端口，这对交换机的资源是一种浪费，并且扩展性和管理效率都很差。

为了避免这种低效率的连接方式和对交换机端口的大量占用，IEEE 组织于 1999 年颁布了标准化 802.1Q 协议草案，定义了跨交换机 VLAN 的内部成员间的通信方式。这种方法就是让交换机间的互联链路汇集到一条链路上，让该链路允许各个 VLAN 的数据经过，从而可解决对交换机端口的额外占用问题。这条用于实现各 VLAN 在交换机间通信的链路称为交换机的主干链路（Trunk Link）。

IEEE802.1Q 协议标准的核心是在交换机上定义了两种类型的端口：Access 访问端口和 Trunk 干道端口。Access 访问端口一般用于接入计算机等终端设备，只属于一个 VLAN；Trunk

干道端口一般用于交换机之间的连接，属于多个 VLAN，可以传输交换机上所有的 VLAN 数据，实现跨交换机的同一个 VLAN 成员之间的通信。

IEEE802.1Q 的主要作用就是对数据帧附加 VLAN 识别信息，所附加的 VLAN 识别信息位于数据帧中“发送源 MAC 地址”和“类型”字段之间，所添加的内容为 2 字节的 TPID 和 2 字节的 TCI，共计 4 字节，其对数据帧的封装过程如图 3-8 所示。

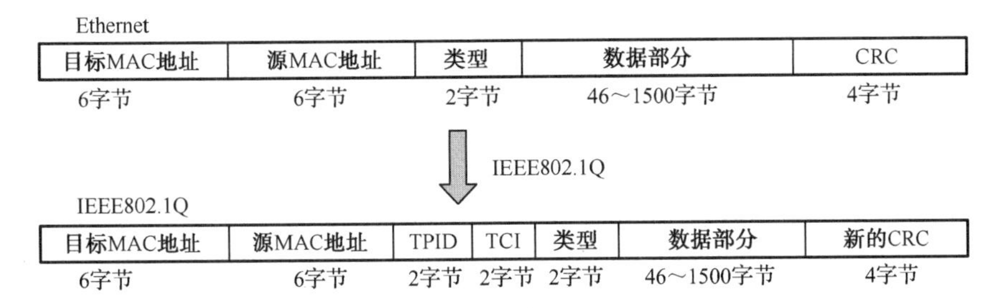

图 3-8 IEEE802.1Q 协议对数据帧的封装过程

3.4.2 跨交换机的 VLAN 成员通信实施

1. 学习情境

小张在项目实施过程中发现在不同的教师办公室，VLAN 需要跨越不同的交换机，并且这些 VLAN 成员无法通信，在询问了王师傅后，小张知道了原因和解决方法，为了更好地掌握这些配置，还在模拟器上搭建了拓扑进行配置练习和验证。

2. 学习配置命令

要学习的命令只有一条，将端口配置为干道（Trunk）模式，命令如下：

```
switchport mode trunk
```

此命令使用在交换机之间相连的端口，作用是让这些端口可以发送和接收带 VLAN 标签的数据帧。

3. 操作过程

（1）搭建网络拓扑。

网络拓扑如图 3-9 所示，请读者根据拓扑图在模拟器上搭建网络拓扑。

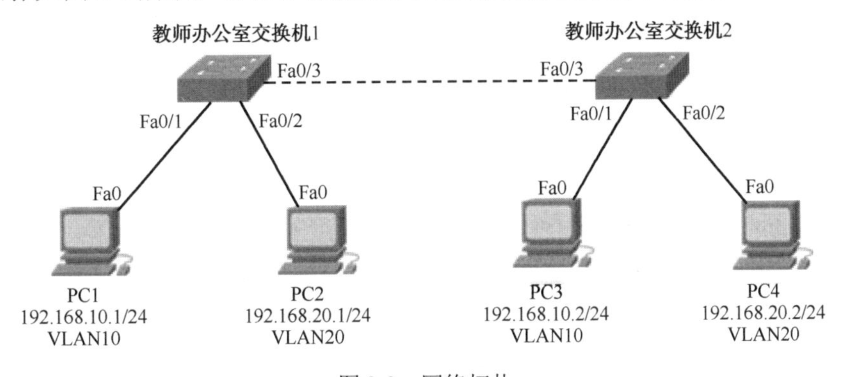

图 3-9 网络拓扑

（2）配置计算机的 IP 地址。

请根据图 3-9 所示的内容配置计算机的 IP 地址，配置过程不再演示。配置完成后测试计算机之间的通信情况。

```
C:\>ping 192.168.10.2        //测试 PC1 与 PC3 之间的通信情况

Pinging 192.168.10.2 with 32 bytes of data:

Reply from 192.168.10.2: bytes=32 time=1ms TTL=128
Reply from 192.168.10.2: bytes=32 time<1ms TTL=128
……省略部分内容

C:\>ping 192.168.20.2        //测试 PC2 与 PC4 之间的通信情况

Pinging 192.168.20.2 with 32 bytes of data:

Reply from 192.168.20.2: bytes=32 time=1ms TTL=128
Reply from 192.168.20.2: bytes=32 time=1ms TTL=128
……省略部分内容
```

从上面的结果可以看出，目前同一个网段的计算机之间是可以通信的。

（3）配置交换机。

根据拓扑图配置 VLAN，并且将计算机加入到 VLAN 中。

步骤 1　创建 VLAN。

```
OfficeSW1(config)#vlan 10
OfficeSW1(config-vlan)#vlan 20

OfficeSW2(config)#vlan 10
OfficeSW2(config-vlan)#vlan 20
```

步骤 2　将计算机加入到相应的 VLAN 中。

```
OfficeSW1(config)#interface fastEthernet 0/1
OfficeSW1(config-if)#switchport mode access
OfficeSW1(config-if)#switchport access vlan 10
OfficeSW1(config)#interface fastEthernet 0/2
OfficeSW1(config-if)#switchport mode access
OfficeSW1(config-if)#switchport access vlan 20

OfficeSW2(config)#interface fastEthernet 0/1
OfficeSW2(config-if)#switchport mode access
OfficeSW2(config-if)#switchport access vlan 10
OfficeSW2(config)#interface fastEthernet 0/2
OfficeSW2(config-if)#switchport mode access
OfficeSW2(config-if)#switchport access vlan 20
```

步骤 3 测试计算机之间的通信情况。

```
C:\>ping 192.168.10.2        //测试 PC1 与 PC3 之间的通信情况

Pinging 192.168.10.2 with 32 bytes of data:

Request timed out.
Request timed out.
……省略部分内容

C:\>ping 192.168.20.2        //测试 PC2 与 PC4 之间的通信情况

Pinging 192.168.20.2 with 32 bytes of data:

Request timed out.
Request timed out.
……省略部分内容
```

从上面的测试结果可以看出，此时同一个网段并属于同一个 VLAN 的计算机之间已经无法通信，原因是它们虽然属于同一个 VLAN，但不在同一台交换机上。在当前配置下，VLAN10 和 VLAN20 的数据帧在通过交换机之间的链路时，VLAN 的标签将被去掉，数据帧到达对方交换机时，在默认情况下，将被当作 VLAN1 的数据帧进行处理。

步骤 4 配置交换机之间的 Trunk 链路。

```
OfficeSW1#configure terminal
OfficeSW1(config)#interface fastEthernet 0/3
OfficeSW1(config-if)#switchport mode trunk          //将端口设置为 Trunk 模式
OfficeSW1(config-if)#exit

OfficeSW2#configure terminal
OfficeSW2(config)#interface fastEthernet 0/3
OfficeSW2(config-if)#switchport mode trunk          //将端口设置为 Trunk 模式
OfficeSW2(config-if)#exit
```

步骤 5 查看配置结果。

利用 **show running-config** 命令可以查看这两台交换机的 Fa0/3 端口为 Trunk 模式，以教师办公室交换机 1 为例。

```
OfficeSW1#show running-config
……省略部分内容
!
interface FastEthernet0/3
switchport mode trunk
!
……省略部分内容
```

（4）测试结果。

```
C:\>ping 192.168.10.2

Pinging 192.168.10.2 with 32 bytes of data:

Reply from 192.168.10.2: bytes=32 time=1ms TTL=128
Reply from 192.168.10.2: bytes=32 time<1ms TTL=128
……省略部分内容
```

```
C:\>ping 192.168.20.2

Pinging 192.168.20.2 with 32 bytes of data:

Reply from 192.168.20.2: bytes=32 time=1ms TTL=128
Reply from 192.168.20.2: bytes=32 time<1ms TTL=128
……省略部分内容
```

从上面的测试结果可以看出，在配置了交换机之间的 Trunk 链路后，同一个 VLAN 中的计算机之间已经可以通信了。

3.5　任务 4　提高 VLAN 的管理效率

3.5.1　VTP 基本知识

从任务 3 中可以看出，在实际应用中，网络中的每台交换机可能都需要配置相同的 VLAN，如果采用传统方式由管理员一个个配置，效率会很低，也增加了管理难度。因此，思科公司开发了一款私有协议用来自动同步 VLAN 信息，很好地解决了这个问题，这个协议就是本任务中要介绍的 VTP 协议。

VTP 是 VLAN Trunking Protocol 的缩写，称为 VLAN 中继协议，它可以实现交换机之间同步和传递 VLAN 配置信息，保持在同一个 VTP 域中维持 VLAN 配置的一致性。在创建 VLAN 之前，应先定义 VTP 管理域，VTP 信息能在同一个 VTP 管理域内同步和传递 VLAN 配置信息。

使用 VTP 时需要满足下列配置要求：

- VTP 域内的每台交换机都必须使用相同的域名，不论是通过配置实现的，还是由交换机自动学到的。
- 相邻的交换机需要具有相同的域名。
- 在所有交换机之间必须配置中继链路。
- 如果设置了 VTP 密码，则同一个 VTP 域中的密码应该相同。

如果上述条件中的任何一项不满足，则 VTP 域不能连通，VLAN 信息也无法进行传送。

VTP 有 Server、Client 和 Transparent 三种工作模式，这些工作模式决定了是否允许指定的交换机管理 VLAN、VTP 如何传送和同步 VLAN 配置。

（1）Server 模式。

Server 模式是交换机默认的工作模式，运行在该模式的交换机允许创建、修改和删除本地 VLAN 数据库中的 VLAN 数据。VLAN 数据库的变化将传递到 VTP 域内所有处于 Server 或 Client 模式的其他交换机，以实现对 VLAN 信息的同步。另外，Server 模式的交换机也可接收同一个 VTP 域内其他交换机发送来的同步信息。

（2）Client 模式。

该模式下的交换机不能创建、修改和删除 VLAN，也不能在 NVRAM 中存储 VLAN 配置，如果掉电，将丢失所有的 VLAN 信息。该模式下的交换机主要通过 VTP 域内其他交换机传递的 VLAN 信息来同步和更新自己的 VLAN 配置。

（3）Transparent 模式。

Transparent 模式也可以创建、修改和删除本地 VLAN 数据库中的 VLAN 数据，但与 Server 模式不同的是，本地 VLAN 配置的变化不会传播给其他交换机，也不会受到其他交换机 VLAN 配置的影响。此模式下的交换机会传递同一个域中的其他交换机发送过来的 VLAN 信息。

3.5.2 VTP 管理域的应用

1. 学习情境

小张在解决了跨交换机 VLAN 的通信问题后，想到项目中的教学楼、实验楼等网络有大量的交换机，而根据项目需求，这些交换机大部分要配置相同的 VLAN，如果手动配置需要花费大量时间且容易出错。在请教了王师傅后，小张理解了 VTP 协议的作用，并且学习了相关配置命令，为了更好地掌握这些配置命令，还在模拟器上搭建了网络拓扑进行配置练习和验证。

2. 学习配置命令

VTP 的主要配置命令如下。

① 配置 VTP 域名：

```
vtp domain <域名>
```

② 配置 VTP 工作模式：

```
vtp mode < server | client | transparent >
```

③ 配置 VTP 密码：

```
vtp password <密码>
```

④ 查看 VTP 状态：

```
show vtp status
```

3. 操作过程

（1）搭建网络拓扑。

网络拓扑如图 3-10 所示，请读者根据拓扑图在模拟器上搭建网络拓扑。由于主要是验证 VTP 的配置，无须测试计算机之间的通信情况，所以网络拓扑中没有添加计算机。

（2）配置交换机。

要在交换机上使用 VTP，应先创建 VTP 管理域，然后设置 VTP 的工作模式，最后还要配置和启动汇聚链路。因为 VTP 信息只通过汇聚链路传送，所以如果交换机之间没有配置启动一条主干链路，则两台交换机之间无法完成 VLAN 配置信息的交换。

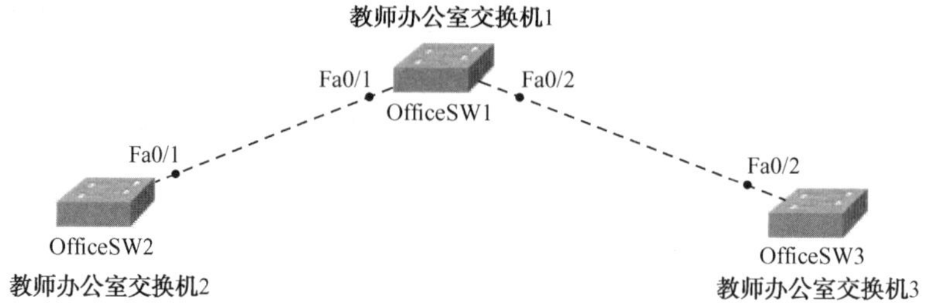

教师办公室交换机1
Fa0/1 Fa0/2
OfficeSW1
Fa0/1
Fa0/2
OfficeSW2
教师办公室交换机2
OfficeSW3
教师办公室交换机3

图 3-10 网络拓扑

步骤 1 创建 VTP 管理域。

在网络拓扑中的所有交换机上创建一个名为 teacher 的管理域。

```
OfficeSW1>enable
OfficeSW1#configure terminal
OfficeSW1 (config)#vtp domain teacher            //建立名为 teacher 的 VTP 管理域
Changing VTP domain name from NULL to teacher

OfficeSW2>enable
OfficeSW2#configure terminal
OfficeSW2 (config)#vtp domain teacher            //建立名为 teacher 的 VTP 管理域
Changing VTP domain name from NULL to teacher

OfficeSW3>enable
OfficeSW3#configure terminal
OfficeSW3 (config)#vtp domain Teacher            //建立名为 Teacher 的 VTP 管理域
Changing VTP domain name from NULL to teacher
```

在将交换机 OfficeSW3 的 VTP 域名错误地配置为 Teacher 后，在短时间内，交换机 OfficeSW1 和 OfficeSW3 会出现下面的警告。

```
05:15:39 %DTP-5-DOMAINMISMATCH: Unable to perform trunk negotiation on port Fa0/2 because of VTP
domain mismatch.            // OfficeSW1 的警告信息

05:07:47 %DTP-5-DOMAINMISMATCH: Unable to perform trunk negotiation on port Fa0/2 because of VTP
domain mismatch.            // OfficeSW3 的警告信息
```

造成这个现象的原因就是这两台交换机是相邻的，根据规定，相邻交换机之间需要相同的 VTP 域，而上面配置的 VTP 域名不相同。这个警告将每隔 30s 出现一次，直到将 VTP 域名修改一致为止。

只有属于同一个 VTP 域的交换机彼此间才能交换 VLAN 信息，并且一台交换机只能同时属于一个 VTP 域。VTP 通过域名来区分交换机是否属于同一个域，域名是区分大小写的。

步骤 2 设置 VTP 的 Server 和 Client 模式。

将交换机 OfficeSW2 配置为 Server 模式，将交换机 OfficeSW1 和 OfficeSW3 配置为 Client 模式。

```
OfficeSW2(config)#vtp mode server          //设置交换机在 VTP 域中工作在 Server 模式
Device mode already VTP SERVER.
```

从显示内容可看出，默认情况下交换机处于 VTP 的 Server 模式。

```
OfficeSW1(config)#vtp mode client          //设置交换机在 VTP 域中工作在 Client 模式
Setting device to VTP CLIENT mode.

OfficeSW3(config)#vtp mode client          //设置交换机在 VTP 域中工作在 Client 模式
Setting device to VTP CLIENT mode.
```

步骤 3 创建 VLAN。

在交换机 OfficeSW1 上创建 VLAN10 和 VLAN20。

```
OfficeSW1(config)#vlan 10
VTP VLAN configuration not allowed when device is in CLIENT mode.
```

从上面的显示可以看出，在交换机 OfficeSW1 上无法创建 VLAN，原因是交换机 OfficeSW1 的 VTP 模式为 Client 模式，此模式下不能创建、修改、删除 VLAN，所以交换机 OfficeSW3 上也不能创建 VLAN，只有交换机 OfficeSW2 上能创建 VLAN。

在交换机 OfficeSW2 上创建 VLAN10 和 VLAN20。

```
OfficeSW2(config)#vlan 10
OfficeSW2(config-vlan)#vlan 20
```

步骤 4 查看 OfficeSW1 和 OfficeSW3 交换机的 VLAN 信息。

查看交换机 OfficeSW1 的 VLAN 信息。

```
OfficeSW1#show vlan

VLAN   Name                 Status      Ports
---- -------------------------------- --------- -------------------------------
1      default              active      Fa0/1, Fa0/2, Fa0/3, Fa0/4
                                        Fa0/5, Fa0/6, Fa0/7, Fa0/8
                                        Fa0/9, Fa0/10, Fa0/11, Fa0/12
                                        Fa0/13, Fa0/14, Fa0/15, Fa0/16
                                        Fa0/17, Fa0/18, Fa0/19, Fa0/20
                                        Fa0/21, Fa0/22, Fa0/23, Fa0/24
                                        Gig0/1, Gig0/2
1002   fddi-default         act/unsup
1003   token-ring-default act/unsup
1004   fddinet-default      act/unsup
1005   trnet-default        act/unsup
……省略部分内容
```

从上面显示的内容可以看出，交换机 OfficeSW1 中并没有 VLAN10 和 VLAN20，交换机 OfficeSW3 也一样，这里不再列出。

为什么交换机 OfficeSW2 上创建的 VLAN 信息没有同步过来呢？原因是交换机之间的链路还未配置为 Trunk 链路，所以 VLAN 信息无法传递到其他交换机。

步骤 5 配置 Trunk 链路。

```
OfficeSW1(config)#int range fastEthernet 0/1-2
OfficeSW1(config-if-range)#switchport mode trunk

OfficeSW2(config)#interface fastEthernet 0/1
OfficeSW2(config-if)#switchport mode trunk

OfficeSW3(config)#interface fastEthernet 0/2
OfficeSW3(config-if)#switchport mode trunk
```

步骤 6 再次查看 OfficeSW1 和 OfficeSW3 交换机的 VLAN 信息。

查看交换机 OfficeSW1 的 VLAN 信息。

```
OfficeSW1#show vlan

VLAN    Name                 Status     Ports
---- ------------------------------ --------- -------------------------------
1       default              active      Fa0/1, Fa0/2, Fa0/3, Fa0/4
                                         Fa0/5, Fa0/6, Fa0/7, Fa0/8
                                         Fa0/9, Fa0/10, Fa0/11, Fa0/12
                                         Fa0/13, Fa0/14, Fa0/15, Fa0/16
                                         Fa0/17, Fa0/18, Fa0/19, Fa0/20
                                         Fa0/21, Fa0/22, Fa0/23, Fa0/24
                                         Gig0/1, Gig0/2
10      VLAN0010             active
20      VLAN0020             active
1002    fddi-default         act/unsup
1003    token-ring-default act/unsup
1004    fddinet-default      act/unsup
1005    trnet-default        act/unsup
……省略部分内容
```

从上面加黑字标注的内容中可看到 VLAN10 和 VLAN20 已经被创建，说明 VLAN 信息已从交换机 OfficeSW2 上传递过来。

查看交换机 OfficeSW3 的 VLAN 信息。

```
OfficeSW3#show vlan

VLAN    Name                 Status     Ports
---- ------------------------------ --------- -------------------------------
1       default              active      Fa0/1, Fa0/2, Fa0/3, Fa0/4
                                         Fa0/5, Fa0/6, Fa0/7, Fa0/8
                                         Fa0/9, Fa0/10, Fa0/11, Fa0/12
                                         Fa0/13, Fa0/14, Fa0/15, Fa0/16
                                         Fa0/17, Fa0/18, Fa0/19, Fa0/20
                                         Fa0/21, Fa0/22, Fa0/23, Fa0/24
                                         Gig0/1, Gig0/2
10      VLAN0010             active
```

```
20        VLAN0020           active
1002      fddi-default       act/unsup
1003      token-ring-default act/unsup
1004      fddinet-default    act/unsup
1005      trnet-default      act/unsup
……省略部分内容
```

与交换机OfficeSW1一样，VLAN10和VLAN20也被创建，但此信息是由交换机OfficeSW1传递过来的。

步骤 7 验证 Transparent 模式的作用。

将交换机 OfficeSW1 的 VTP 模式配置为 Transparent 模式。

```
OfficeSW1(config)#vtp mode transparent          //配置 VTP 为 Transparent 模式
Setting device to VTP TRANSPARENT mode.
```

在交换机OfficeSW2上创建VLAN30，查看交换机OfficeSW1和交换机OfficeSW3的VLAN信息。

查看交换机 OfficeSW1 的 VLAN 信息。

```
OfficeSW1#show vlan

VLAN    Name                 Status      Ports
---- ------------------------------- --------- -------------------------------
1       default              active      Fa0/1, Fa0/2, Fa0/3, Fa0/4
                                         Fa0/5, Fa0/6, Fa0/7, Fa0/8
                                         Fa0/9, Fa0/10, Fa0/11, Fa0/12
                                         Fa0/13, Fa0/14, Fa0/15, Fa0/16
                                         Fa0/17, Fa0/18, Fa0/19, Fa0/20
                                         Fa0/21, Fa0/22, Fa0/23, Fa0/24
                                         Gig0/1, Gig0/2
10      VLAN0010             active
20      VLAN0020             active
1002    fddi-default         act/unsup
……省略部分内容
```

从上面的内容可以看到 VLAN30 没有被配置，原因是交换机 OfficeSW1 的当前 VTP 模式为 Transparent，在此模式下不进行 VLAN 信息的同步，但会传递 VLAN 的同步信息。下面查看交换机 OfficeSW3 的配置，验证 VLAN 信息是否由交换机 OfficeSW1 传递过来。

```
OfficeSW3#show vlan

VLAN    Name                 Status      Ports
---- ------------------------------- --------- -------------------------------
1       default              active      Fa0/1, Fa0/2, Fa0/3, Fa0/4
                                         Fa0/5, Fa0/6, Fa0/7, Fa0/8
                                         Fa0/9, Fa0/10, Fa0/11, Fa0/12
                                         Fa0/13, Fa0/14, Fa0/15, Fa0/16
                                         Fa0/17, Fa0/18, Fa0/19, Fa0/20
                                         Fa0/21, Fa0/22, Fa0/23, Fa0/24
```

```
                                        Gig0/1, Gig0/2
10      VLAN0010      active
20      VLAN0020      active
30      VLAN0030      active
1002    fddi-default  act/unsup
……省略部分内容
```

从上面显示的内容可以看到，VLAN30 在此交换机已经被配置，说明 VLAN 信息已经传递过来。

Transparent 模式的交换机可以创建、修改和删除自身的 VLAN 配置，但相关内容不会影响同一个 VTP 区域的其他交换机，此操作这里不再演示。

步骤 8 设置密码。

由于 VTP 可以同步 VLAN 信息，所以操作不当或非法接入的交换机有可能造成 VLAN 信息的非正常变化，为了避免这种情况的发生，可以给 VTP 管理域中所有的交换机添加必要的密码。

在步骤 7 的基础上配置交换机 OfficeSW1 的 VTP 模式为 Client，配置交换机 OfficeSW2 的 VTP 密码，并且创建 VLAN40。

```
OfficeSW1(config)#vtp mode server
Setting device to VTP SERVER mode.

OfficeSW2 (config)#vtp password cisco          //设置 VTP 域的密码为 cisco
Setting device VLAN database password to cisco
OfficeSW2(config)#vlan 40
```

在交换机 OfficeSW1 上查看是否有 VLAN40。

```
OfficeSW1#show vlan

VLAN    Name          Status      Ports
---- ------------------------------ --------- -------------------------------
……省略部分内容
10      VLAN0010      active
20      VLAN0020      active
30      VLAN0030      active
1002    fddi-default  act/unsup
……省略部分内容
```

从上面的内容可以看到，VLAN40 没有从交换机 OfficeSW2 同步过来，原因是交换机 OfficeSW1 没有配置 VTP 密码。下面配置交换机 OfficeSW1 的 VTP 密码，然后再次查看 VLAN 信息。

```
OfficeSW1(config)#vtp password cisco
Setting device VLAN database password to cisco

OfficeSW1#show vlan

VLAN    Name          Status      Ports
```

```
---- -------------------------------- --------- -------------------------------
……省略部分内容
10          VLAN0010        active
20          VLAN0020        active
30          VLAN0030        active
40          VLAN0040        active
1002        fddi-default    act/unsup
……省略部分内容
```

从上面的内容可以看出，交换机 OfficeSW1 上的 VLAN40 已经配置成功，说明在配置了相同的 VTP 密码后，VLAN 信息就可以从交换机 OfficeSW2 上同步过来。读者可自行对交换机 OfficeSW3 进行相同操作，这里不再重复。

（3）查看 VTP 信息。

这里以交换机 OfficeSW2 为例演示。

```
OfficeSW2#show vtp status                 //查看 VTP 状态
VTP Version :                             2
Configuration Revision :                  6
Maximum VLANs supported locally :         255
Number of existing VLANs :                9
VTP Operating Mode :                      Server     //VTP 模式
VTP Domain Name :                         teacher    //VTP 域名
VTP Pruning Mode :                        Disabled
VTP V2 Mode :                             Disabled
VTP Traps Generation :                    Disabled
MD5 digest :                              0x30 0x5D 0xE4 0xF9 0x8C 0xE1 0xCC 0x57
Configuration last modified by 0.0.0.0 at 3-1-93 00:41:01
Local updater ID is 0.0.0.0 (no valid interface found)
```

说明：在上面显示的内容中，“Configuration Revision”参数的值会随着 VLAN 配置的更改而增加，其他交换机根据这个数值来判断自己的 VLAN 配置是否需要同步。

3.6 任务 5 利用单臂路由实现 VLAN 间的通信

通过前面几节中的任务实施，已经能够实现交换网络的 VLAN 划分和简单管理，但无法实现不同 VLAN 之间的通信。从上面任务中可以发现，不同 VLAN 中的计算机配置的是不同网段的 IP 地址，这也就意味着不同 VLAN 之间的通信需要利用 OSI 三层（网络层）功能才能实现。局域网中常用的 OSI 三层功能设备主要是路由器和三层交换机，本节介绍如何利用路由器来实现 VLAN 间的通信。

3.6.1 单臂路由基本知识

单臂路由是指在路由器的一个物理端口上通过配置子接口（或“逻辑接口”）的方式，实现原来相互隔离的不同 VLAN 之间的互联互通。单臂路由的结构图如图 3-11 所示。

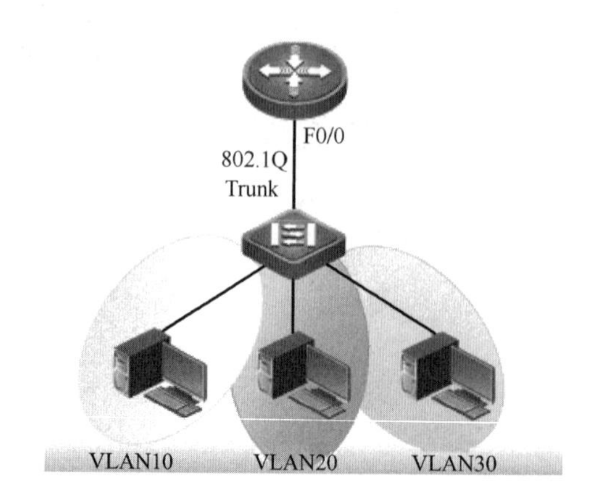

图 3-11　单臂路由的结构图

在配置单臂路由时，需要在路由器的物理端口上创建逻辑接口（其实是基于软件的虚拟接口）。每个逻辑接口对应一个 VLAN，每个子接口上都要配置独立的 IP 地址、子网掩码，还要在子接口上封装 IEEE802.1Q 协议，使其可对不同的 VLAN 帧添加 VLAN 标记。

3.6.2　单臂路由的实施

1. 学习情境

项目中的教学办公区、实验区域等网络划分了 VLAN，对不同部门做了隔离，但工作时需要不同部门之间仍然能进行相互访问。小张在请教了王师傅后，了解了可以通过路由器或三层交换机来实现这个需求。他决定先掌握单臂路由的配置方法，为了更好地学习相关配置命令，他还在模拟器上搭建了网络拓扑进行配置练习和验证。

2. 学习配置命令

单臂路由配置涉及路由器的配置，而路由器的配置和交换机的配置在很多应用上是类似的。单臂路由应用的主要配置命令如下。

① 创建路由器子接口。

```
interface  <接口类型> <模块编号/端口号.子接口号>
```

② 子接口封装 802.1Q 协议。

```
encapsulation dot1Q <VLAN ID>
```

③ 查看路由表。

```
show ip route
```

3. 操作过程

（1）搭建网络拓扑。

网络拓扑如图 3-12 所示，请读者根据拓扑图在模拟器上搭建网络拓扑。

（2）配置计算机的 IP 地址。

根据拓扑图配置计算机的 IP 参数，配置完成后需要测试同一网段的计算机通信情况，必须保证同一网段的计算机之间可以通信，操作过程这里不再演示。

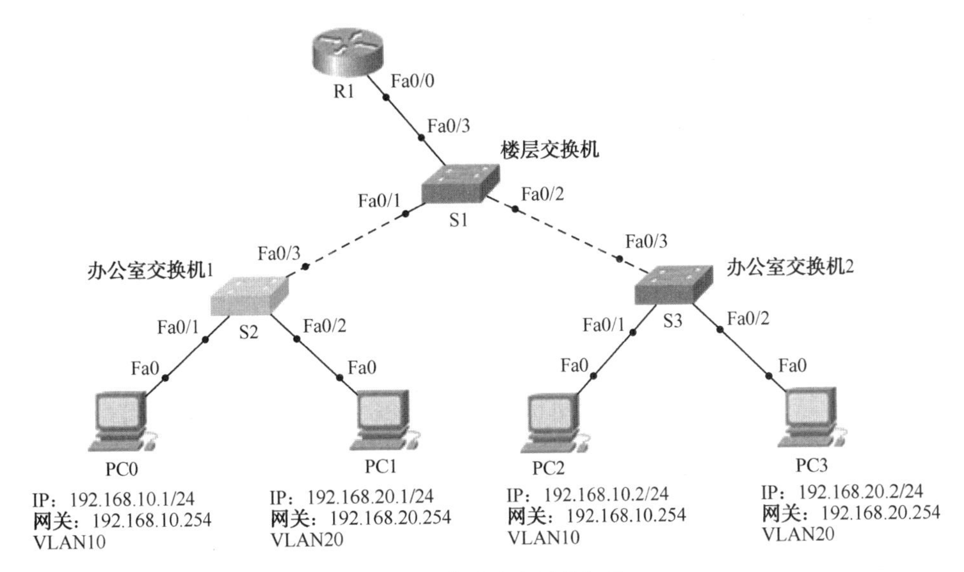

图 3-12　单臂路由网络拓扑

（3）交换机的配置。

需要在 3 台交换机上配置 VLAN10 和 VLAN20；与交换机相连的端口都要配置为 Trunk 端口；楼层交换机连接路由器的端口也需要配置为 Trunk 端口。

步骤 1　办公室交换机 1 的配置。

```
S2(config)#vlan 10
S2(config-vlan)#vlan 20
S2(config)#interface fastEthernet 0/3
S2(config-if)#switchport mode trunk
S2(config)#interface fastEthernet 0/1
S2(config-if)#switchport mode access
S2(config-if)#switchport access vlan 10
S2(config)#interface fastEthernet 0/2
S2(config-if)#switchport mode access
S2(config-if)#switchport access vlan 20
```

步骤 2　办公室交换机 2 的配置。

```
S3(config)#vlan 10
S3(config-vlan)#vlan 20
S3(config)#interface fastEthernet 0/3
S3(config-if)#switchport mode trunk
S3(config)#interface fastEthernet 0/1
S3(config-if)#switchport mode access
S3(config-if)#switchport access vlan 10
S3(config)#interface fastEthernet 0/2
S3(config-if)#switchport mode access
S3(config-if)#switchport access vlan 20
```

步骤 3 楼层交换机的配置。

```
S1(config)#vlan 10
S1(config-vlan)#vlan 20
S1(config)#interface range fastEthernet 0/1-3
S1(config-if-range)#switchport mode trunk
```

配置完成后请测试计算机的通信情况，同一个 VLAN 的计算机之间应该是可以通信的，但不同 VLAN 之间是无法通信的。

（4）路由器的配置。

步骤 1 开启物理端口。

默认情况下，路由器的端口处于禁用状态，可以观察到端口的指示灯为红色。

```
R1(config)#interface fastEthernet 0/0
R1(config-if)#no shutdown
```

说明：路由器进入特权模式、全局模式及选择端口的方法与交换机一样。

步骤 2 配置路由器的子接口。

在子接口上需要配置 802.1Q 的封装，还要配置 IP 地址，此地址为所对应的 VLAN 内部计算机的网关地址。

```
R1(config)#interface fastEthernet 0/0.10                //为 VLAN10 创建子接口
R1(config-subif)#encapsulation dot1Q 10                 //在子接口上封装 IEEE802.1Q 协议
R1(config-subif)#ip address 192.168.10.254 255.255.255.0
R1(config-subif)#exit
R1(config)#interface fastEthernet 0/0.20                //为 VLAN20 创建子接口
R1(config-subif)#encapsulation dot1Q 20                 //在子接口上封装 IEEE802.1Q 协议
R1(config-subif)#ip address 192.168.20.254 255.255.255.0
R1(config-subif)#exit
```

步骤 3 测试计算机的通信。

如果前面的配置都正确，则网络中的所有计算机之间应该都能够进行通信。这里以 PC0 为例测试与 PC3 的通信情况。

```
C:\>ping 192.168.20.2

Pinging 192.168.20.2 with 32 bytes of data:

Request timed out.
Reply from 192.168.20.2: bytes=32 time=1ms TTL=127
Reply from 192.168.20.2: bytes=32 time=1ms TTL=127
Reply from 192.168.20.2: bytes=32 time=1ms TTL=127

Ping statistics for 192.168.20.2:
Packets: Sent = 4, Received = 3, Lost = 1 (25% loss),
Approximate round trip times in milli-seconds:
Minimum = 1ms, Maximum = 1ms, Average = 1ms
```

从上面的显示内容可以看出，VLAN10 和 VLAN20 之间已经能够通信了。

步骤 4 查看路由表。

如果不同 VLAN 之间通信有问题，则除了通过查看 VLAN 的配置、Trunk 链路配置之外，还可以通过查看路由器上的路由表来判断路由是否有问题，路由表的详细内容会在后面的章节中介绍，这里只是简单认识一下路由表。

```
R1#show ip route
Codes: C - connected, S - static, I - IGRP, R - RIP, M - mobile, B - BGP
       D - EIGRP, EX - EIGRP external, O - OSPF, IA - OSPF inter area
       N1 - OSPF NSSA external type 1, N2 - OSPF NSSA external type 2
       E1 - OSPF external type 1, E2 - OSPF external type 2, E - EGP
       i - IS-IS, L1 - IS-IS level-1, L2 - IS-IS level-2, ia - IS-IS inter area
       * - candidate default, U - per-user static route, o - ODR
       P - periodic downloaded static route
Gateway of last resort is not set
C    192.168.10.0/24 is directly connected, FastEthernet0/0.10
C    192.168.20.0/24 is directly connected, FastEthernet0/0.20
```

上面显示的路由表中有两条条目（加粗部分）是正确添加子接口和 IP 地址后自动产生的，路由器根据这两条路由条目来决定数据包的路由选择。

3.7 任务 6 利用三层交换机实现 VLAN 间的通信

3.7.1 利用三层交换机实现 VLAN 间通信的特点

不同 VLAN 之间通信除了可以使用上面介绍的单臂路由方式实现外，还可以使用三层交换机来实现。与单臂路由方式相比，三层交换机更加符合 VLAN 数据的传输。因为三层交换机可以根据 VLAN 标号而不是使用 IP 地址来区分不同网段的数据包，这更符合实际需求，能够提高数据的传输效率。

三层交换机要实现 VLAN 间的相互通信，就必须使用 SVI 技术，为每个 VLAN 创建一个虚拟的子接口，并设置接口的 IP 地址，这样就可实现虚拟子接口之间的路由，从而实现 VLAN 间的通信。各 VLAN 所对应的虚拟子接口的 IP 地址就成为该 VLAN 的默认网关地址。

3.7.2 任务的实施

1. 学习情境

小张在了解了三层交换机实现 VLAN 间通信的特点后，发现这种方式在使用中比单臂路由方式更有优势，并且配置更加简单，于是他在模拟器上搭建了网络拓扑进行配置练习和验证。

2. 学习配置命令

没有学习过的命令就一条：启用三层交换机的路由功能 **ip routing**。

3. 操作过程

（1）搭建网络拓扑。

三层交换机使用的是 3560 系列，请读者根据拓扑图（见图 3-13）在模拟器上搭建网络拓扑。

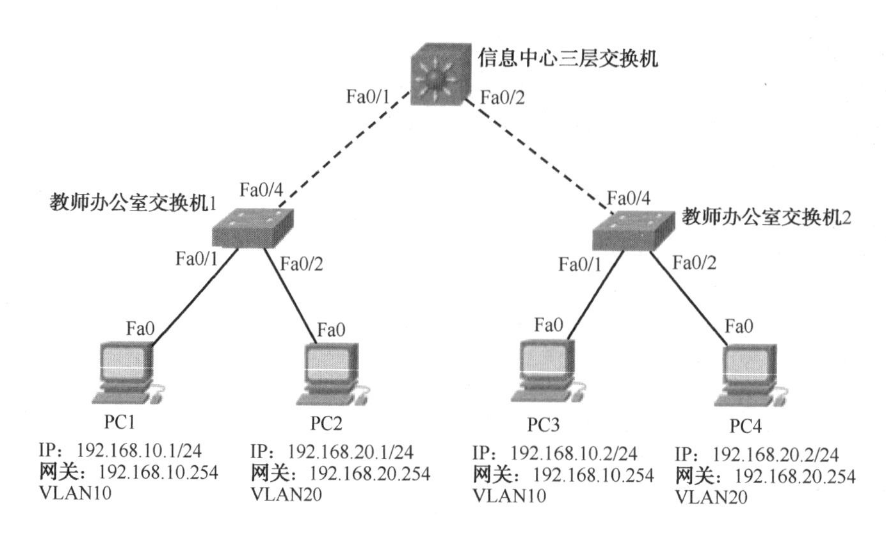

图 3-13　三层交换机实现 VLAN 间通信网络拓扑

（2）配置计算机的 IP 地址。

根据拓扑图配置计算机的 IP 地址，配置完成后需要测试同一网段的计算机通信情况，必须保证同一网段的计算机之间可以通信，操作过程这里不再演示。

（3）配置二层交换机。

在二层交换机上配置相关 VLAN，并且配置与三层交换机相连的端口工作在 Trunk 模式即可，操作过程这里不再演示。

（4）配置三层交换机。

步骤 1　为虚拟子接口配置 IP 参数。

```
Switch(config)#interface vlan 10
Switch(config-if)#ip address 192.168.10.254 255.255.255.0      //此处配置的为对应 VLAN10 的网关地址
Switch(config-if)#no shutdown
Switch(config)#interface vlan 20
Switch(config-if)#ip address 192.168.20.254 255.255.255.0      //此处配置的为对应 VLAN20 的网关地址
Switch(config-if)#no shutdown
```

步骤 2　配置端口为 Trunk 模式。

```
Switch(config)#interface range fastEthernet 0/1 - 2
Switch(config-if-range)#switchport mode trunk
```

步骤 3　启用三层交换机的路由功能。

```
Switch(config)#ip routing                                      //启用三层交换机的路由功能
```

步骤 4　测试计算机的通信。

如果前面的配置都正确，则网络中的所有计算机之间应该都能够进行通信，这里不再演示。

步骤 5　查看三层交换机上的路由表。

```
Switch#show ip route                                           //查看路由表
Codes: C - connected, S - static, I - IGRP, R - RIP, M - mobile, B - BGP
       D - EIGRP, EX - EIGRP external, O - OSPF, IA - OSPF inter area
```

```
        N1 - OSPF NSSA external type 1, N2 - OSPF NSSA external type 2
        E1 - OSPF external type 1, E2 - OSPF external type 2, E - EGP
        i - IS-IS, L1 - IS-IS level-1, L2 - IS-IS level-2, ia - IS-IS inter area
        * - candidate default, U - per-user static route, o - ODR
        P - periodic downloaded static route
Gateway of last resort is not set
C     192.168.10.0/24 is directly connected, Vlan10        //去 VLAN10 的路由信息
C     192.168.20.0/24 is directly connected, Vlan20        //去 VLAN20 的路由信息
```

从上面的显示内容可以看出，在正确配置完成后路由表中会自动添加相应的路由条目。

3.8　项目实施：扩展办公网络

3.8.1　实现东校区用户之间的通信

根据 3.1 节的项目描述，下面通过在 Cisco Packet Tracer 模拟器上模拟组建一个简化的东校区办公生活区中各部门办公室的网络，来完整描述本章所涉及的配置内容。

1. 项目任务

（1）为东校区的办公楼组建一个办公网络。

（2）为避免病毒的迅速传播，以及提高网络的使用效率，需将各部门进行隔离。

（3）实现隔离后，必须保证不同部门之间信息的正常交流。

2. 网络拓扑

东校区办公生活区网络拓扑图如图 3-14 所示。

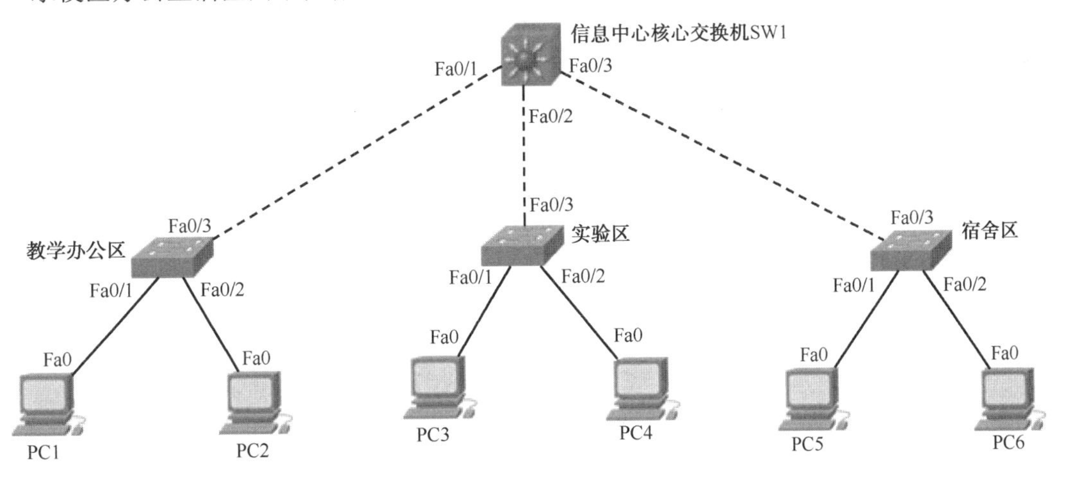

图 3-14　东校区办公生活区网络拓扑图

3. 配置参数（东校区）

VLAN 规划见表 3-1。

表 3-1　VLAN 规划表

区　域	位　置	VLAN 编号	地 址 规 划	网　关
东校区	教学办公区	11	192.168.11.0/24	192.168.11.254
		12	192.168.12.0/24	192.168.12.254
	实验区	14	192.168.14.0/24	192.168.14.254
		15	192.168.15.0/24	192.168.15.254
	宿舍区	18	192.168.18.0/24	192.168.18.254
		19	192.168.19.0/24	192.168.19.254

计算机 IP 参数规划见表 3-2。

表 3-2　计算机 IP 参数规划表

计算机名称	IP　地　址	网　关
PC1	192.168.11.1/24	192.168.11.254
PC2	192.168.12.1/24	192.168.12.254
PC3	192.168.14.1/24	192.168.14.254
PC4	192.168.15.1/24	192.168.15.254
PC5	192.168.18.1/24	192.168.18.254
PC6	192.168.19.1/24	192.168.19.254

4. 操作过程

（1）配置客户端计算机。

PC1 的 IP 参数配置如图 3-15 所示。

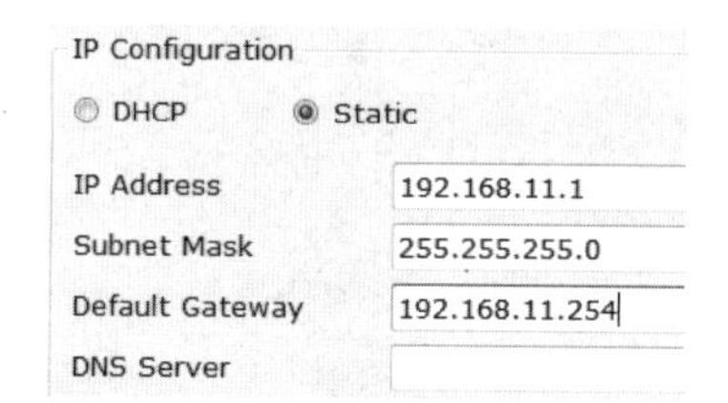

图 3-15　PC1 的 IP 参数配置

（2）利用核心交换机 SW1 实现交换机的 VLAN 信息同步。

① 配置核心交换机 SW1。

步骤 1　配置 VTP。

```
Switch(config)#vtp domain east
Switch(config)#vtp mode server
Switch(config)#vtp password 123
```

步骤 2　配置相应端口为 Trunk 模式。

```
Switch(config)#interface range fastEthernet 0/1 - 3
Switch(config-if-range)#switchport mode trunk
```

步骤 3 配置 VLAN。

```
Switch(config)#vlan 11
Switch(config-vlan)#vlan 12
Switch(config-vlan)#vlan 14
Switch(config-vlan)#vlan 15
Switch(config-vlan)#vlan 18
Switch(config-vlan)#vlan 19
```

② 配置教学办公区交换机。

步骤 1 配置 VTP。

```
Switch(config)#vtp domain east
Switch(config)#vtp mode client
Switch(config)#vtp password 123
```

步骤 2 配置相应端口为 Trunk 模式。

```
Switch(config)#interface fastEthernet 0/3
Switch(config-if-range)#switchport mode trunk
```

步骤 3 查看 VLAN 信息，检查 VLAN 数据是否传递过来。

```
Switch#show vlan

VLAN Name                             Status    Ports
---- -------------------------------- --------- -------------------------------
1    default                          active    Fa0/1, Fa0/2, Fa0/4, Fa0/5
                                                Fa0/6, Fa0/7, Fa0/8, Fa0/9
                                                Fa0/10, Fa0/11, Fa0/12, Fa0/13
                                                Fa0/14, Fa0/15, Fa0/16, Fa0/17
                                                Fa0/18, Fa0/19, Fa0/20, Fa0/21
                                                Fa0/22, Fa0/23, Fa0/24, Gig1/1
                                                Gig1/2
11   VLAN0011                         active
12   VLAN0012                         active
14   VLAN0014                         active
15   VLAN0015                         active
18   VLAN0018                         active
19   VLAN0019                         active
1002 fddi-default                     act/unsup
1003 token-ring-default               act/unsup
1004 fddinet-default                  act/unsup
1005 trnet-default                    act/unsup
```

从结果中可以发现，有 6 个 VLAN 已经传递过来（上述代码中加粗部分）。

步骤 4 将端口加入相应的 VLAN 中。

```
Switch(config)#interface f0/1
Switch(config-if)#switchport mode access
Switch(config-if)#switchport access vlan 11
```

```
Switch(config)#interface f0/2
Switch(config-if)#switchport mode access
Switch(config-if)#switchport access vlan 12
```

③ 配置实验区交换机。

步骤 1 配置 VTP。

```
Switch(config)#vtp domain east
Switch(config)#vtp mode client
Switch(config)#vtp password 123
```

步骤 2 配置相应端口为 Trunk 模式。

```
Switch(config)#interface fastEthernet 0/3
Switch(config-if-range)#switchport mode trunk
```

步骤 3 将端口加入相应的 VLAN 中。

```
Switch(config)#interface f0/1
Switch(config-if)#switchport mode access
Switch(config-if)#switchport access vlan 14
Switch(config)#interface f0/2
Switch(config-if)#switchport mode access
Switch(config-if)#switchport access vlan 15
```

④ 配置宿舍区交换机。

步骤 1 配置 VTP。

```
Switch(config)#vtp domain east
Switch(config)#vtp mode client
Switch(config)#vtp password 123
```

步骤 2 配置相应端口为 Trunk 模式。

```
Switch(config)#interface range fastEthernet 0/3
Switch(config-if-range)#switchport mode trunk
```

步骤 3 将端口加入相应的 VLAN 中。

```
Switch(config)#interface f0/1
Switch(config-if)#switchport mode access
Switch(config-if)#switchport access vlan 18
Switch(config)#interface f0/2
Switch(config-if)#switchport mode access
Switch(config-if)#switchport access vlan 19
```

所有计算机均已经加入相应的 VLAN 中，交换机之间的连线也均设置为 Trunk 链路，此时同一个 VLAN 内的计算机已经可以相互通信，下面继续解决不同 VLAN 之间的通信问题。

（3）配置核心交换机，实现不同 VLAN 间的通信。

步骤 1 为核心交换机上的 VLAN 配置地址。

```
Switch(config)#ip routing
Switch(config)#interface vlan 11
```

```
Switch(config-if)#ip address 192.168.11.254 255.255.255.0
Switch(config-if)#no shutdown
Switch(config)#interface vlan 12
Switch(config-if)#ip address 192.168.12.254 255.255.255.0
Switch(config-if)#no shutdown
Switch(config)#interface vlan 14
Switch(config-if)#ip address 192.168.14.254 255.255.255.0
Switch(config-if)#no shutdown
Switch(config)#interface vlan 15
Switch(config-if)#ip address 192.168.15.254 255.255.255.0
Switch(config-if)#no shutdown
Switch(config)#interface vlan 18
Switch(config-if)#ip address 192.168.18.254 255.255.255.0
Switch(config-if)#no shutdown
Switch(config)#interface vlan 19
Switch(config-if)#ip address 192.168.19.254 255.255.255.0
Switch(config-if)#no shutdown
```

步骤 2 查看路由信息。

```
Switch#show ip route
Codes: C - connected, S - static, I - IGRP, R - RIP, M - mobile, B - BGP
       D - EIGRP, EX - EIGRP external, O - OSPF, IA - OSPF inter area
       N1 - OSPF NSSA external type 1, N2 - OSPF NSSA external type 2
       E1 - OSPF external type 1, E2 - OSPF external type 2, E - EGP
       i - IS-IS, L1 - IS-IS level-1, L2 - IS-IS level-2, ia - IS-IS inter area
       * - candidate default, U - per-user static route, o - ODR
       P - periodic downloaded static route
Gateway of last resort is not set
C    192.168.11.0/24 is directly connected, Vlan11
C    192.168.12.0/24 is directly connected, Vlan12
C    192.168.14.0/24 is directly connected, Vlan14
C    192.168.15.0/24 is directly connected, Vlan15
C    192.168.18.0/24 is directly connected, Vlan18
C    192.168.19.0/24 is directly connected, Vlan19
```

可以看到，结果中出现了 6 条路由条目。

（4）测试计算机的通信。

在任意一台计算机上利用 ping 命令测试其他计算机，结果应该都可以通信，此处以 PC1 为例，测试结果如图 3-16 所示。

```
Command Prompt
PC>ping 192.168.12.1

Pinging 192.168.12.1 with 32 bytes of data:

Request timed out.
Reply from 192.168.12.1: bytes=32 time=0ms TTL=127
Reply from 192.168.12.1: bytes=32 time=0ms TTL=127
Reply from 192.168.12.1: bytes=32 time=0ms TTL=127

Ping statistics for 192.168.12.1:
    Packets: Sent = 4, Received = 3, Lost = 1 (25% loss),
Approximate round trip times in milli-seconds:
    Minimum = 0ms, Maximum = 0ms, Average = 0ms

PC>ping 192.168.14.1

Pinging 192.168.14.1 with 32 bytes of data:

Request timed out.
Reply from 192.168.14.1: bytes=32 time=0ms TTL=127
Reply from 192.168.14.1: bytes=32 time=0ms TTL=127
Reply from 192.168.14.1: bytes=32 time=0ms TTL=127
```

图 3-16 PC1 上的测试结果

3.8.2 实现西校区用户之间的通信

下面通过在 Cisco Packet Tracer 模拟器上模拟组建一个简化的西校区中各部门办公室的网络来描述本章所涉及的单臂路由配置内容。

1. 项目任务

实现西校区用户之间的通信。

2. 网络拓扑

西校区网络拓扑如图 3-17 所示。

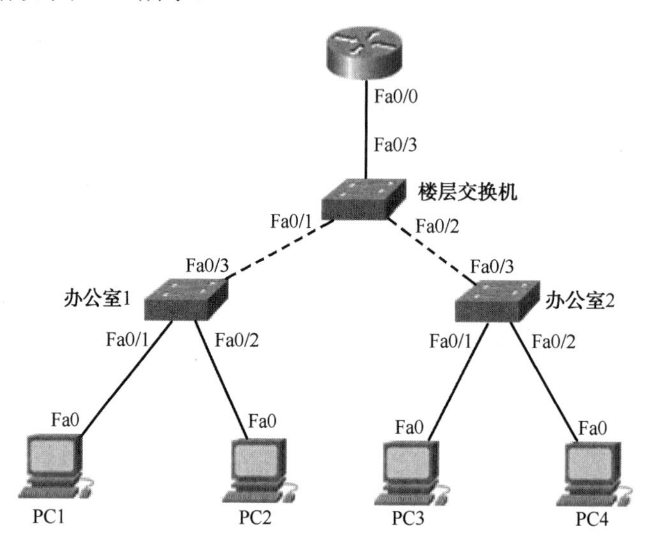

图 3-17 西校区网络拓扑

3. 配置参数（西校区）

VLAN 规划见表 3-3。

表 3-3 VLAN 规划表

区 域	VLAN 编号	地 址 规 划	网 关
西校区	25	192.168.25.0/24	192.168.25.254
	26	192.168.26.0/24	192.168.26.254
	27	192.168.27.0/24	192.168.27.254
	28	192.168.28.0/24	192.168.28.254

计算机 IP 参数规划见表 3-4。

表 3-4 计算机 IP 参数规划表

计算机名称	IP 地址	网 关
PC1	192.168.25.1/24	192.168.25.254
PC2	192.168.26.2/24	192.168.26.254
PC3	192.168.27.1/24	192.168.27.254
PC4	192.168.28.2/24	192.168.28.254

4. 操作过程

（1）配置客户端计算机。

此处配置过程不再重复，请读者自行配置。

（2）配置交换机。

① 配置 VTP。

步骤 1 配置楼层交换机为 Server 模式。

```
Switch(config)#vtp domain west
Switch(config)#vtp mode server
Switch(config)#vtp password 123
```

步骤 2 配置办公室 1 交换机。

```
Switch(config)#vtp domain west
Switch(config)#vtp mode client
Switch(config)#vtp password 123
```

步骤 3 配置办公室 2 交换机。

```
Switch(config)#vtp domain west
Switch(config)#vtp mode client
Switch(config)#vtp password 123
```

② 配置 Trunk 链路。

步骤 1 配置楼层交换机。

```
Switch(config)#interface range f0/1 - 3
Switch(config-if-range)#switchport mode trunk
```

步骤 2 配置办公室 1 交换机。

```
Switch(config)#interface f0/3
Switch(config-if-range)#switchport mode trunk
```

步骤 3 配置办公室 2 交换机。

```
Switch(config)#interface f0/3
Switch(config-if-range)#switchport mode trunk
```

③ 创建 VLAN。

由于启用了 VTP，所以只需在楼层交换机上创建 VLAN 即可，其他交换机将会同步 VLAN 信息，完整命令如下：

```
Switch(config)#vlan 25
Switch(config-vlan)#vlan 26
Switch(config-vlan)#vlan 27
Switch(config-vlan)#vlan 28
```

④ 查看 VLAN 信息是否传递到办公室交换机。

以办公室 1 交换机为例，结果如下：

```
Switch#show vlan

VLAN Name                             Status    Ports
```

```
---- -------------------------------- --------- -------------------------------
1    default                          active    Fa0/1, Fa0/2, Fa0/4, Fa0/5
                                                  Fa0/6, Fa0/7, Fa0/8, Fa0/9
                                                  Fa0/10, Fa0/11, Fa0/12, Fa0/13
                                                  Fa0/14, Fa0/15, Fa0/16, Fa0/17
                                                  Fa0/18, Fa0/19, Fa0/20, Fa0/21
                                                  Fa0/22, Fa0/23, Fa0/24, Gig1/1
                                                  Gig1/2
25   VLAN0025                         active
26   VLAN0026                         active
27   VLAN0027                         active
28   VLAN0028                         active
1002 fddi-default                     act/unsup
1003 token-ring-default               act/unsup
1004 fddinet-default                  act/unsup
1005 trnet-default                    act/unsup
```

⑤ 将计算机加入相应的 VLAN 中。

步骤 1 配置办公室 1 交换机。

```
Switch(config)#interface f0/1
Switch(config-if)#switchport mode access
Switch(config-if)#switchport access vlan 25
Switch(config)#interface f0/2
Switch(config-if)#switchport mode access
Switch(config-if)#switchport access vlan 26
```

步骤 2 配置办公室 2 交换机。

```
Switch(config)#interface f0/1
Switch(config-if)#switchport mode access
Switch(config-if)#switchport access vlan 27
Switch(config)#interface f0/2
Switch(config-if)#switchport mode access
Switch(config-if)#switchport access vlan 28
```

完成后可以用 show vlan 命令查看端口是否正确地加入相应的 VLAN 中。

（3）配置路由器。

① 配置路由器的子接口。

```
Router(config)#interface f0/0
Router(config-if)#no shutdown
Router(config)#interface f0/0.25
Router(config-subif)#encapsulation dot1Q 25
Router(config-subif)#ip address 192.168.25.254 255.255.255.0
Router(config)#interface f0/0.26
Router(config-subif)#encapsulation dot1Q 26
Router(config-subif)#ip address 192.168.26.254 255.255.255.0
Router(config)#interface f0/0.27
Router(config-subif)#encapsulation dot1Q 27
```

```
Router(config-subif)#ip address 192.168.27.254 255.255.255.0
Router(config)#interface f0/0.28
Router(config-subif)#encapsulation dot1Q 28
Router(config-subif)#ip address 192.168.28.254 255.255.255.0
```

② 查看路由表。

```
Router#show ip route
Codes: C - connected, S - static, I - IGRP, R - RIP, M - mobile, B - BGP
       D - EIGRP, EX - EIGRP external, O - OSPF, IA - OSPF inter area
       N1 - OSPF NSSA external type 1, N2 - OSPF NSSA external type 2
       E1 - OSPF external type 1, E2 - OSPF external type 2, E - EGP
       i - IS-IS, L1 - IS-IS level-1, L2 - IS-IS level-2, ia - IS-IS inter area
       * - candidate default, U - per-user static route, o - ODR
       P - periodic downloaded static route
Gateway of last resort is not set

C      192.168.25.0/24 is directly connected, FastEthernet0/0.25
C      192.168.26.0/24 is directly connected, FastEthernet0/0.26
C      192.168.27.0/24 is directly connected, FastEthernet0/0.27
C      192.168.28.0/24 is directly connected, FastEthernet0/0.28
```

从上面的加粗部分可以看到，路由表中已经正确建立了相应的路由条目。

（4）测试。

在任意一台计算机上利用 ping 命令测试是否能与其他计算机通信，正确的结果应该是可以通信了，此处测试过程不再重复，由读者自行测试。

3.9 练习题

实训 1　VLAN 基本应用

实训目的：

- 掌握 VLAN 的划分、端口分配的基本配置方法。
- 掌握 Trunk 链路的应用。
- 掌握 VTP 的应用。

网络拓扑：

实验拓扑图如图 3-18 所示。

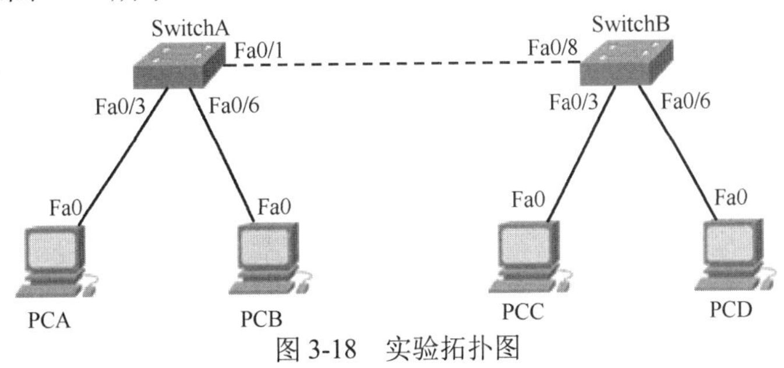

图 3-18　实验拓扑图

实训内容：

（1）规划设备的 IP 参数，见表 3-5。

表 3-5　IP 参数规划表

设备名称	IP 地址	子网掩码
PCA	10.65.1.1	255.255.0.0
PCB	10.66.1.1	255.255.0.0
PCC	10.65.1.3	255.255.0.0
PCD	10.66.1.3	255.255.0.0
SWA	10.65.1.7	255.255.0.0
SWB	10.65.1.8	255.255.0.0

（2）设置 VLAN。

① 将 SwitchA 主机名设置为 SWA，并且创建两个 VLAN，分别命名为 VLAN2 和 VLAN3。

② 将 SWA 交换机的 f0/5、f0/6 和 f0/7 三个端口加入 VLAN2 中。

③ 将 SwitchB 主机名设置为 SWB，并且创建两个 VLAN，分别命名为 VLAN2 和 VLAN3。

④ 将 SWB 交换机的 f0/5、f0/6 和 f0/7 三个端口加入 VLAN2 中。

（3）测试计算机之间的通信情况。

（4）将交换机之间的链路配置为 Trunk 链路。

（5）再次测试计算机之间的通信情况。

（6）配置 VTP 功能，实现 VLAN 的同步管理。

实训 2　多交换机的 VLAN

实训目的：

➢ 掌握 VTP 的应用。
➢ 掌握 VLAN 的创建和划分。
➢ 掌握 Trunk 链路的应用。
➢ 掌握利用三层交换机实现不同 VLAN 之间通信的方法。

网络拓扑：

实验拓扑图如图 3-19 所示。

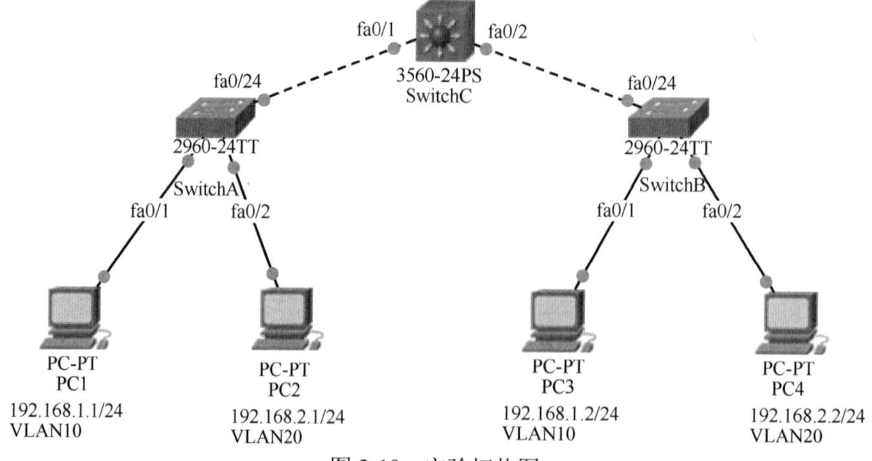

图 3-19　实验拓扑图

实训内容：

（1）按图3-19建立网络结构，注意连接的端口（请选择三层交换机3560和二层交换机2960）。

（2）配置计算机的IP参数。

PC1：IP为192.168.1.1/24，网关地址为192.168.1.254，属于VLAN10。

PC2：IP为192.168.2.1/24，网关地址为192.168.2.254，属于VLAN20。

PC3：IP为192.168.1.2/24，网关地址为192.168.1.254，属于VLAN10。

PC4：IP为192.168.2.2/24，网关地址为192.168.2.254，属于VLAN20。

（3）测试计算机的通信情况。

此时PC1和PC3应该能够通信，PC2和PC4也应该能够通信。

（4）在SwitchC上创建VLAN10和VLAN20，并且利用VTP管理域的功能在SwitchA和SwitchB上创建这两个VLAN（注意Trunk链路的问题）。

（5）根据拓扑图将计算机加入不同的VLAN中。

（6）配置三层交换机，使4台计算机之间都能够通信。

实训3 单臂路由

实训目的：

掌握利用路由器实现VLAN之间通信的方法。

网络拓扑：

实验拓扑图如图3-20所示。

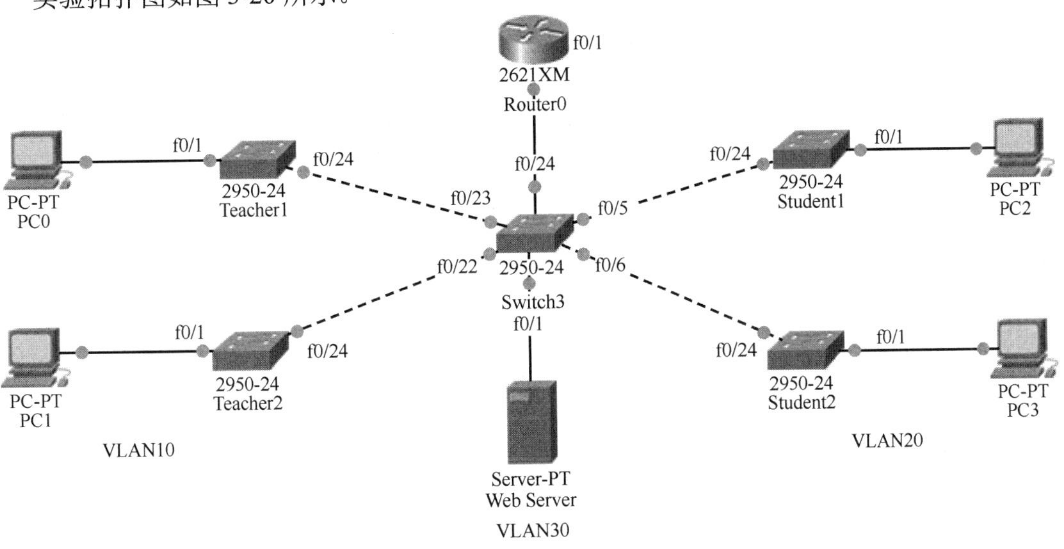

图3-20 实验拓扑图

实训内容：

（1）按图3-20建立网络，注意连接端口。

（2）配置设备的IP参数（计算机和服务器地址根据所在VLAN自行设置）。

VLAN10的网段地址为192.168.1.0/24，网关地址为192.168.1.254；

VLAN20的网段地址为192.168.2.0/24，网关地址为192.168.2.254；

VLAN30的网段地址为192.168.3.0/24，网关地址为192.168.3.254。

（3）配置路由器，利用单臂路由使网络中的所有计算机之间都能够相互通信。

第4章 提高交换式网络的可靠性

在所有网络中，提高网络的转发能力及冗余性是十分重要的，但要达到此目的，就必须投入相当数量的物理设备，如增加相同型号的网络设备、增加性质相同的连接线缆等。但是增加网络设备与线缆也将导致一系列问题随之而来，而这些问题将影响网络的正常运行，严重时还会导致网络瘫痪。本章将详细分析如何在提高冗余的情况下规避这些问题，最终提高网络性能和完善网络功能。

4.1 项目导入

1. 项目描述

随着项目的推进，小张接触的项目内容也越来越多，他发现许多交换机之间会有多条线路进行连接，同时有些交换机的端口在连接终端设备后，这些设备无法接入网络。在咨询王师傅后，他了解了多种交换机技术的应用，其中一种是多链路形成冗余。王师傅告诉他，虽然这种方法可以提高网络的可靠性，但在配置不合理的情况下，交换机的特点会造成这种类型的网络无法正常工作，或者降低网络的效率，因此需要通过配置生成树等来调整网络的运行状态。网络中心的核心交换机之间采用了多线路连接，除提供高带宽之外，还提供线路冗余，但这需要通过配置链路汇聚来实现。某些连接到办公室的交换机端口还要求限制未经授权的终端设备接入，这些也需要在交换机上配置端口安全才能实现。小张随后决定深入学习这几种技术的应用和配置方法。校园网结构如图 4-1 所示。

2. 项目任务

- 掌握生成树协议、端口聚合、端口安全的基本知识。
- 合理配置各楼宇内的交换网络，通过 VTP、生成树协议、链路汇聚等技术，提高网络的运载、备份与冗余能力。
- 防止未经批准的设备非法接入财务部门办公室的网络接口上。

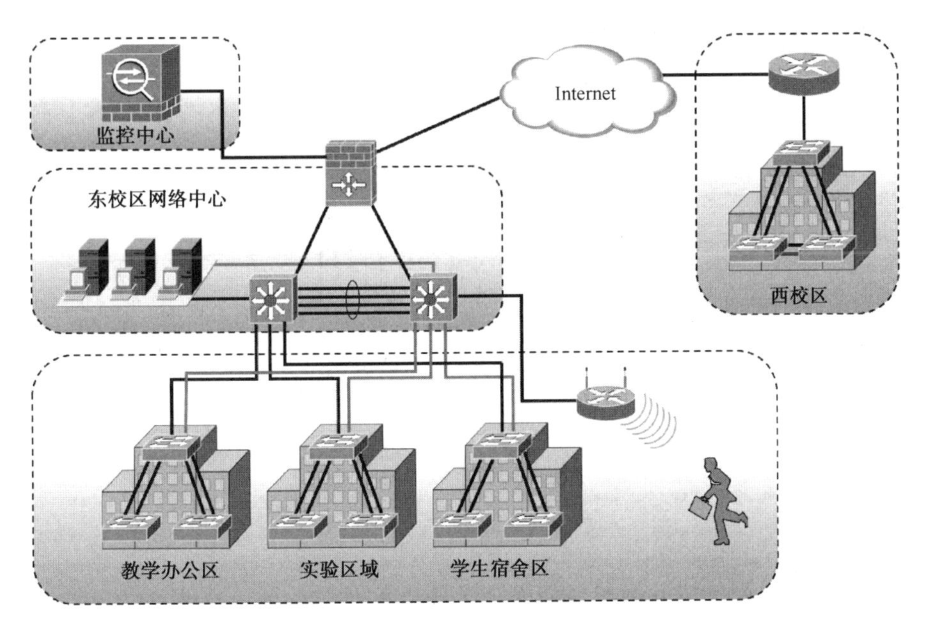

图 4-1　校园网结构图

4.2　任务 1 学习冗余技术基本知识

4.2.1　冗余技术产生的问题

通过前面的描述可知，交换式以太网一般采用增加冗余链路的方法来提高网络的可靠性，但由于交换机的工作方式可能导致这种方法会产生一些问题，而这些问题严重时会导致网络陷入瘫痪，所以必须有控制这些缺陷的方法。下面介绍几个可能产生的问题。

1. 广播风暴

在一个网段中，一台节点设备发送的数据包被沿途的设备识别并发送到所有节点的技术称为广播。在网络中每时每刻都存在着广播信息，正常情况下广播信息是有用的，但随着网络中计算机数量的增多，广播包的数量会急剧增加，如果不进行限制，网络将长时间被大量的广播数据包所占用，当广播数据包的数量达到数据包总数的 30%时，网络的传输速率会明显下降，使正常的点对点通信无法进行，导致网络性能下降，甚至网络瘫痪，这就是广播风暴。

如果交换式网络出现环路，则广播信息很容易在环路中不停转发，在没有特殊配置的情况下，很容易出现广播风暴，甚至导致网络瘫痪，如图 4-2 所示。

2. MAC 地址表不稳定

交换机构建 MAC 地址表的目的是能识别所收到数据信息的来源和目的，然后对数据进行下一步处理。当交换网络内出现环路时，将导致各个端口都可能接收到相同目的 MAC 地址的信息，这样将无法稳定地保存 MAC 地址信息，造成 MAC 地址表不断变化，从而占用交换机的大量运算资源，最终导致网络整体运行效率下降，如图 4-3 所示。

3. 多帧复制

在有交换环路的情况下，当数据从用户节点发出后，网络中的其他交换机将从不同的端口多次接收到相同的数据，并且都会进行转发，从而导致目标用户也将接收到多次重复的信息，这可能导致数据出错的问题，如图 4-4 所示。

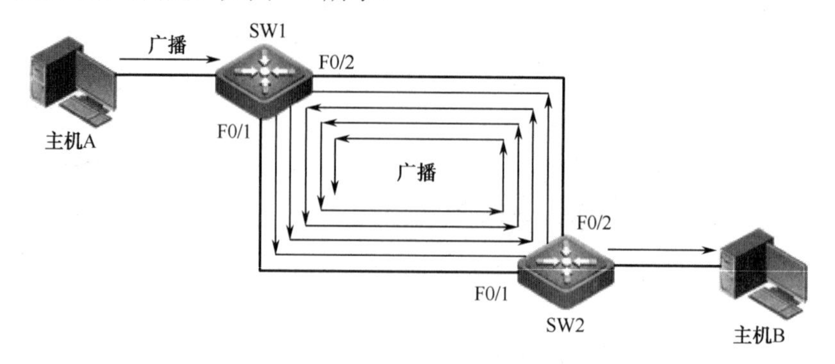

图 4-2　广播风暴

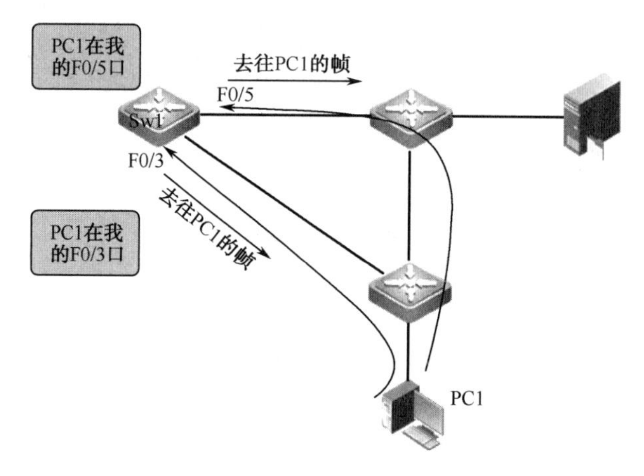

图 4-3　MAC 地址表不稳定

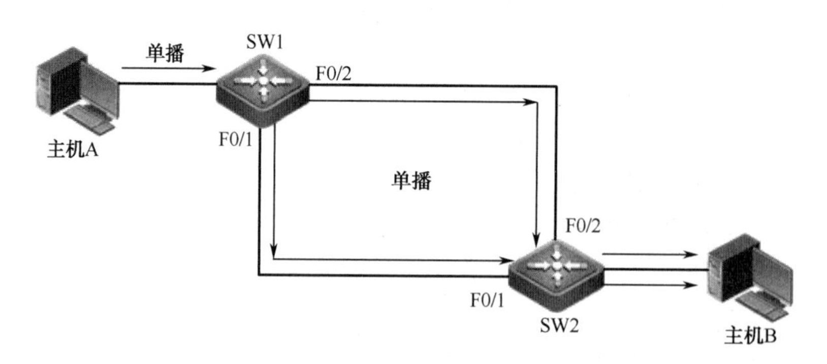

图 4-4　多帧复制

4.2.2　应对环路问题的措施

在越来越多的重要场合，为了防止单点故障，一般会采用高可靠性来保证网络不间断运行，因此常常会用多个交换机组合成一个环状的网络拓扑，而这种网络往往会产生上文提到的交换环路所导致的一系列问题，为了应对这些问题，开发了 STP（Spanning Tree Protocol，生成树协议），即 IEEE802.1d 协议。

该协议采用一系列算法将某些导致环路的交换端口在逻辑上进行“阻塞”或“禁用”。这就使环路上出现了断路，使网络环路在逻辑上形成分支结构，避免环路造成的不良影响。当正常使用的网络突然出现问题时，这些逻辑上“阻塞”或“禁用”的端口会迅速开启，从而保障网络的正常工作，这就提高了网络的冗余性。随着网络的不断发展与扩张，这项技术也在不断发展，以应对越来越复杂的网络环境，常用的相关协议有以下几种。

➢ IEEE 定义的协议：STP/RSTP。

➢ 网络公司私有协议：PVST/PVST+/ MSTP。

本书将只对 IEEE 定义的协议进行介绍，因为 STP/RSTP 属于标准协议，故所有厂商的设备都支持。

1. 生成树概述

生成树协议刚出现时，主要目的是解决由冗余链路形成的环路所导致的一系列问题。这个协议如何将环路改造为无环链路呢？正如生成树这几个字的含义，协议将整个环路改造为一棵树，从主干到任意一片树叶只会存在一条路径，这个协议就是基于该思想进行开发的。

生成树通过这种树形结构让网络存在的备份链路暂时“阻塞”或“禁用”，允许优选的主链路进行网络内的数据转发与处理。可以简单理解为将备份链路的数据端口“关闭”，那么环路也就不复存在了。当优选的主链路出现故障时，备份链路自动将逻辑上被“阻塞”的端口打开，代替出现故障的端口，以此保证网络的正常运行。这样的操作完全不需要人工进行干预，能在最短的时间内完成链路切换，从而保障网络稳定。

在交换机上生成树是默认启用的，无须管理员进行操作，也就是说在默认情况下，交换环路是不会产生的，那么在交换机上需要配置生成树什么内容呢？

在生成树运行过程中，在进行环路修剪时很有可能会修剪掉想要留下的端口及线路，如核心交换机之间的相互连线，这样的修剪无疑会影响网络内数据交换的速度，所以在生成树运行过程中需要一些人工干预，来保障所修剪的网络是目前网络环境中的最优化线路。本章介绍的生成树配置内容主要是学习如何通过命令来干预生成树形成的网络。

2. 生成树工作原理

要实现上述目的，在建立和维护生成树的过程中，交换机之间必须存在一种稳定、高效的信息交流机制，这些信息就是桥协议数据单元（Bridge Protocol Data Unit，BPDU）。所有支持生成树协议的交换机都会接收并处理 BPDU 报文，其中最重要的几个数据就是 Root Bridge ID（根桥 ID）、Cost of path（发送 BPDU 交换机的根路径开销）、Bridge ID（发送 BPDU 交换机的桥 ID）、Port ID（发送 BPDU 报文的端口 ID），下面介绍几个主要参数。

（1）桥 ID。

桥 ID 由两部分组成：交换机优先级和交换机 MAC 地址，如图 4-5 所示，交换机优先级默认为 32768。

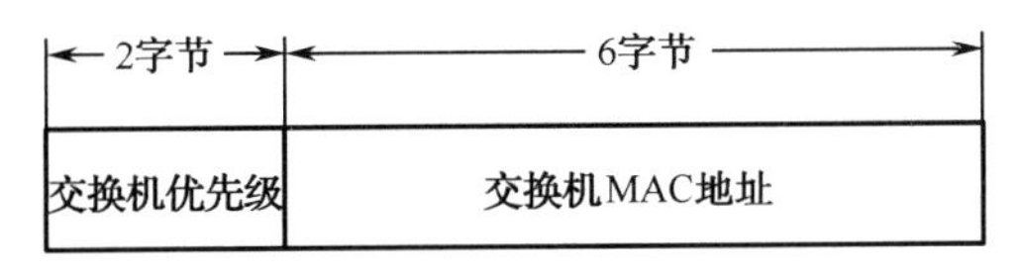

图 4-5　桥 ID 的组成

（2）Cost 值。

Cost 值表示当前设备到根桥的路径成本，数值越小表示路径成本越低。Cost 值又是由路径带宽决定的，并且这个值也随着技术的发展而调整，表 4-1 所示为 Cost 值与带宽的关系。

表 4-1　Cost 值与带宽的关系

链 路 带 宽	Cost 值（调整前）	Cost 值（调整后）
10Gb/s	1	2
1Gb/s	1	4
100Mb/s	10	19
10Mb/s	100	100

Cost 值是所经过路径成本的累加，即从非根桥的根端口到根桥的路径成本累加的值。

（3）端口状态。

在生成树中，交换机的端口状态分为 4 种，见表 4-2。

表 4-2　生成树交换机的端口状态

端 口 状 态	作　　用
阻塞（Blocking）	侦听和接收 BPDU，不转发数据帧
侦听（Listening）	侦听和接收 BPDU，不转发数据帧，选举根桥
学习（Learning）	侦听和接收 BPDU，不转发数据帧，开始构建 MAC 地址表
转发（Forwarding）	侦听和接收 BPDU，转发数据帧

① 阻塞（Blocking）。

阻塞状态不能接收或传输数据帧，不能把 MAC 地址加入地址表，只能接收 BPDU。

② 侦听（Listening）。

侦听是端口从阻塞到转发过程中的临时状态，此状态不能接收或传输数据帧，也不能把 MAC 地址加入地址表，但可以接收和发送 BPDU，开始选择根桥。

③ 学习（Learning）。

学习是端口从阻塞到转发过程中的临时状态，此状态不能传输数据帧，但可接收或发送 BPDU，同时学习 MAC 地址并构建 MAC 地址表。

④ 转发（Forwarding）。

转发状态能接收或传输数据帧，能学习 MAC 地址并加入 MAC 地址表中，也可接收或发送 BPDU。

3. 生成树的产生过程

从 BPDU 数据开始交换到全网生成树的建立完成，经过下面几个过程，图 4-6 和图 4-7 所示为生成树建立过程的示意图。

（1）BPDU 的传播过程。

- STP 刚启动时，每台交换机都认为自己是根网桥，向外泛洪 BPDU。
- 当交换机的一个端口收到高优先级的 BPDU（更小的 Root BID 或更小的 Root Path Cost 等）时就在该端口保存这些信息，同时向所有端口更新并传播信息。
- 如果收到比自己低优先级的 BPDU，交换机则丢弃该信息。

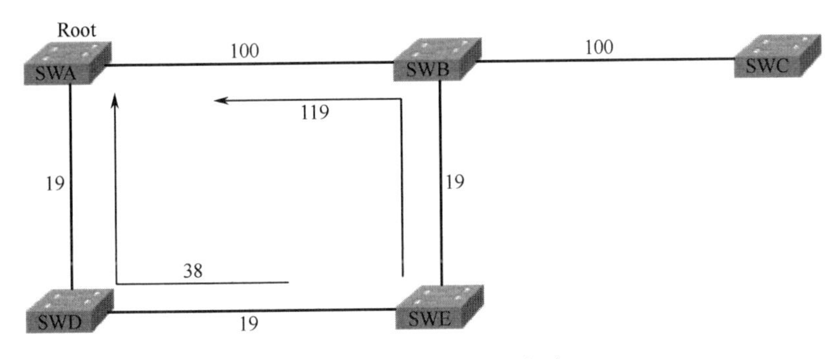

图 4-6　选择根端口与指定端口

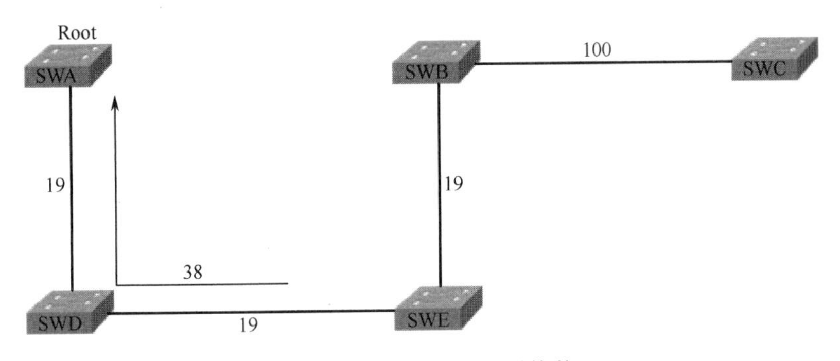

图 4-7　完成整体生成树修剪

（2）BPDU 的传播结果。

- 网络中选择了一个桥 ID，最小的交换机为根桥（Root Bridge）。
- 每台交换机都计算到根桥的最短路径（Cost 值最小）。
- 除根桥外，每台交换机都有一个根端口（Root Port），即提供到根桥最短路径的端口。
- 每个 LAN 都有一台指定交换机（Designated Bridge），即位于该 LAN 与根交换机之间提供最短路径的交换机，此交换机和 LAN 相连的端口称为指定端口（Designated Port）。
- 根端口（Root Port）和指定端口（Designated Port）进入转发（Forwarding）状态。
- 其他参与生成树运算的端口都处于阻塞状态（Blocking）。

注：根桥的所有端口都是指定端口，处于转发状态。

4.3　任务 2 调整生成树

1. 学习情境

王师傅在为小张讲解了有关生成树协议的知识后，给小张布置了下一阶段的学习任务，要求小张利用生成树的命令去调整相关参数，从而人为指定生成树的组成方式，如指定由哪台交换机作为根桥等。

2. 学习配置命令

常用的生成树配置命令如下：

① 关闭生成树。

```
no spanning-tree vlan <ID>
```

其中，ID 表示 VLAN 值，这个值可以是一个范围，如 1～5。在交换机中，每个 VLAN 都有一个独立的生成树。

② 修改交换机的优先级。

```
spanning-tree vlan <ID> priority <优先级>
```

说明：优先级的设置是对应 VLAN 值的，范围为 0～61440，值的大小为 4096 的倍数。

```
spanning-tree vlan 1 root primary
```

说明：指定当前交换机为根桥。

```
spanning-tree vlan 1 root  secondary
```

说明：指定当前交换机为备份根桥。

③ 修改交换机的端口优先级。

```
spanning-tree vlan <ID> port-priority <优先级>
```

端口优先级的范围为 0～240，值的大小为 16 的倍数。

④ 开启快速生成树。

```
spanning-tree mode rapid-pvst
```

⑤ 查看生成树信息。

查看所有 VLAN 的生成树信息：show spanning-tree。

查看指定 VLAN 的生成树信息：show spanning-tree vlan <ID>。

3. 子任务 1 调整根桥

在这个子任务中，利用图 4-8 所示的网络拓扑来介绍如何利用调整桥 ID 来改变根桥的选择。通过拓扑图可以看出交换机 S1 为三层交换机，性能比较好，所以希望生成树的根桥由交换机 S1 担任。

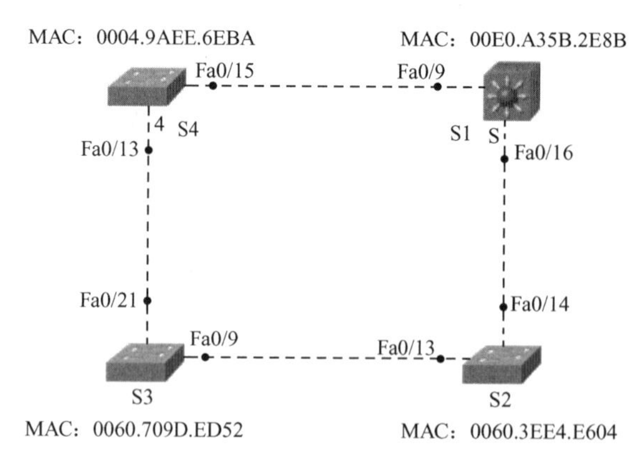

图 4-8　网络拓扑

说明：读者自行创建的拓扑中的交换机 MAC 地址参数不会和书中的相同，所以在配置和测试时需要根据自己的拓扑图情况进行操作和判断。

（1）判断根桥。

交换机根据 BPDU 中所携带的桥 ID 来选举根桥，选举原则就是比较桥 ID 的大小，选择最小的作为根桥。根据前面所述，桥 ID 由网桥优先级和 MAC 地址组成。在默认情况下，交换机的优先级都为 32768，所以只能比较 MAC 地址。从图 4-8 所示的网络拓扑上列出的交换机 MAC 地址可以知道，交换机 S4 的 MAC 地址最小，最有可能是根桥。

可以利用 show spanning-tree 命令查看生成树信息，如果发现 Root ID 与 Bridge ID 一致，则说明目前查看的设备是根桥。

① 查看 S4 的生成树信息。

```
S4#show spanning-tree
VLAN0001
Spanning tree enabled protocol ieee
Root ID      Priority 32769
             Address 0004.9AEE.6EBA
             This bridge is the root
             Hello Time 2 sec Max Age 20 sec Forward Delay 15 sec

Bridge ID  Priority 32769 (priority 32768 sys-id-ext 1)
           Address 0004.9AEE.6EBA
           Hello Time 2 sec Max Age 20 sec Forward Delay 15 sec
           Aging Time 20

Interface Role Sts Cost Prio.Nbr Type
---------------- ---- --- --------- -------- --------------------------------
Fa0/13      Desg FWD      19     128.13      P2p
Fa0/15      Desg FWD      19     128.15      P2p
```

通过上面所显示信息中的加粗部分可以看到，根桥 ID（Root ID）和本地交换机的 ID（Bridge ID）之间的优先值一样，MAC 地址也一样，所以可以判断 S4 就是根桥。

② 查看 S1 的生成树信息。

从拓扑图中标注的 MAC 地址已经可以判断目前生成树的根桥由交换机 S4 担任，下面通过查看交换机 S1 的生成树信息，进一步认识利用桥 ID 判断根桥的方法。

```
S1#show spanning-tree
VLAN0001
Spanning tree enabled protocol ieee
Root ID      Priority 32769
             Address 0004.9AEE.6EBA
             Cost 19
             Port 9(FastEthernet0/9)
             Hello Time 2 sec Max Age 20 sec Forward Delay 15 sec

Bridge ID  Priority 32769 (priority 32768 sys-id-ext 1)
           Address 00E0.A35B.2E8B
           Hello Time 2 sec Max Age 20 sec Forward Delay 15 sec
           Aging Time 20

Interface      Role Sts          Cost    Prio.Nbr   Type
---------------- ---- --- --------- -------- --------------------------------
Fa0/9         Root FWD      19      128.9      P2p
Fa0/16        Desg FWD      19      128.16     P2p
```

从上面的加粗部分可以看出Root ID和Bridge ID不一致，所以可以判断交换机S1不是根桥。通过查看交换机S1和S4的生成树信息可以发现，桥优先级（Bridge ID Priority）的值为32769，而不是前面所说的32768，原因是桥优先级的值会在32768的基础上加上生成树所对应的VLAN值，上面显示的生成树为VLAN1的，所以桥优先级的值为32769。如果是VLAN2的生成树，则桥优先级的值为32770。

（2）更换根桥。

根据前面的分析可以知道，在图4-8所示网络拓扑中最适合作为根桥的是三层交换机S1，而在默认情况下无法实现，因此必须通过人工干预的方式让S1最终能够成为根桥。让某台交换机作为根桥的方法很简单，就是将这台交换机的桥ID修改为比网络中其他交换机的桥ID都小即可，由于MAC地址无法修改，因此只能修改交换机的优先值，可以通过下面两种方法实现。

方法1 通过修改交换机的优先值确定根桥。

```
S1(config)#spanning-tree vlan 1 priority 28672
```

上面的命令将S1的优先值改为了28673，小于默认的32768，注意前面介绍过，优先值无论是增加还是减小，都必须是4096的倍数。

可以通过再次查看S1的生成树信息来验证。

```
S1#show spanning-tree
VLAN0001
Spanning tree enabled protocol ieee
Root ID     Priority 28673
            Address 00E0.A35B.2E8B
            This bridge is the root
            Hello Time 2 sec Max Age 20 sec Forward Delay 15 sec

Bridge ID   Priority 28673 (priority 28672 sys-id-ext 1)
            Address 00E0.A35B.2E8B
            Hello Time 2 sec Max Age 20 sec Forward Delay 15 sec
            Aging Time 20

Interface       Role Sts     Cost    Prio.Nbr  Type
---------------- ---- --- --------- -------- --------------------------------
Fa0/9           Desg FWD     19      128.9     P2p
Fa0/16          Desg FWD     19      128.16    P2p
```

从上面显示的Root ID和Bridge ID可以验证，三层交换机S1已经成为生成树中的根桥。

方法2 直接指定根桥。

方法1中的命令通过直接输入优先值来指定根桥，需要判断和计算优先值，如果使用下面的命令则可以直接指定根桥，命令如下：

```
S1(config)#spanning-tree vlan 1 root primary
```

此命令还可以用来指定备份根桥，如指定S2为备份根桥，当S1出现问题时，S2将会被选举为根桥，命令如下：

```
S2(config)#spanning-tree vlan 1 root secondary
```

其实方法 2 也是通过修改交换机的优先值来实现的，只是优先值的修改由交换机根据网络中其他交换机的信息自行修改，无须人为计算，因此配置过程更加方便。读者可自行查看这两台交换机的生成树信息。

4. 子任务 2 调整根端口

通过前面的介绍可以知道，非根桥上都会指定一个端口作为根端口，根端口可以认为是此交换机距离根桥最近的一个端口，即生成树信息中到根桥 Cost 值最小的端口。

（1）根端口的 Cost 值。

查看交换机 S4 的生成树信息，了解交换机 S4 根端口的 Cost 值。

```
S4#show spanning-tree
VLAN0001
Spanning tree enabled protocol ieee
Root ID     Priority 28673
            Address 00E0.A35B.2E8B
            Cost 19                        //交换机 S4 的根端口到根桥的 Cost 值
            Port 15(FastEthernet0/15)  //根端口
            Hello Time 2 sec Max Age 20 sec Forward Delay 15 sec
//省略部分信息
Interface       Role Sts        Cost    Prio.Nbr   Type
---------------- ---- --- --------- -------- --------------------------------
Fa0/13          Desg FWD        19      128.13     P2p          //根端口
Fa0/15          Root FWD        19      128.15     P2p
```

从上面显示的内容可以看出，交换机 S4 的根端口到根桥的 Cost 值为 19，端口 Fa0/13 为根端口。虽然端口 Fa0/13 和 Fa0/15 的 Cost 值都为 19，但这不是到根桥的 Cost 值，而是端口本身的 Cost 值。根据前面介绍的内容可以知道，根端口到根桥的 Cost 值是所有经过的路径 Cost 值的累加。如图 4-9 所示，在拓扑中每条链路的带宽都是 100Mb/s，根据规则可知每条链路的 Cost 值为 19。交换机 S4 有两条去往根桥 S1 的链路，端口 Fa0/15 到根桥的 Cost 值为 19，端口 Fa0/13 到根桥的 Cost 值由 3 条链路的 Cost 值累加为 57，所以交换机 S4 选择端口 Fa0/15 担任根端口。其他交换机的信息读者可以自行查看判断。

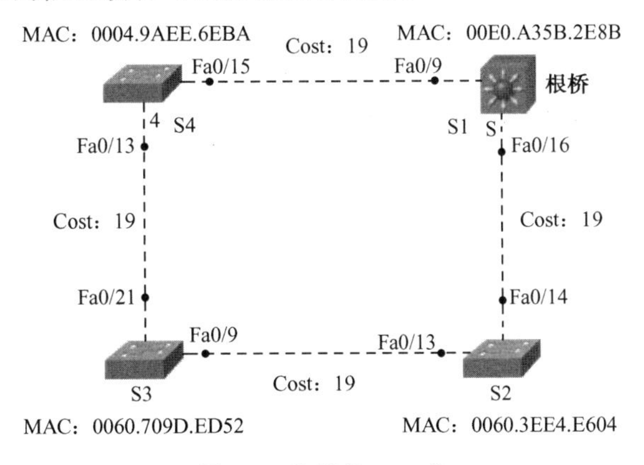

图 4-9 路径的 Cost 值

（2）调整根端口。

某些时候需要将某台交换机的根端口改为由指定端口担任，这时需要人为调整一些参数来实现，更改根端口的规则有以下几条：

- 根路径成本最小。
- 发送 BPDU 的网桥 ID 最小。
- 发送端口 ID 最小。

说明：所有值都越小越优先。

从上到下依次比较以上 3 条规则，只要有一条满足，后面的方法就不再考虑。下面通过调整图 4-9 所示拓扑中 S3 的根端口来介绍第一和第二条规则，先查看一下 S3 的生成树信息。

```
S3#show spanning-tree
VLAN0001
Spanning tree enabled protocol ieee
Root ID     Priority 28673
            Address 00E0.A35B.2E8B
            Cost 38
            Port 21(FastEthernet0/21)
            Hello Time 2 sec Max Age 20 sec Forward Delay 15 sec
//省略部分信息
Interface      Role Sts   Cost  Prio.Nbr    Type
---------------- ---- --- --------- -------- --------------------------------
Fa0/19         Altn BLK   19    128.19      P2p
Fa0/21         Root FWD 19      128.21      P2p
```

从上面信息的加粗部分可以看出，S3 到根桥的 Cost 值为 38，端口 Fa0/21 为根端口，端口 Fa0/19 为备份端口，处于阻塞状态。

方法 1 修改路径成本。

路径成本的表现形式就是 Cost 值，如果能够将端口 Fa0/19 到根桥的 Cost 值调整为小于 38，那么 Fa0/19 将成为 S3 的根端口。通过前面的描述可以知道，Cost 值和链路带宽有关，因此只需将端口 Fa0/19 去往根桥的两条链路中的任意一条换成千兆链路就可以了，这里将 S3 和 S2 相连的链路换成千兆链路，如图 4-10 所示。

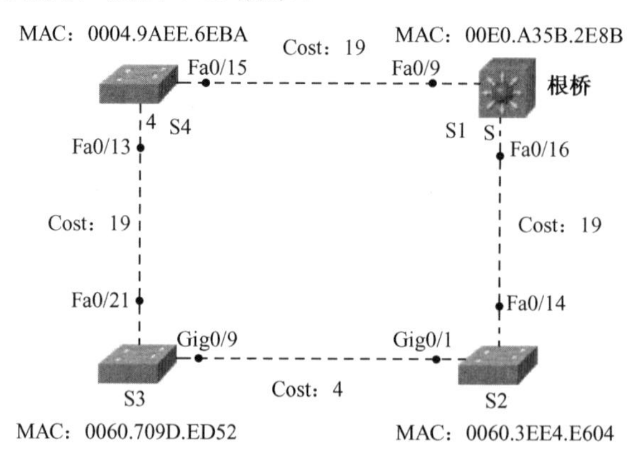

图 4-10　调整线缆后的 Cost 值

从图 4-10 中可以看出，S3 从 Fa0/21 出发到根桥的 Cost 值是 38，而从 G0/1 出发到根桥的 Cost 值是 23，因此 G0/1 将成为 S3 的根端口，通过查看 S3 的生成树信息进行验证。

```
S3#show spanning-tree
VLAN0001
Spanning tree enabled protocol ieee
Root ID    Priority 28673
           Address 00E0.A35B.2E8B
           Cost 23                              //根端口的 Cost 值
           Port 25(GigabitEthernet0/1)          //根端口
           Hello Time 2 sec Max Age 20 sec Forward Delay 15 sec

//此处省略部分信息

Interface    Role    Sts     Cost  Prio.Nbr  Type
---------------- ---- --- --------- -------- --------------------------------
Fa0/21       Altn    BLK     19    128.21    P2p
Gi0/1        Root    FWD     4     128.25    P2p        //根端口
```

从上面信息加粗部分可以看出，Fa0/21 已不是根端口，此端口当前处于阻塞状态，根端口由 G0/1 担任，端口本身的 Cost 值为 4，去往根桥的 Cost 值为 23。

方法 2 修改发送网桥 ID。

上面的方法虽然利用更换链路的方式实现了对根端口的调整，但在实际项目中这种方法基本不太会使用，因为链路的连接在网络设计阶段就已经确定，不可能在项目实施过程中再进行调整。

如果物理链路已经确定好，此时可以采用第二条规则来实现根端口的调整。根据第二条规则只需修改端口所连的交换机桥 ID 来调整根端口。例如，在图 4-9 所示的拓扑中，如果需要将端口 Fa0/19 指定为根端口，则只需将此端口所连的交换机 S2 的桥 ID 设定为小于端口 Fa0/21 所连的交换机 S4 的桥 ID 即可。注意：在修改桥 ID 之前先查看根桥的桥 ID，以免修改后根桥发生改变。通过上面查看的 S1 生成树信息可以确定根桥的优先值为 24577。

修改交换机 S2 的优先值：

```
S2(config)#spanning-tree vlan 1 priority 28672
```

修改完后查看 S3 的生成树信息，显示如下：

```
S1#show spanning-tree
VLAN0001
Spanning tree enabled protocol ieee
Root ID    Priority 24577
           Address 00E0.A35B.2E8B
           Cost 38
           Port 19(FastEthernet0/19)
Hello Time 2 sec Max Age 20 sec Forward Delay 15 sec

//此处省略部分信息

Interface    Role    Sts   Cost  Prio.Nbr  Type
---------------- ---- --- --------- -------- --------------------------------
Fa0/19       Root    FWD   19    128.19    P2p
Fa0/21       Altn    BLK   19    128.21    P2p
```

从上面的加粗部分显示内容可以看出，端口 Fa0/19 已经转换成了根端口。

方法 3 修改发送端口 ID。

如果前两种方法在项目中都不能实施，则可以利用第三种方法，即比较对方发送 BPDU 端口 ID 的大小，所连对端的端口 ID 值越小，本端口就越可能作为根端口。图 4-9 所示的拓扑结构无法满足这种方法所需的前提条件，所以采用图 4-11 所示的拓扑结构来介绍这种方法的应用。

图 4-11 网络拓扑

通过查看图 4-11 中交换机 S1 的生成树信息可以确定交换机 S2 为根桥，交换机 S1 中 F0/8 端口为根端口，如下所示：

```
S1#sh spanning-tree
VLAN0001
  Spanning tree enabled protocol ieee
  Root ID    Priority     32769
             Address      0001.63CE.EA44
             Cost         19
             Port         8(FastEthernet0/8)        //根端口
             Hello Time   2 sec   Max Age 20 sec   Forward Delay 15 sec

  Bridge ID  Priority     32769   (priority 32768 sys-id-ext 1)
             Address      0090.2188.CBD5
             Hello Time   2 sec   Max Age 20 sec   Forward Delay 15 sec
             Aging Time   20

Interface        Role Sts Cost      Prio.Nbr  Type
---------------- ---- --- --------- -------- --------------------------------
Fa0/8            Root FWD 19        128.8     P2p
Fa0/14           Altn BLK 19        128.14    P2p
```

如果需要将 F0/14 端口指定为根端口，则只能采用修改 S2 的 F0/10 端口或 F0/13 端口 ID 的方法，只要让 F0/13 端口 ID 小于 F0/10 端口 ID 即可。

端口 ID 由端口优先值和端口编号组成，而端口编号是不可更改的，所以只能通过修改端口优先值来调整端口 ID。默认情况下端口优先值为 128，设置范围为 0~240，修改时无论增大还是减小都是 16 的倍数。

```
S2(config)#interface fastEthernet 0/13
S2(config-if)#spanning-tree vlan 1 port-priority 112
```

修改完成后，等待一段时间再次查看 S1 的生成树信息可以发现，根端口已经是 F0/14 端口了。

```
S1#show spanning-tree
VLAN0001
  Spanning tree enabled protocol ieee
```

```
Root ID    Priority      32769
           Address       0001.63CE.EA44
           Cost          19
           Port          14(FastEthernet0/14)        //根端口
           Hello Time  2 sec  Max Age 20 sec  Forward Delay 15 sec
//此处省略部分信息
Interface        Role   Sts   Cost      Prio.Nbr Type
---------------- ---- --- --------- -------- --------------------------------
Fa0/8            Altn   BLK   19        128.8    P2p
Fa0/14           Root   FWD   19        128.14   P2p
```

5. 子任务3 分析指定端口的选择

交换机上参与生成树运算的端口只有根端口和指定端口能够转发用户数据。每台非根桥上都有一个根端口，而其他处于转发状态的就是指定端口。根桥上所有的端口都是根端口。两台非根桥相连，它们连接的端口之间必定有一个是指定端口。如果指定端口连接的是一个网络，则在某些情况下也需要人为选择更加合适的端口来作为指定端口。指定端口的选择规则如下：

- 比较两台非根交换机去往根桥的Cost值。
- 比较两台交换机的网桥ID值。
- 比较相应端口的ID值。

说明：所有的值都越小越优先。

从上到下依次比较上面的规则，当任意一条满足要求时，则不再查看下面的规则。下面通过图4-12来说明指定端口的调整。

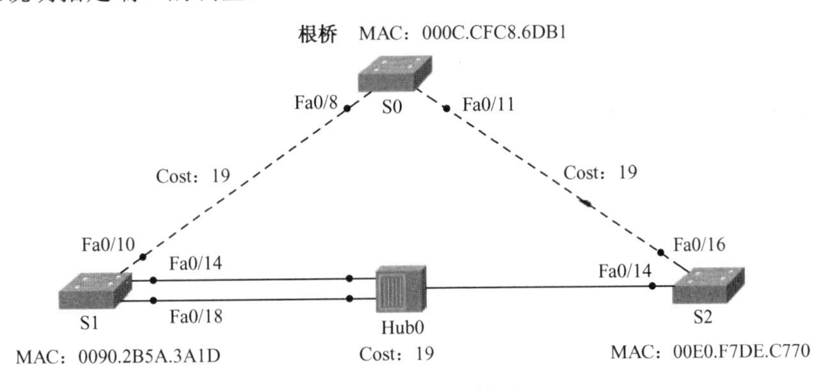

图4-12　网络拓扑图

从拓扑图上可以看出交换机S0为根桥，交换机S1和S2之间有3个端口相连，这3个端口需要选择一个指定端口，下面分析一下如何在这3个端口中选择指定端口。

根据第一条规则比较S1和S2去往根桥的Cost值，图中显示Cost值都为19，所以第一条规则无法选择指定端口。继续利用第二条规则进行选择，用这条规则比较S1和S2的桥ID，从图中可以看出，在没有更改交换机优先级的情况下，S1的桥ID是小于S2的桥ID的，所以指定端口一定在S1上，但是S1上有两个端口都有可能做指定端口，所以需要利用第三条规则继续判断，这条规则是比较相应端口的ID值，也就是比较S1的端口F0/14和F0/18，在端口优先值一样的情况下，根据端口编号可以知道F0/14的端口ID值要小于F0/18的端口ID值，所以最终选择交换机S1的端口F0/14作为交换机S1和S2之间的指定端口，此端口处于转发状态，另两个端口处于阻塞状态。下面可以通过查看S1的生成树信息来确定。

```
S1#show spanning-tree
VLAN0001
Spanning tree enabled protocol ieee
Root ID     Priority 32769
            Address 000C.CFC8.6DB1
            Cost 19
            Port 10(FastEthernet0/10)
            Hello Time 2 sec Max Age 20 sec Forward Delay 15 sec

//此处省略部分信息

Interface   Role    Sts   Cost   Prio.Nbr Type
--------------- ---- --- --------- -------- --------------------------------
Fa0/10      Root    FWD 19   128.10    P2p
Fa0/14      Desg    FWD 19   128.14    Shr        //指定端口
Fa0/18      Altn    BLK 19   128.18    Shr
```

从上面加粗的内容可以看到，端口 F0/14 为指定端口，处于转发状态。读者也可以再查看一下交换机 S2 的生成树信息，确定 S2 的端口 F0/14 为阻塞状态。对指定端口的调整也是修改相应的桥 ID 或端口 ID，这些操作不再演示，请读者自行测试。

4.4 任务 3 提高生成树运行效率

4.4.1 提高生成树运行效率的方法

1. 快速生成树协议（RSTP）

（1）生成树协议（STP）的缺陷。

生成树协议虽然解决了链路冗余上的问题，但需要经历 Blocking→Listening→Learning→Forwarding 四个状态，从理论上说最长需要近 50s 的时间才能实现端口的完全开启。在这以前的网络是可以承受的，但随着信息化技术的不断发展及网络社会的重要性，这 50s 对网络正常运行的影响越来越大，并且当端口发生变化时，新的拓扑信息要经过 35s 才能到达所有运行生成树的设备并完成信息的更改，而这时就有可能导致小范围内出现临时性的断路或环路。

为了解决 STP 的缺陷，IEEE 推出了 802.1w 标准作为对 802.1d 标准的补充，并且将其定义为快速生成树协议（RSTP），此协议有以下三点改进，收敛速度在某些情况下可减小到 1s 以内。

① 增加了替换端口（Alternate Port）和备份端口（Backup Port），当指定端口或根端口出现故障后将直接进行替换而不会重新计算导致延迟增加。当两端设备都使用 RSTP 时，设备的一端链路出现故障，将不会进行等待而直接使用备用链路进行通信；当使用 STP 时将至少等待 30s 拓扑才能实现转换。

② 如果以点对点方式连接交换机的两个端口，则双方只需要协商一次就可以无时延进入转发，但是如果连接了三台以上交换机的共享线路，例如，通过 Hub 连接的，则将按照 802.1d 的模式进行等待才能进入转发。

③ 当交换机与终端用户设备相连后，可以定义这个端口为边缘端口（Edge Port），边缘端口将直接进入转发状态而不必等待。

（2）快速生成树端口状态。

快速生成树端口状态见表 4-3。

表 4-3　快速生成树端口状态

端口状态	描　述
丢弃（Discarding）	拓扑稳定后阻塞端口，防止二层环路
学习（Learning）	在拓扑稳定与变更过程中，学习 MAC 地址
转发（Forwarding）	拓扑稳定后，端口开始转发数据

（3）快速生成树端口角色。

① 根端口：每台非根网桥选举出到达根交换机最短路径的端口。

② 指定端口：在稳定状态下，LAN 发送的数据帧可以通过此端口到达根交换机。

③ 替代端口：替代端口出现在非根交换机的端口上，当指定端口出现故障时代替指定端口进行数据转发。

④ 备份端口：用于备份根端口，但备份端口的 ID 必须大于交换机指定端口的 ID。

⑤ 禁用端口：在 RSTP 工作时关闭的端口。

（4）快速生成树兼容性。

RSTP 与 STP 完全兼容，RSTP 根据收到的 BPDU 版本号自动判断与之相连的交换机是支持 STP 还是 RSTP。

2. 交换机的 Portfast 端口

连接终端设备的交换机端口无须参与生成树运算，但在默认情况下这些端口仍然会按照生成树协议的规则进行操作，导致终端设备在连接到端口后需要近 50s 的时间才能接入网络。为了改变这一情况，可以将交换机的端口设置为 Portfast 端口，使其在设备接入后直接从阻塞状态转到转发状态，大大提高了终端设备接入网络的速度。

4.4.2　提高生成树运行效率的实施

1. 学习情境

小张在项目实施过程中，突然发现计算机连接到交换机端口后，需要经过几十秒才能进入数据转发状态，他向王师傅请教后才知道这是生成树协议造成的。王师傅告诉他可以利用 Postfast 端口来提高计算机接入网络的速度，同时可以通过快速生成树协议来提高生成树形成的时间，以便提高交换机工作效率。按照王师傅的讲解，小张对交换机做了相应配置，并且利用模拟器进行验证。

2. 学习配置命令

常用的生成树配置命令如下：

① 启用快速生成树协议。

```
spanning-tree mode rapid-pvst
```

② 配置 Portfast 端口。

```
spanning-tree portfast
```

3. 操作过程

（1）搭建网络拓扑。

网络拓扑如图 4-13 所示，请读者根据拓扑图在模拟器上搭建网络拓扑。

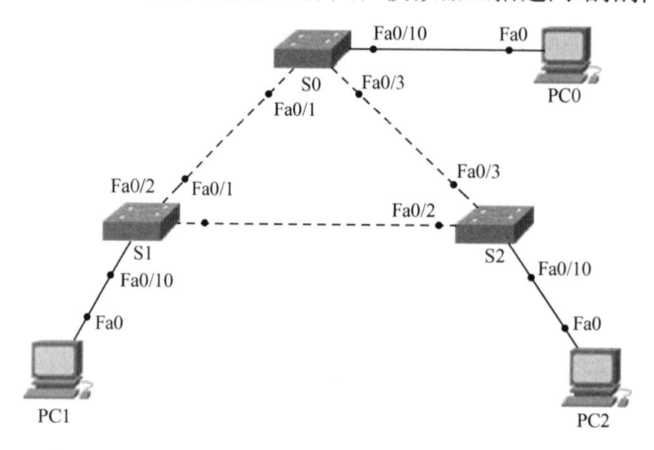

图 4-13　网络拓扑图

（2）在交换机上配置 RSTP。

需要在每台交换机上均配置 RSTP。

```
S0(config)#spanning-tree mode rapid-pvst

S1(config)#spanning-tree mode rapid-pvst

S2(config)#spanning-tree mode rapid-pvst
```

（3）查看生成树信息。

这里以交换机 S0 为例。

```
S0#show spanning-tree
VLAN0001
Spanning tree enabled protocol rstp    //启用 RSTP
Root ID Priority 32769
//此处省略部分信息
```

从上面显示的加粗部分可以看出交换机启用了 RSTP，读者还可以通过重启交换机、观察端口指示灯的变化来比较使用了 RSTP 后某些端口是否会更快地进入转发状态。

（4）配置 Portfast 端口。

对连接计算机的端口可以通过配置 Portfast 来提高计算机接入网络的速度。注意，Portfast 端口不能作为 Trunk 端口。下面以交换机 S0 为例。

```
S0(config)#interface fastEthernet 0/10
S0(config-if)#spanning-tree portfast    //配置 Portfast 端口
```

配置完成后可以通过将计算机的连接线缆从端口拔下再插入来观察端口指示灯的变化。当端口设置为 Portfast 时，在计算机接入后指示灯立即变为绿色，即立即进入转发状态。这些测试请读者自行操作。

4.5　任务 4　提高交换机之间的传输性能

4.5.1　基本知识

在网络的实际应用中，为了提高其总体性能，常常在两台核心交换机之间采用多条链路连接，例如，在图 4-1 所示的校园网拓扑中，网络中心的两台核心交换机之间就采用了 4 条链路进行连接，而这种连接的主要目的是为了提高两台核心交换机之间的传输带宽。但由于生成树协议的原因，实际工作的链路只有一条，此时生成树协议无形中阻碍了网络数据的传输。当然关闭生成树协议是不可行的，根据前面的内容可知，关闭协议将直接导致网络的整体传输能力崩溃。为了解决这一矛盾，就需要使用一种链路汇聚技术，称为端口聚合技术。此技术可以将大量的物理链路在逻辑上组合成一条高带宽的逻辑链路，从而既解决了生成树协议干扰问题，也提高了数据传输速度，如图 4-14 所示。

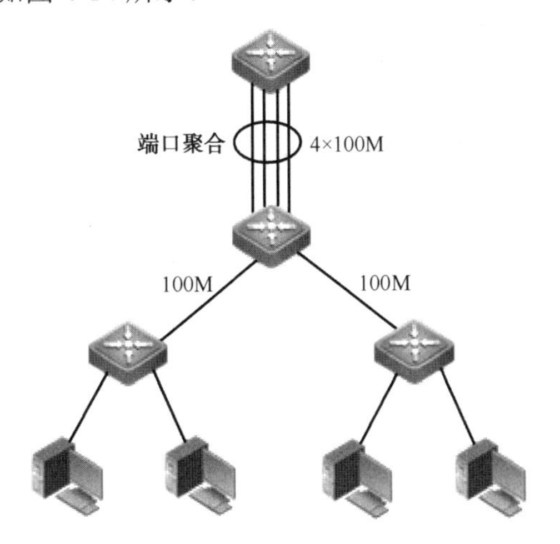

图 4-14　端口聚合示意图

端口聚合是由思科公司开发的，对应的国际标准为 IEEE 802.3ad，是应用于交换机之间的多链路捆绑技术。基本原理就是将两台设备之间多条物理链路在逻辑上组合成一条链路，实现链路带宽增加的目的，同时端口聚合还具有冗余作用，当其中一条或多条链路出现问题时，只要还有链路是正常的，则链路可以继续转发数据。同时，端口聚合还具有负载均衡的功能，可以根据源 IP、目标 IP、源 MAC 和目标 MAC 等实现负载均衡。

在使用端口聚合时必须注意以下几点内容：

- 聚合的端口速率必须一致。
- 聚合的端口必须属于同一个 VLAN。
- 聚合的端口使用的传输介质应相同。
- 二层端口只能进行二层聚合，三层端口只能进行三层聚合。

- 聚合的端口不能设置端口安全功能。
- 端口进行聚合时，其属性将被聚合端口的属性所取代。
- 一个端口加入聚合后，无法在该端口上进行任何配置。

4.5.2 利用端口聚合提高传输性能

1. 学习情境

小张在项目实施过程中发现核心交换机之间使用了多条线缆相连。他问王师傅这样做的目的是什么？王师傅告诉他是为了提高两台交换机之间的传输带宽。小张十分疑惑，根据生成树协议的规则，这些线缆之间只有一条起作用怎么能提高传输带宽呢？于是他咨询了王师傅，随后王师傅给他介绍了端口聚合的内容，并且安排他进行相关学习和实践。

2. 学习配置命令

常用的端口聚合配置命令如下：

① 创建聚合端口。

```
interface port-channel  <聚合端口号>
```

此命令用来创建一个聚合端口，二层交换机的端口号范围是 1～6，三层交换机的端口号范围是 1～48。

② 设置聚合端口的工作模式。

```
channel-group  <聚合端口号>  mode  <工作模式>
```

此处，工作模式只介绍思科的私有协议 PAgP，有以下几种：

- auto。

auto 为默认值，不发送 PAgP，以被动形式加入聚合端口。

- desirable。

发送 PAgP，以主动形式加入聚合端口。

- on。

不发送 PAgP，不用进行协商而加入聚合端口。

PAgP 的协商规律见表 4-4，其中，√表示协商成功，×表示无法协商。

表 4-4　PagP 的协商规律表

	on	desirable	auto
on	√	×	×
desirable	×	√	√
auto	×	√	×

③ 配置负载平衡。

```
port-channel load-balance  <负载平衡方式>
```

负载平衡方式有以下几种选择：

- dst-ip　根据目标 IP 地址进行负载平衡。
- dst-mac　根据目标 MAC 地址进行负载平衡。

➢ src-dst-ip 根据源和目标 IP 地址进行负载平衡。
➢ src-dst-mac 根据源和目标 MAC 地址进行负载平衡。
➢ src-ip 根据源 IP 地址进行负载平衡。
➢ src-mac 根据源 MAC 地址进行负载平衡。

④ 查看聚合端口的信息。

```
show etherchannel   <查看内容>
```

查看内容有 load-balance、port-channel、summary。

3. 操作过程

（1）搭建网络拓扑。

端口聚合拓扑如图 4-15 所示，请读者根据拓扑图在模拟器上搭建网络拓扑。

图 4-15 端口聚合拓扑图

（2）通过 STP 信息查看端口的当前状态。

步骤 1 查看 S1 的 STP 信息。

```
S1#show spanning-tree
VLAN0001
  Spanning tree enabled protocol ieee
  Root ID     Priority      32769
              Address       0003.E419.D7C3
              This bridge is the root
              Hello Time  2 sec   Max Age 20 sec   Forward Delay 15 sec

  Bridge ID   Priority      32769   (priority 32768 sys-id-ext 1)
              Address       0003.E419.D7C3
              Hello Time  2 sec   Max Age 20 sec   Forward Delay 15 sec
              Aging Time  20

Interface          Role Sts Cost        Prio.Nbr Type
---------------- ---- --- --------- -------- --------------------------------
Gi0/1              Desg FWD 4           128.25   P2p
Gi0/2              Desg FWD 4           128.26   P2p
```

步骤 2 查看 S2 的 STP 信息。

```
S2#show spanning-tree
VLAN0001
  Spanning tree enabled protocol ieee
  Root ID     Priority      32769
              Address       0003.E419.D7C3
              Cost          4
              Port          25(GigabitEthernet0/1)
```

```
            Hello Time   2 sec   Max Age 20 sec   Forward Delay 15 sec

  Bridge ID  Priority    32769  (priority 32768 sys-id-ext 1)
             Address     00D0.9763.EE2D
             Hello Time   2 sec   Max Age 20 sec   Forward Delay 15 sec
             Aging Time  20

Interface        Role Sts Cost      Prio.Nbr Type
---------------- ---- --- --------- -------- --------------------------------
Gi0/1            Root FWD 4         128.25   P2p
Gi0/2            Altn BLK 4         128.26   P2p
```

从上面显示的交换机 S1 和 S2 的生成树信息可以看出，由于生成树协议的原因，两台交换机 G0/2 端口所连的链路在工作中是不进行数据传输的，下面通过端口聚合技术实现这两条链路都可以进行数据传输。

（3）配置端口聚合。

步骤 1 创建聚合端口。

在交换机 S1 和 S2 上分别创建组号为 1 的聚合端口。

```
S1(config)#interface port-channel 1

S2(config)#interface port-channel 1
```

步骤 2 将端口加入聚合端口中。

在交换机 S1 和 S2 上分别将端口加入已创建好的聚合端口中。

交换机 S1 上的配置：

```
S1(config)#interface gigabitEthernet 0/1
S1(config-if)#channel-group 1 mode on
S1(config)#interface gigabitEthernet 0/2
S1(config-if)#channel-group 1 mode on
```

交换机 S2 上的配置：

```
S2(config)#interface gigabitEthernet 0/1
S2(config-if)#channel-group 1 mode on
S2(config)#interface gigabitEthernet 0/2
S2(config-if)#channel-group 1 mode on
```

注意：在配置端口聚合时，两端端口可以采用不同模式，但若两端均为被动模式，将无法协商通道。这里所有使用的聚合端口组号都为本地有效，在其他交换机上可以随意使用各类组号。根据官方文档，建议将连接的端口关闭之后再进行配置，并且要求绑定的端口必须配置一致，否则可能导致问题。

（4）配置负载平衡。

交换机 S1 的负载平衡：

```
S1(config)#port-channel load-balance src-mac          //配置源 MAC 作为负载平衡的依据
```

交换机 S2 的负载平衡：

```
S2(config)#port-channel load-balance src-mac
```

在端口聚合中，有多种方式实现负载平衡，但所有的方式都不是简单地将数据平分到多条链路上进行传输。例如，采用上面配置的 src-mac（源 MAC）方式时，来自同一个源 MAC 地址的数据帧将使用同一条链路，也就是说不会将同一个源 MAC 的数据帧分到两条链路上进行传输。

（5）配置聚合端口属性。

聚合端口虽然是逻辑端口，但和物理端口一样可以配置基本的端口属性，例如，在交换机 S1 和 S2 上为聚合端口配置 Trunk 模式。

在交换机 S1 上配置 Trunk。

```
S1(config)#interface port-channel 1
S1(config-if)#switchport mode trunk
```

在交换机 S2 上配置 Trunk。

```
S2(config)#interface port-channel 1
S2(config-if)#switchport mode trunk
```

（6）查看聚合端口的信息。

查看 S1 上聚合端口的信息摘要。

```
S1#show etherchannel summary
Flags:  D - down              P - in port-channel
        I - stand-alone s - suspended
        H - Hot-standby (LACP only)
        R - Layer3          S - Layer2
        U - in use          f - failed to allocate aggregator
        u - unsuitable for bundling
        w - waiting to be aggregated
        d - default port

Number of channel-groups in use: 1
Number of aggregators:              1

Group  Port-channel  Protocol    Ports
------+-------------+-----------+-----------------------------------------------

1      Po1(SU)           -        Gig0/1(P) Gig0/2(P)
```

从上面的加粗部分可以看到，当前 G0/1 和 G0/2 都加入了聚合端口 1，还可以通过 show etherchannel load-balance 命令查看负载平衡的信息，请读者自行查看。

4.6 任务 5 配置交换机的端口安全

4.6.1 端口安全的意义

交换机的端口安全技术主要使用在二层端口，其目的就是为了让用户设备在接入的第一步就可以进行验证，防止未得到认证的用户设备接入网络。在配置相关内容后，网络管理员可以对用户设备的 MAC 地址进行手动绑定，也可以让交换机自动学习 MAC 地址，并且将用户 MAC 地址进行记录，保存在配置文件内。当非法用户的设备接入交换机端口时，可以在第一时间发现并采取相应措施。

当非法用户设备接入后，根据配置交换机可以将端口设置为 protect、restrict、shutdown 三种方式中的一种。默认采用 shutdown 方式关闭端口，当端口需要恢复转发状态时，可以通过配置自动恢复或请管理员手动恢复。通过端口安全配置，可以在交换机端口上对非法用户设备的数据进行检测与隔离。

交换机端口安全的基本功能如下：

- 限制交换机端口的最大连接数。
- 端口的安全地址绑定。

配置端口安全的条件：

- 安全端口必须是一个 Access 端口。
- 安全端口不能是一个聚合端口（Aggregate Port）。

4.6.2 配置端口安全提高网络安全

1. 学习情境

小张在对项目中的交换机功能进行测试时，发现只要他的设备一旦接入，有些交换机端口就关闭，经过检查发现端口是正常的。在询问了王师傅后，他知道了这些端口配置了端口安全，造成其设备一旦接入这些端口，端口就自动关闭。为了更好地了解端口安全的作用，小张在模拟器上进行了端口安全的学习和验证。

2. 学习配置命令

常用的端口安全配置命令如下：

① 开启端口安全功能。

```
switchport port-security
```

② 配置端口允许的 MAC 地址数量。

```
switchport port-security maximum  <允许的数值>
```

允许的数值范围为 1～132 个安全地址。

③ 手动绑定端口上的安全地址。

```
switchport port-security mac-address  <MAC 地址>
```

④ 自动绑定端口上的安全地址。

```
switchport port-security mac-address sticky
```

上面的命令可以让交换机自动绑定最先接入的设备，例如，端口允许的安全地址数为 2，则最先接入的两台设备就会被交换机自动保存下来作为安全地址。

⑤ 配置处理违例的方式。

```
switchport port-security violation      <处理方式>
```

处理方式有以下几种。

- protect：交换机安全端口将丢弃非法接入设备的数据帧。
- restrict：当违例产生时，交换机不但会丢弃非法设备的数据帧，还会发送一个 SNMP Trap 报文。
- shutdown：当违例产生时，交换机将丢弃非法设备的数据帧，发送一个 SNMP Trap 报文，并且将端口关闭。

⑥ 查看安全端口的统计信息。

```
show port-security
```

在此命令下还可以用参数 address 和 interface 查看安全地址和安全端口的信息。

3. 操作过程

（1）搭建网络拓扑。

端口安全拓扑如图 4-16 所示，请读者根据拓扑图在模拟器上搭建网络拓扑。要求实现交换机 S1 的 F0/1 端口只能接入两台计算机。

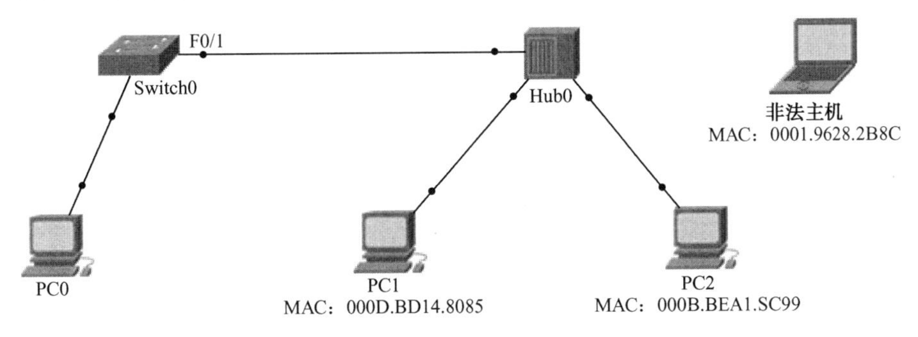

图 4-16 端口安全拓扑图

（2）配置计算机的网络参数。

配置过程这里不再演示，请读者根据图 4-16 自行配置。需要注意的是，PC1 和 PC2 的 MAC 地址会和图中的不一样，在后面的配置中需要根据自己搭建的拓扑中的实际 MAC 参数来操作。

（3）启用交换机的端口安全。

```
S1(config)#interface fastEthernet 0/1
S1(config-if)#switchport mode access
S1(config-if)#switchport port-security                //启用端口安全
```

注意：端口安全只能配置在 Access 端口上，建议将端口配置为 Access 模式。

（4）配置允许接入的设备。

方法 1：

```
S1(config-if)#switchport port-security maximum 2              //最大接入的 MAC 地址为 2 个
S1(config-if)#switchport port-security mac-address 000D.BD14.8085
S1(config-if)#switchport port-security mac-address 000B.BEA1.5C99
```

指定允许接入的 MAC 地址，即图 4-16 中的 PC1 和 PC2。

方法 2：

```
S1(config-if)#switchport port-security maximum 2          //最大接入的 MAC 地址为 2 个
S1(config-if)#switchport port-security mac-address sticky
```

第一种方法需要管理员手动输入接入设备的 MAC 地址，在设备数量多的时候容易出错，并且效率低。第二种方法利用自动方式实现，即最先接入的两台设备作为安全设备，并且它们的 MAC 地址会被保证到配置文件中。

（5）配置违规事件的处理方式。

违规事件发生后，交换机可以使用 3 种方式来处理，这里采用效果最明显的关闭端口的方法来演示。

```
S1(config-if)#switchport port-security violation shutdown      //违规事件出现后关闭端口
S1(config-if)#no shutdown                                      //开启端口
```

（6）查看安全端口的相关信息。

查看绑定到安全端口的 MAC 地址。

```
S1#show port-security address
            Secure Mac Address Table
-------------------------------------------------------------------------
Vlan Mac Address Type Ports Remaining Age
(mins)
---- ----------- ---- ----- ------------
1 000B.BEA1.5C99 SecureConfigured FastEthernet0/1 -
1 000D.BD14.8085 SecureConfigured FastEthernet0/1 -
-------------------------------------------------------------------------
Total Addresses in System (excluding one mac per port) : 1
Max Addresses limit in System (excluding one mac per port) : 1024
```

从上面标注的信息可以看出，端口 F0/1 上已绑定两个安全地址，下面再看一下端口信息。

```
S1#show port-security interface f0/1
Port Security                  : Enabled            //端口安全功能启用
Port Status                    : Secure-up
Violation Mode                 : Shutdown           //违规处理方式是关闭端口
Aging Time                     : 0 mins
Aging Type                     : Absolute
SecureStatic Address Aging : Disabled
Maximum MAC Addresses          : 2                  //最大地址数量为 2
Total MAC Addresses            : 2                  //端口目前已有的安全地址数量
Configured MAC Addresses       : 2                  //端口上的地址为手动配置
Sticky MAC Addresses           : 0                  //自动学习的地址数量
Last Source Address:Vlan       : 0000.0000.0000:0
Security Violation Count             : 0            //违规事件的次数
```

上面信息显示的是端口安全配置的内容。

（7）测试。

在 Hub0 上接入“非法主机”，在此主机上利用 ping 命令测试，会发现与其他主机都无法通信，从拓扑图上也可以发现 F0/1 端口被关闭（指示灯变红），再次查看端口信息。

```
Switch#show port-security interface f0/1
Port Security : Enabled
Port Status : Secure-shutdown            //端口关闭
Violation Mode : Shutdown
Aging Time : 0 mins
Aging Type : Absolute
SecureStatic Address Aging : Disabled
Maximum MAC Addresses : 2
Total MAC Addresses : 2
Configured MAC Addresses : 2
Sticky MAC Addresses : 0
Last Source Address:Vlan : 0001.9628.2B8C:1
Security Violation Count : 1        //违规次数
```

从上面显示内容的最后一行可以看出，已经出现了一次违规事件，导致端口关闭。端口关闭后，需要管理员以手动的方式输入端口关闭命令，然后再输入端口开启命令才能重新开启此端口。

4.7　项目实施：构建主干交换网络与性能优化

此项目对网络中心的核心交换网络和教学办公区网络进行性能优化，并且对分配给财务部门的交换机端口实现设备接入控制，提高网络的安全性。

1. 项目任务

（1）合理配置各楼宇内的交换网络，通过 VTP、生成树协议、链路汇聚等技术提高网络的运载、备份与冗余能力。

（2）防止未经批准的设备非法接入财务部门办公室的网络接口上。

2. 配置参数

表 4-5 为设备的接口对照表。

表 4-5　设备的接口对照表

<table>
<tr><th>设 备 名 称</th><th>接　　口</th><th>设 备 名 称</th><th>接　　口</th></tr>
<tr><td rowspan="5">SW1</td><td>F0/1</td><td rowspan="4">SW2</td><td>F0/1</td></tr>
<tr><td>F0/2</td><td>F0/2</td></tr>
<tr><td>F0/3</td><td>F0/3</td></tr>
<tr><td>F0/4</td><td>F0/4</td></tr>
<tr><td>F0/5</td><td>SW3</td><td>F0/1</td></tr>
<tr><td>SW2</td><td>F0/5</td><td>SW3</td><td>F0/2</td></tr>
<tr><td rowspan="4">SW3</td><td>F0/3</td><td rowspan="2">SW4</td><td>F0/1</td></tr>
<tr><td>F0/4</td><td>F0/2</td></tr>
<tr><td>F0/5</td><td rowspan="2">SW5</td><td>F0/1</td></tr>
<tr><td>F0/6</td><td>F0/2</td></tr>
</table>

续表

设备名称	接口	设备名称	接口
SW4	F0/10	PC0	网卡
	F0/15	PC1	网卡
SW5	F0/10	PC2	网卡
	F0/15	PC3	网卡

由于此项目以生成树、端口聚合、端口安全内容为主，所以只配置计算机的 IP 地址作为测试用，其他地址参数这里不再考虑，计算机的地址分配表见表 4-6。

表 4-6　计算机的地址分配表

计算机名	IP 地址	所属 VLAN
PC0	192.168.10.1	VLAN10
PC1	192.168.20.1	VLAN20
PC2	192.168.10.2	VLAN10
PC3	192.168.20.2	VLAN20

3. 网络拓扑

这里用东校区网络中心的两台核心交换机和教学办公区的多台交换机建设网络拓扑，如图 4-17 所示。

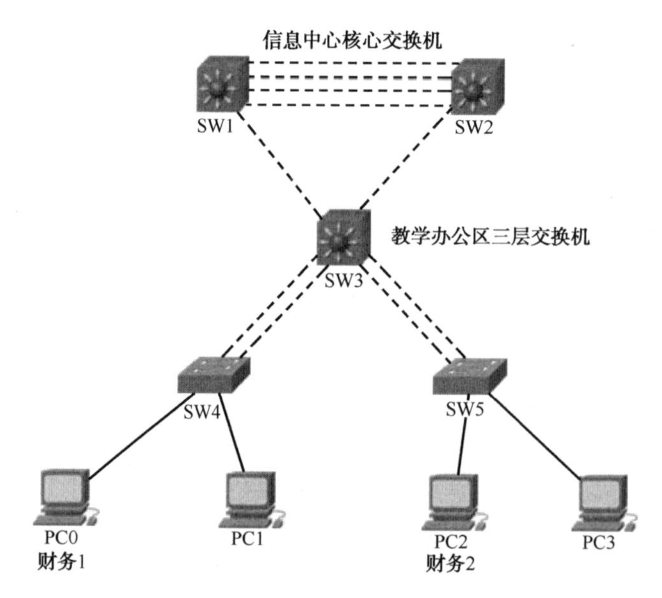

图 4-17　建设网络拓扑图

4. 操作过程

（1）配置核心交换机 SW1 和 SW2 之间的聚合端口。

① 配置核心交换机 SW1 和 SW2 之间的聚合端口。

步骤 1　在交换机 SW1 上配置聚合端口：

```
SW1>enable
SW1#configure terminal
```

```
SW1(config)#interface port-channel 1
SW1(config)#interface range f0/1 - 4
SW1(config-if-range)#channel-group 1 mode on
SW1(config)#port-channel load-balance src-mac
```

步骤 2　在交换机 SW2 上配置聚合端口：

```
SW2>enable
SW2#configure terminal
SW2(config)#interface port-channel 1
SW2(config)#interface range f0/1 - 4
SW2(config-if-range)#channel-group 1 mode on
SW2(config)#port-channel load-balance src-mac
```

② 查看交换机 SW1 和 SW2 的聚合端口信息。

步骤 1　交换机 SW1 上的聚合端口信息：

```
SW1#show etherchannel summary
//此处省略部分信息
Number of channel-groups in use: 1
Number of aggregators:           1

Group  Port-channel  Protocol    Ports
------+-------------+-----------+-----------------------------------------------

1      Po1(SU)           -        Fa0/1(P) Fa0/2(P) Fa0/3(P) Fa0/4(P)
```

步骤 2　交换机 SW2 上的聚合端口信息：

```
SW1#show etherchannel summary
//此处省略部分信息
Number of channel-groups in use: 1
Number of aggregators:           1

Group  Port-channel  Protocol    Ports
------+-------------+-----------+-----------------------------------------------

1      Po1(SU)           -        Fa0/1(P) Fa0/2(P) Fa0/3(P) Fa0/4(P)
```

从上面的信息可以看出，交换机 SW1 和 SW2 之间已经形成聚合链路。

③ 配置交换机 SW1 和 SW2 的聚合端口为 Trunk 模式。

步骤 1　在交换机 SW1 上将 Po1 端口配置为 Trunk 模式：

```
SW1(config)#interface port-channel 1
SW1(config-if)#switchport trunk encapsulation dot1q          //加载 IEEE802.1Q 协议
SW1(config-if)#switchport mode trunk
```

步骤 2　在交换机 SW2 上将 Po1 端口配置为 Trunk 模式：

```
SW2(config)#interface port-channel 1
SW2(config-if)#switchport trunk encapsulation dot1q          //加载 IEEE802.1Q 协议
SW2(config-if)#switchport mode trunk
```

交换机 SW3 与 SW1、SW2 的连接也需要设置为 Trunk 模式，此过程由读者自行配置。

（2）配置交换机 SW3 与 SW4、SW5 之间的聚合端口。

① 配置交换机 SW3 与 SW4 之间的聚合端口。

步骤 1 在交换机 SW3 上的配置：

```
SW3>enable
SW3#configure terminal
SW3(config)#interface port-channel 2
SW3(config)#interface range f0/3 - 4
SW3(config-if-range)#channel-group 2 mode on
SW3(config)#port-channel load-balance src-mac
```

步骤 2 在交换机 SW4 上的配置：

```
SW4>enable
SW4#configure terminal
SW4(config)#interface port-channel 2
SW4(config)#interface range f0/1 - 2
SW4(config-if-range)#channel-group 2 mode on
SW4(config)#port-channel load-balance src-mac
```

② 配置交换机 SW3 与 SW5 之间的聚合端口。

步骤 1 在交换机 SW3 上的配置：

```
SW3>enable
SW3#configurc tcrminal
SW3(config)#interface port-channel 3
SW3(config)#interface range f0/5 - 6
SW3(config-if-range)#channel-group 3 mode on
SW3(config)#port-channel load-balance src-mac
```

步骤 2 在交换机 SW5 上的配置：

```
SW5>enable
SW5#configure terminal
SW5(config)#interface port-channel 3
SW5(config)#interface range f0/1 - 2
SW5(config-if-range)#channel-group 3 mode on
SW5(config)#port-channel load-balance src-mac
```

③ 配置交换机 SW3、SW4、SW5 之间的聚合端口工作在 Trunk 模式。

步骤 1 在交换机 SW3 上的配置：

```
SW3(config)#interface port-channel 2
SW3(config-if)#switchport trunk encapsulation dot1q
SW3(config-if)#switchport mode trunk
SW3(config)#interface port-channel 3
SW3(config-if)#switchport trunk encapsulation dot1q
SW3(config-if)#switchport mode trunk
```

步骤 2　在交换机 SW4 上的配置：

```
SW4(config)#interface port-channel 2
SW4(config-if)#switchport mode trunk
```

步骤 3　在交换机 SW5 上的配置：

```
SW5(config)#interface port-channel 3
SW5(config-if)#switchport mode trunk
```

（3）将交换机 SW1 指定为生成树的主根，交换机 SW2 为备份根。

① 查看网络中生成树的根。

在任意一台交换机上利用 show spanning-tree 命令查看，可以得出交换机 SW5 为根，如下显示：

```
SW5#show spanning-tree
VLAN0001
  Spanning tree enabled protocol ieee
  Root ID      Priority     32769
               Address      0001.6494.0629
               This bridge is the root
               Hello Time   2 sec   Max Age 20 sec   Forward Delay 15 sec

  Bridge ID  Priority     32769   (priority 32768 sys-id-ext 1)
               Address      0001.6494.0629
               Hello Time   2 sec   Max Age 20 sec   Forward Delay 15 sec
               Aging Time   20
```

② 设置交换机 SW1 为主根、交换机 SW2 为备份根。

步骤 1　在交换机 SW1 上的配置：

```
SW1(config)#spanning-tree vlan 1 root primary
```

步骤 2　在交换机 SW2 上的配置：

```
SW2(config)#spanning-tree vlan 1 root secondary
```

③ 检查配置是否生效。

查看交换机 SW1 的生成树信息：

```
SW1#show spanning-tree
VLAN0001
  Spanning tree enabled protocol ieee
  Root ID      Priority     24577
               Address      0060.2F87.4E04
               This bridge is the root
               Hello Time   2 sec   Max Age 20 sec   Forward Delay 15 sec

  Bridge ID  Priority     24577   (priority 24576 sys-id-ext 1)
               Address      0060.2F87.4E04
```

通过加粗部分可以看出，此时生成树的根已经由交换机 SW1 担任。

（4）启用二层交换机上的端口安全，使财务部门的端口只能连接一台计算机。

① 配置端口安全。

这里以交换机 SW4 为例进行配置，由于财务部门的计算机连接的是端口 F0/10，所以在此端口上配置端口安全，其命令如下：

```
SW4(config)#interface f0/10
SW4(config-if)#switchport mode access
SW4(config-if)#switchport port-security maximum 1
SW4(config-if)#switchport port-security mac-address sticky
SW4(config-if)#switchport port-security violation shutdown
```

上面的端口安全采用的是动态地址方式，默认第一台接入的计算机为合法计算机，如果发生违规事件，则关闭端口。

② 测试。

将计算机 PC0 从 F0/10 端口脱离，然后将非法计算机接入 F0/10 端口，再利用命令查看 F0/10 端口的状态，如下所示：

```
SW4#show port-security interface f0/10
Port Security                  : Enabled
Port Status                    : Secure-shutdown
Violation Mode                 : Shutdown
Aging Time                     : 0 mins
Aging Type                     : Absolute
SecureStatic Address Aging     : Disabled
Maximum MAC Addresses          : 1
Total MAC Addresses            : 1
Configured MAC Addresses       : 0
Sticky MAC Addresses           : 1
Last Source Address:Vlan       : 0001.C754.A957:1
Security Violation Count       : 1
```

读者可以从粗体代码部分看出，由于 F0/10 端口有非法接入，所以此时端口被设置为关闭状态。

4.8 练习题

实训　提高交换机的可靠性

实训目的：

- 掌握交换机端口的安全配置。
- 掌握交换机端口的汇聚方法。

网络拓扑：

实验拓扑如图 4-18 所示。

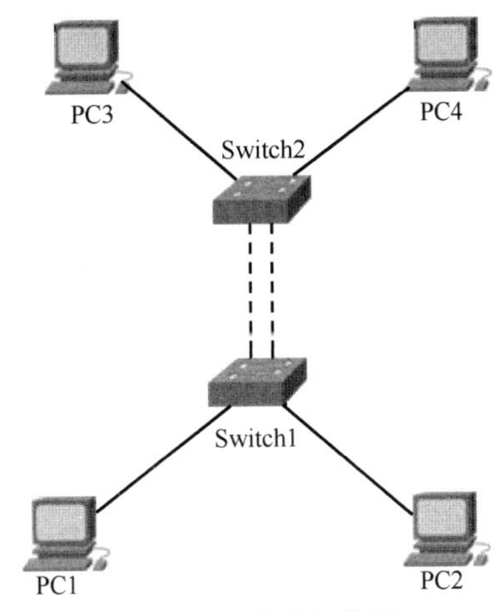

图 4-18　实验拓扑图

实训内容：

（1）设备连接和 IP 地址分配表，见表 4-7。

表 4-7　设备连接和 IP 地址分配表

设备名称	IP 地址	子网掩码	对端接口
PC1	192.168.1.1	255.255.255.0	Switch1 的 F0/1
PC2	192.168.1.2	255.255.255.0	Switch1 的 F0/2
PC3	192.168.1.3	255.255.255.0	Switch2 的 F0/1
PC4	192.168.1.4	255.255.255.0	Switch2 的 F0/2
Switch1	192.168.1.100	255.255.255.0	Switch2 的 F0/24
Switch2	192.168.1.110	255.255.255.0	Switch1 的 F0/24

（2）将 Switch1 的主机名称改为“Student”，Switch2 的主机名称改为“Teacher”。

（3）设置所有连接计算机的端口描述为“Computer”，端口的通信速率为 100Mb/s。

（4）关闭交换机 Switch1 的 DNS 域名解析。

（5）开启交换机 Switch2 的 DNS 域名解析，并且设置 DNS 服务器的地址为 192.168.1.254。

（6）对 Switch1 的端口 F0/3 进行优化，然后连接上一台计算机观察和比较端口转入工作状态的速度（可以将另一台计算机接入 F0/4 端口进行比较）。

（7）对 Switch2 的端口 F0/1 进行设置，使其只能连接 PC3，如果接入其他计算机，则此端口将进入保护模式（protect），可以利用 show port-security 命令查看信息。

（8）分别设置 Switch1 和 Switch2 的 F0/23 和 F0/24 端口，使它们成为汇聚端口，并且采用源和目的 MAC 地址进行负载均衡算法，设置完成后观察汇聚端口的信息。

（9）配置 Switch2 为生成树的根桥。

第5章 静态路由实现网络互联

随着网络技术的发展和网络应用的扩展，网络规模越来越大，为了使不同地域的网络能够相互连接并进行访问，就必须解决信息经过多个网络到达目的地的问题，这就涉及路由技术。路由系统（Routing System）的主要功能：一是把大家都连接起来（Connecting）；二是“找路”（Routing）。因特网是由很多不同的网络连接而成的（这也就是称为Internet的原因，即 inter-net），而网络就是通过物理链路和路由系统相互连接起来的。这样产生的网络拓扑结构是网状结构，从发送点到目标点可能有很多条路可以选择，路由系统的第二个功能就是要从中找到一条最优化的路，做到这一点需要数万台特定的路由设备（路由器）协同合作。这些路由器执行一定的路由算法，通过路由协议相互交换信息，由网络运营商或企业的网络部门来管理。本章通过校园网来介绍静态路由技术的应用。

5.1 项目导入

1. 项目描述

随着项目的推进，网络的规模越来越大，设备数量也越来越多，为了管理及安全需要，将不同部门、不同功能的设备规划在不同网络，但同时必须保证这些网络之间能够相互访问。对于这些需求小张知道可以通过三层设备来实现，但不清楚如何操作。在咨询王师傅后，小张根据王师傅的建议先学习了静态路由方面的知识和配置。

校园网结构如图5-1所示。

2. 项目任务

- 掌握IP地址应用的基本知识。
- 掌握路由器的基本知识和配置。
- 掌握配置静态路由的方法。

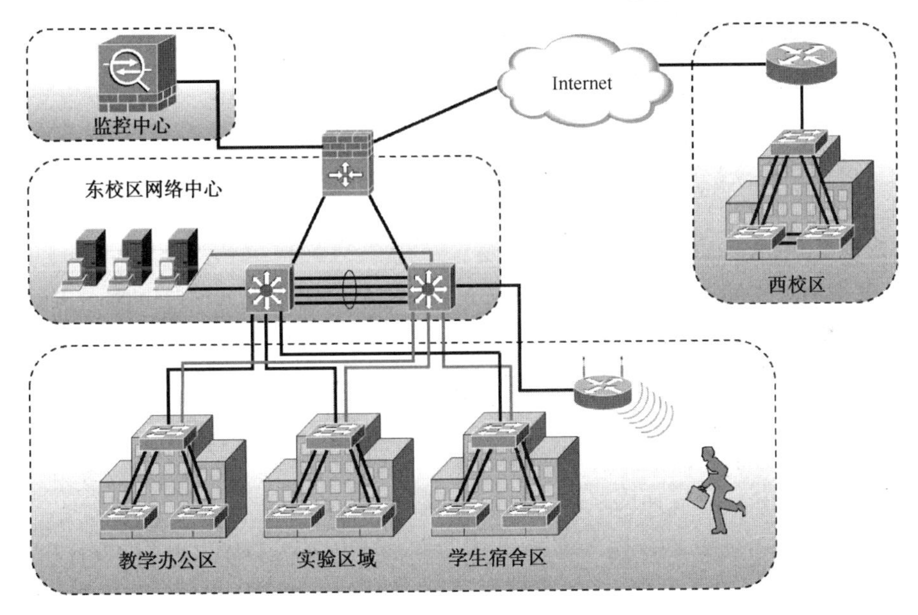

图 5-1　校园网结构图

5.2　任务 1 学习 IP 地址的基本知识

5.2.1　IPv4 地址简介

IP 地址是全球唯一（全局唯一）的，用于在网络中标识一个 TCP/IP 主机。在现实生活中，可以把 IP 地址理解为你所处方位的一个标识。IP 地址是一种逻辑地址，可以在允许的范围内随意修改，但在互联网中不允许重复。

1. IPv4 地址及其分类

目前，我们使用的第二代互联网 IPv4 技术是 32 位的，IP 地址可以表示为点分十进制或 4 个八位组的形式，由网络位和主机位构成。根据网络位或主机位占用了几个八位组，可将 IP 地址分为 5 个标准的类，而实际只能用到 A、B、C 3 类。D 类是组播地址，没有网络位和主机位之分，可以理解为特定的小范围广播；E 类保留，用于科研。如图 5-2 所示，注意，每一类地址的开头几个数字是规定的。

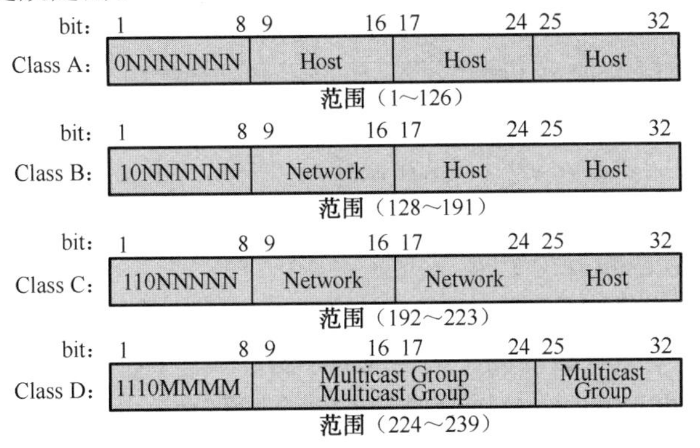

图 5-2　各类地址的特性

2. 一些特殊的 IP 地址

下面列出的 IP 地址不能用来标识某个 TCP/IP 主机，而是专用于一些特殊的场合。

① IP 地址 127.0.0.1。

实际上，整个 127.x.y.z 都属于本地回环测试地址（Loopback）。通过 ping 这个地址可以检验本地网卡安装及 TCP/IP 协议栈的配置是否正确。

② 广播地址。

所谓广播指同时向网上所有主机发送报文。不管物理网络特性如何，Internet 都支持广播传输。广播地址分为直接广播地址和有限（受限）广播地址。直接广播地址的主机位部分全为 1，如 136.78.255.255 就是 B 类地址中的一个直接广播地址，数据接收方为网络 136.78.0.0 中的所有主机。而有限（受限）广播地址的所有位都置 1，即 255.255.255.255，数据接收方为本网络中的所有主机，此目的的广播数据不会被路由到其他网络。

③ IP 地址 0.0.0.0 代表任何网络；主机位全部为 0 代表某一个网络。

④ IP 地址 169.254.x.y，即自动分配私有 IP 地址（Automatic Private IP Addressing，APIPA）。如果 DHCP 的客户端无法从 DHCP 服务器租用到 IP 地址，则它们会自动产生一个网络号为 169.254.0.0 的临时地址，利用它与同一个网络内也是使用 169.254.x.y 地址的计算机通信。

3. 私有 IP 地址

在 A、B、C 类地址中，RFC 1918 定义了一些不允许在互联网中使用的私有地址。如果仅在公司内部的局域网内使用，则可以自行选用适合的私有地址，不需要申请。

① A 类地址中：10.0.0.1～10.255.255.254。

② B 类地址中：172.16.0.1～172.31.255.254。

③ C 类地址中：192.168.0.1～192.168.255.254。

使用私有地址的计算机不能直接对外通信。如果需要进行浏览网页、收发 E-mail 等操作，则必须通过 NAT 技术等协助。

4. 子网掩码

子网掩码也占用 32 位，其有两大功能：

① 用来区分 IP 地址中的网络位与主机位。

IP 网络内的主机在相互通信时利用子网掩码来得知对方的网络号，进而得知彼此是否在同一个网段内。子网掩码中以连续的 1 来指定网络位，以连续的 0 来指定主机位。计算网络号的原则是：首先将 IP 地址与子网掩码两个值相对应的位进行 AND 逻辑运算，然后将运算结果与子网掩码中的各字节互相对应，只要在子网掩码中值为 1 的，其对应的位就是其网络号。在 IP 地址中扣除网络号后，其余部分就是主机号。

例如，当 A 主机要和 B 主机通信时，A 主机会分别将自己的 IP 地址和 B 主机的 IP 地址与自己的子网掩码进行 AND 运算，以便得知自己所在的网络号和 B 主机所在的网络号。如果相等则表示在同一个网段内，它们可以直接通信，否则，必须通过路由器来路由，此时 A 主机会将数据发往自己的默认网关。

② 用来将网络分割为数个子网。

为了方便管理与提高网络的运行效率，有时可能需要将一个较大的网络划分为数个以 IP 路由器连接的子网，或者将数个分布于各地的子网以 IP 路由器连接在一起。每个子网都需要一个唯一的网络号。此时可以为每个网络申请一个网络号，也可以只申请一个网络号，然后利用子网掩码来划分这个网络，以便供数个子网使用。

子网掩码分割网络的原理在于，假设现有网络的主机位为 M 位，若继续向主机位部分借用 N 位来划分子网，则可划分出 $2N$ 个子网（如果网络不是一个 CIDR 的环境，则必须去除全 0 和全 1 的子网号，此时只可划分出 $2N-2$ 个子网），每个子网中最多允许有 $2M-N-2$ 个主机。

5.2.2　IPv4 地址的应用

1. 子网的划分

（1）子网划分的方法。

给定 IP 地址和子网掩码要求计算该 IP 地址所处的子网网络地址、子网广播地址及可用 IP 地址范围。下面给出计算方法：

① 将 IP 地址转换为二进制表示。

② 将子网掩码也转换成二进制表示。

③ 在子网掩码的 1 与 0 之间画一条竖线，竖线左边为网络位（包括子网位），竖线右边为主机位。

④ 将主机位全部置 0，则为子网网络地址。

⑤ 将主机位全部置 1，则为子网广播地址。

⑥ 介于子网网络地址与子网广播地址之间的即为子网内可用 IP 地址范围。

例如，将 192.168.1.0/24 划分为 4 个小网段的过程如图 5-3～图 5-5 所示。

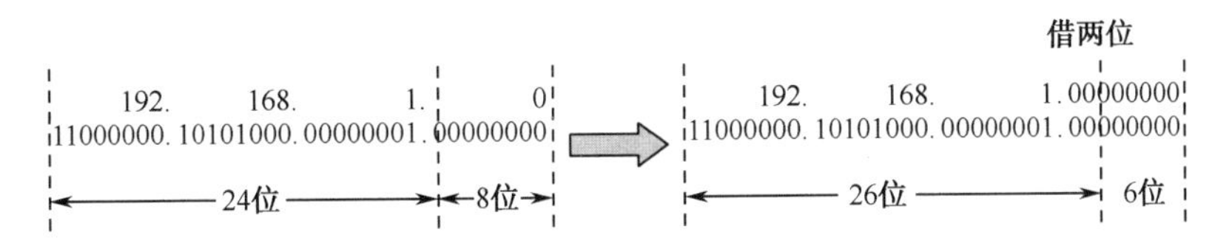

图 5-3　主机位转换为网络位

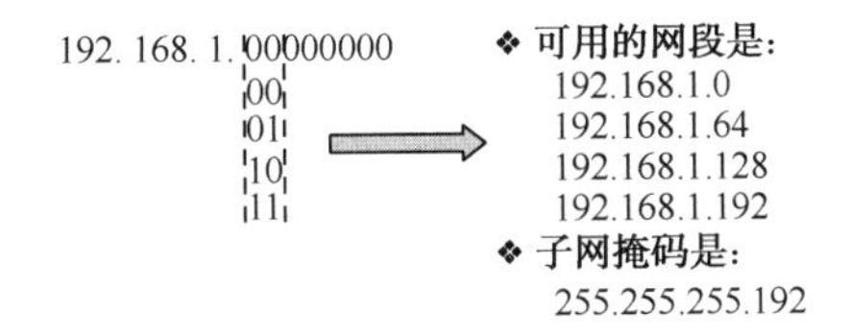

图 5-4　计算可用网络地址

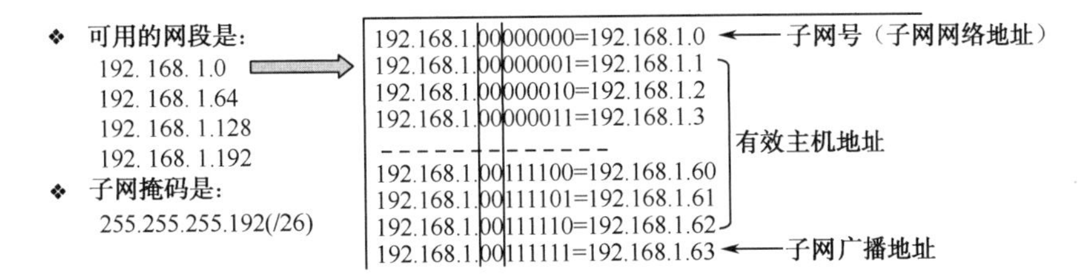

图 5-5　计算网络中的 IP 地址

②　将主机位划为网络位。

② IP 地址经过一次子网划分后，被分成 3 个部分——网络位、子网位和主机位。

划分后的网络参数如图 5-6 所示。

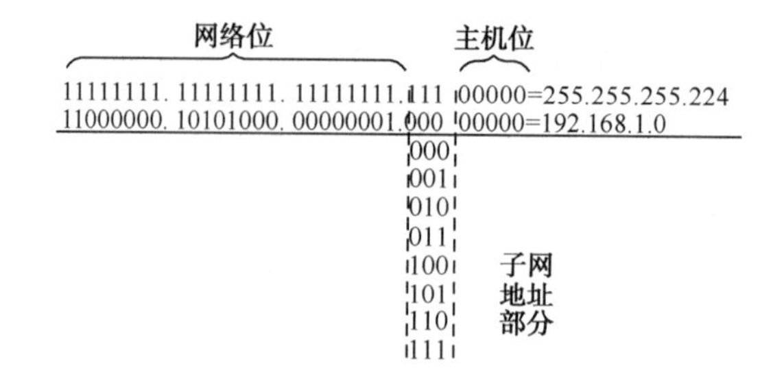

图 5-6　划分后的网络参数

- 子网数=2^n，其中，n 为子网位（前提是全 0 子网可用）。
- 主机数=2^N-2，其中，N 是主机位。

192.168.1.0/24 经过子网划分后，可用的子网数和主机数的计算如下：

- 子网数=2^3=8。
- 主机数=2^5-2=30（主机位全 0 和全 1 分别是网络地址和广播地址，不可用，所以减 2）。

（2）子网划分的应用举例。

下面通过一个例子来学习完整的 IP 地址设计。

设某单位申请得到一个 C 类地址 200.210.95.0，需要划分出 6 个子网，并且需要为这 6 个子网分配子网地址，然后计算出子网的子网掩码、各个子网中 IP 地址的分配范围、可用 IP 地址数量和子网的广播地址。

① 计算需要借用的主机位位数。

借 1 位主机位可以分配出 2^1=2 个子网地址；借 2 位主机位可以分配出 2^2=4 个子网地址；借 3 位主机位可以分配出 2^3=8 个子网地址。因此，我们决定挪用 3 位主机位作为子网地址的编码。

② 用二进制数为各个子网编码。

子网 1 的地址编码：200.210.95.00000000。

子网 2 的地址编码：200.210.95.00100000。

子网 3 的地址编码：200.210.95.01000000。

子网 4 的地址编码：200.210.95.01100000。

子网 5 的地址编码：200.210.95.10000000。

子网 6 的地址编码：200.210.95.10100000。

③ 将二进制形式的子网地址编码转换为十进制形式。

子网 1 的子网地址：200.210.95.0。

子网 2 的子网地址：200.210.95.32。

子网 3 的子网地址：200.210.95.64。

子网 4 的子网地址：200.210.95.96。

子网 5 的子网地址：200.210.95.128。

子网 6 的子网地址：200.210.95.160。

④ 计算出子网掩码。

先计算出二进制形式的子网掩码：11111111.11111111.11111111.11100000。

转换为十进制形式的子网掩码：255.255.255.224。

⑤ 计算各个子网的广播 IP 地址。

先计算出二进制形式的子网广播 IP 地址，然后转换为十进制形式：

子网 1 的广播 IP 地址：200.210.95.00011111 / 200.210.95.31。

子网 2 的广播 IP 地址：200.210.95.00111111 / 200.210.95.63。

子网 3 的广播 IP 地址：200.210.95.01011111 / 200.210.95.95。

子网 4 的广播 IP 地址：200.210.95.01111111 / 200.210.95.127。

子网 5 的广播 IP 地址：200.210.95.10011111 / 200.210.95.159。

子网 6 的广播 IP 地址：200.210.95.10111111 / 200.210.95.191。

实际上，简单地用下一个子网地址减 1 就得到本子网的广播地址，列出二进制形式的计算过程是为了让读者更好地理解广播地址是如何计算的。

⑥ 列出各个子网的 IP 地址分配范围。

子网 1 的 IP 地址分配范围：200.210.95.1 至 200.210.95.30。

子网 2 的 IP 地址分配范围：200.210.95.33 至 200.210.95.62。

子网 3 的 IP 地址分配范围：200.210.95.65 至 200.210.95.94。

子网 4 的 IP 地址分配范围：200.210.95.97 至 200.210.95.126。

子网 5 的 IP 地址分配范围：200.210.95.129 至 200.210.95.158。

子网 6 的 IP 地址分配范围：200.210.95.161 至 200.210.95.190。

⑦ 计算每个子网中的 IP 地址数量。

被挪用后主机位的位数为 5，能够为主机编址的数量为 $2^5-2=30$。减 2 的目的是去掉子网地址和子网广播地址。划分子网会损失主机 IP 地址的数量，这是因为需要拿出一部分地址来表示子网地址和子网广播地址，但是为了网络性能和管理的需要，这些损失是值得的。

早期，子网地址编码中是不允许使用全 0 和全 1 的，如上例中的第一个子网不能使用 200.210.95.0 这个地址，因为担心分不清这是主网地址还是子网地址，但是近年来，为了节省 IP 地址，允许全 0 和全 1 的子网地址编码（注意，主机地址编码仍然无法使用全 0 和全 1 的编址，全 0 和全 1 的编址被用于本子网的子网地址和广播地址。）。

（3）子网划分的快速应用方法。

在实际工作中，为了可以快速进行 IP 地址设计，可以建立类似下面的表格，见表 5-1 和表 5-2。

表 5-1　B 类地址的子网划分

子　网　数	网络位数/ 挪用主机位数	子　网　掩　码	每个子网中可分配的 IP 地址数
2	17/1	255.255.128.0	32766
4	18/2	255.255.192.0	16382
8	19/3	255.255.224.0	8190
16	20/4	255.255.240.0	4094
32	21/5	255.255.248.0	2046
64	22/6	255.255.252.0	1022
128	23/7	255.255.254.0	510
256	24/8	255.255.255.0	254

续表

子网数	网络位数/挪用主机位数	子网掩码	每个子网中可分配的IP地址数
512	25/9	255.255.255.128	126
1024	26/10	255.255.255.192	62
2048	27/11	255.255.255.224	30

表 5-2　C 类地址的子网划分

子网数	网络位数/挪用主机位数	子网掩码	每个子网中可分配的IP地址数
2	25/1	255.255.255.128	126
4	26/2	255.255.255.192	62
8	27/3	255.255.255.224	30
16	28/4	255.255.255.240	14

2. VLSM 可变长子网掩码

VLSM 其实是相对于类的 IP 地址来说的，这是一种产生不同大小子网的网络分配机制，一个网络可以配置不同的掩码。开发可变长度子网掩码的想法就是在每个子网上保留足够主机数的同时，把一个子网进一步分成多个小子网时有更大的灵活性。另外，VLSM 是基于比特位的，而有类网络是基于 8 位组的。

在实际工程实践中，通过 VLSM 能够进一步将网络划分成三级或更多级子网，同时能够考虑使用全 0 和全 1 子网以节省网络地址空间。例如，图 5-7 中某局域网 LAN 有 30 台设备，需要 30 个 IP 地址，如果使用 27 位的掩码，每个子网可以支持 30 台主机（$2^5-2=30$）；而对于 WAN 连接而言，每个连接只需要 2 个地址，如果使用与主类别网络相同掩码的约束，WAN 之间也必须使用 27 位掩码，这样就浪费 28 个地址。理想的方案是 WAN 使用 30 位掩码（$2^2-2=2$）。

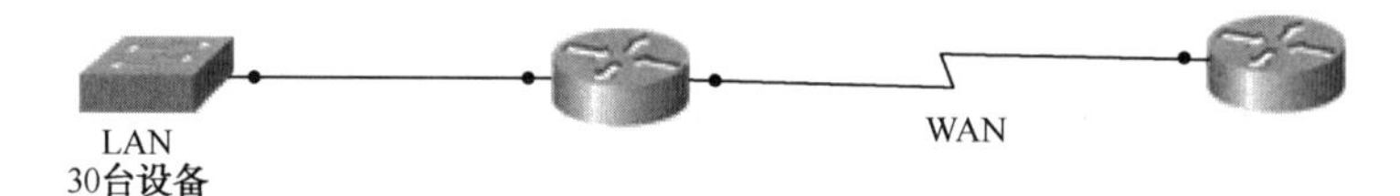

图 5-7　VLSM 编址

因此，使用 VLSM 可以增加 IP 地址的灵活性，也提高了 IP 地址的使用效率，从中也可看到在 VLSM 中，A、B、C 三类的地址分类界线已不存在，这是一种不区分类型的编址方式。

5.2.3　IPv6 地址简介

随着不断增长的互联网发展规模及新技术的应用需求，IPv4 的网络地址资源面临枯竭，严重制约了互联网的应用和发展。在一些网络中已开始使用的 IPv6 是 IETF 设计的用于替代现行版本 IPv4 的下一代 IP 协议。

与 IPv4 相比，IPv6 的主要优势在于高达 2^{128} 个网络地址空间，近乎无限，号称可以为全世界的每一粒沙子编一个网址，并且网络的安全性能也将大大提高。Ipv6 的应用还可以提高数据的传输速度。此外，IPv6 还能提高网络的整体吞吐量，改善服务质量（QoS），支持即插即用和移动性，以及更好地实现多播功能。从长远看，IPv6 有利于互联网的持续和长久发展。本书的配置内容都以 Ipv4 为主，所以这里只简单介绍 IPv6 的表示方式。

IPv6 的地址长度为 128 位，是 IPv4 地址长度的 4 倍，采用十六进制表示。IPv6 主要有 3 种表示方法。

（1）十六进制表示法。

格式为 X:X:X:X:X:X:X:X，其中，每个 X 表示 4 位十六进制数，对应的是地址中的 16 位二进制数，例如，ABCD:EF01:2345:6789:ABCD:EF01:2345:6789。

在这种表示法中，每个 X 中的前导 0 可以省略，举例如下。

2001:0DB8:0000:0023:0008:0800:200C:417A→ 2001:DB8:0:23:8:800:200C:417A

（2）0 位压缩表示法。

如果一个 IPv6 地址中间包含很长一段 0，则可以把连续的一段 0 压缩为“::”来提高应用的便捷性，但要注意的是，地址中的“::”只能出现一次，也就是说，如果有多段连续的 0，则只能选择其中一段进行压缩，举例如下：

FE01:0:0:0:0:0:0:1201→FE01::1201。

0:0:0:0:0:0:0:1→::1。

0:0:0:0:0:0:0:0→::。

（3）内嵌 IPv4 地址表示法。

由于目前 IPv6 地址的使用范围还比较小，所以互联网上大部分应用仍然使用 IPv4，为了让使用 IPv4 的用户能够访问 IPv6 的资源，在访问 IPv6 时，IPv4 地址会嵌入 IPv6 地址中。地址常表示为 X:X:X:X:X:X:d.d.d.d，其中，前 96 位采用十六进制表示，后 32 位则使用 IPv4 的点分十进制表示，如::FFFF:192.168.0.1。

5.3　任务 2　路由器的接口和基本配置

5.3.1　路由器的接口

交换机可以不进行任何配置，接上电源，连上计算机就可以组建成简单的局域网络，但路由器必须做一定配置才可接入网络发挥作用。

路由器的硬件组成、登录方式都和交换机类似，这里不再重复介绍，但路由器的接口类型比交换机要多，如图 5-8 所示。

（1）管理接口。

路由器包含用于管理路由器的物理接口，这些接口也称为管理接口，与以太网接口和串行接口不同，管理接口不用于转发数据包。最常见的管理接口是控制台接口（console 接口），该接口用于连接终端，从而在无须通过网络访问路由器的情况下配置路由器。对路由器进行初始配置时，必须使用控制台接口。

另一种管理接口是辅助接口（AUX 接口），并非所有路由器都有辅助接口。此接口可用于连接调制解调器，实现远程登录。

图 5-8 中显示的路由器接口图上有控制台接口和 AUX（辅助）接口。

（2）网络接口。

LAN 接口用于将路由器连接到局域网网络，如同计算机的以太网网卡用于将计算机连接到局域网一样，如图 5-8 所示。

WAN 接口用于连接路由器与外部网络，WAN 接口的第 2 层封装可以是不同的类型，如 PPP、帧中继和 HDLC。与 LAN 接口一样，每个 WAN 接口都有自己的 IP 地址和子网掩码，如图 5-8 所示。

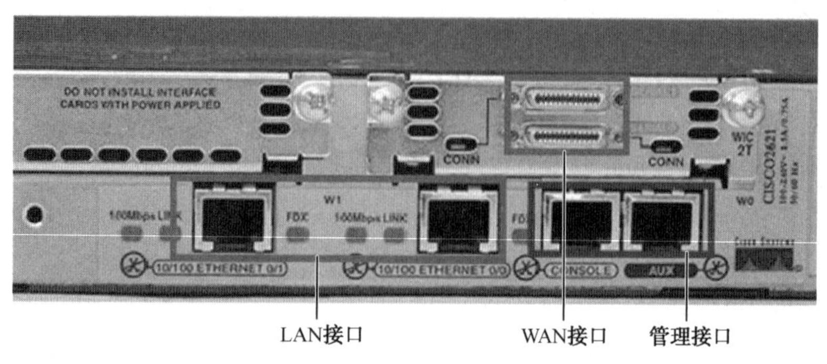

图 5-8　路由器的接口类型

5.3.2　路由器的基本配置

1. 学习情境

项目中将涉及大量的路由器配置任务，为了能够更好地参与路由器配置工作，小张先学习了路由器的基本配置。

2. 学习配置命令

路由器的基本配置命令与交换机是一样的，所以大部分命令在交换机配置内容中已经介绍过。

① 设置接口时钟频率。

```
clock  rate  <时钟频率>
```

② 查看接口信息摘要。

```
show ip interface brief
```

3. 操作过程

由于是单独的路由器配置，所以读者只需在模拟器上添加一台路由器即可。路由器的基本配置基本和交换机类似，如配置主机名称、配置密码等，下面介绍路由器的基本配置操作。

（1）主机名和特权模式密码。

```
Router#config t
Router(config)#hostname R1               //设置主机名为 R1
R1(config)#
R1(config)#enable secret 123             //设置特权模式密码为 123
```

（2）配置控制台接口和启用远程登录。

① 控制台配置。

```
R1(config)#line console 0
R1(config-line)#password  123            //配置登录密码
R1(config-line)#login                    //启用密码
```

② 启用远程登录配置。

```
R1(config)#line vty 0 4
R1(config-line)#password  123          //配置远程登录密码
R1(config-line)#login                  //启用密码
```

（3）接口配置。

① 配置 WAN 接口。

广域网接口一般为串行接口，用 Serial 表示。

```
R1(config)#interface Serial 0/0/0        //进入串行接口
R1(config-if)#ip address 192.168.1.1 255.255.255.0
R1(config-if)#no shutdown
```

如果两台路由器采用串行接口相连，则其中一端为 DTE（数据终端设备），另一端为 DCE（数据通信设备）。对于作为 DCE 的接口，需要使用 clock rate 命令配置时钟频率。

```
R1(config-if)#clock  rate  64000          //设置接口的时钟频率为 64000
```

注：这条命令只有在实验室环境下才使用，真实环境下无须配置。

② 配置 LAN 接口。

```
R1(config)#interface FastEthernet0/0
R1(config-if)#ip address 192.168.2.1 255.255.255.0
R1(config-if)#description R1 LAN
R1(config-if)#no shutdown
```

与交换机不同的是，路由器接口可以直接配置 IP 地址，这是因为路由器的接口是直接连接网络的。

③ 查看接口配置。

可以用以下两个命令：

```
Router#show running-config
R1#show ip interface brief        //查看接口信息
```

显示部分信息如下：

```
Interface          IP-Address      OK?  Method   Status        Protocol

FastEthernet0/0    192.168.1.1     YES  manual   up            up
FastEthernet0/1    10.1.1.1        YES  manual   up            down
```

从上面的信息可以看到，FastEthernet0/1 的 Protocol 是“down”，所以此接口目前无法正常工作。

5.4 任务 3 配置静态路由

5.4.1 路由技术简介

路由转发协议和路由选择协议是既相互配合又相互独立的概念，前者使用后者维护的路由表，同时后者要利用前者提供的功能来发布路由协议数据分组。常用的路由转发协议就是 IP 协议，路由选择协议有静态和动态之分，要实现路由器的路由功能，最主要的就是配置合适的路由选择协议。

路由动作包括以下两个基本内容：

（1）寻径。

寻径，即判定到达目的地的最佳路径，由路由选择算法来实现。路由选择算法启动并维护路由表，它将收集到的不同信息填入路由表中。路由器之间相互通信进行路由表的更新，使之反映网络的拓扑变化，并且决定最佳路径，即路由选择协议。

（2）转发。

转发，即沿寻径好的最佳路径传送信息分组。根据路由表决定数据是转发到下一路由器，还是目的网络连接接口或丢弃，即路由转发协议。

典型的路由选择协议有两种：静态路由和动态路由。

（1）静态路由。

静态路由是指路由器中设置固定的路由表，适用于网络范围不大、拓扑结构固定的网络。优点是简单、可靠、高效。静态路由的优先级最高，当动态路由和静态路由发生冲突时，以静态路由为准。

（2）动态路由。

动态路由是指路由器之间相互通信、传递路由信息，利用收到的路由信息更新路由表的内容，适用于网络规模大、拓扑结构复杂的网络。

静态路由和动态路由有各自的特点和适用范围，在网络中动态路由通常作为静态路由的补充。当一个分组在路由器中进行寻径时，路由器首先查找静态路由，如果查到，则根据相应的静态路由转发分组，否则查找动态路由。

根据是否在一个自治域内，动态路由协议分为内部网管协议（IGP）和外部网管协议（EGP）。内部网管协议常用的有 RIP、OSPF，外部网管协议主要是多个自治域之间的路由选择，常用的是 BGP。

5.4.2 静态路由配置的实施

配置静态路由需要管理员根据网络拓扑结构，直接在路由器中输入相应的路由条目，如果路由条目比较多，或者网络变化比较频繁，就不适合采用静态路由，所以在路由器中不会只配置静态路由。以下几种情况应使用静态路由：

（1）网络中仅包含几台路由器。

在这种情况下，使用动态路由协议并没有任何实际好处。相反，动态路由可能会增加额外的管理负担。

（2）网络仅通过单个 ISP 接入 Internet。

因为该 ISP 就是唯一的 Internet 出口点，所以不需要在此链路间使用动态路由协议。

（3）以集中星形拓扑结构配置的大型网络。

集中星形拓扑结构由一个中央位置（中心点）和多个分支位置（分散点）组成，其中每个分散点仅有一条到中心点的连接。因为每个分支仅有一条路径通过中央位置到达目的地，所以不需要使用动态路由。

1. 学习情境

王师傅让小张对部分路由设备配置静态路由，为了能够完成任务，小张事先在模拟器上搭建拓扑练习静态路由的配置过程。

2. 学习配置命令

（1）配置静态路由。

```
ip route 目的网络地址　目的网络子网掩码　路由器的物理出接口或对端路由器相连接口的地址
```

（2）配置默认路由。

```
ip route 0.0.0.0 0.0.0.0 路由器的物理出接口或对端路由器相连接口的地址 [Metric 值]
```

通过调整 Metric 值可以人为决定路由的选择。

（3）查看路由信息。

```
show　ip route
```

3. 操作过程

（1）搭建网络拓扑。

网络拓扑如图 5-9 所示，请读者根据拓扑图在模拟器上搭建网络拓扑。

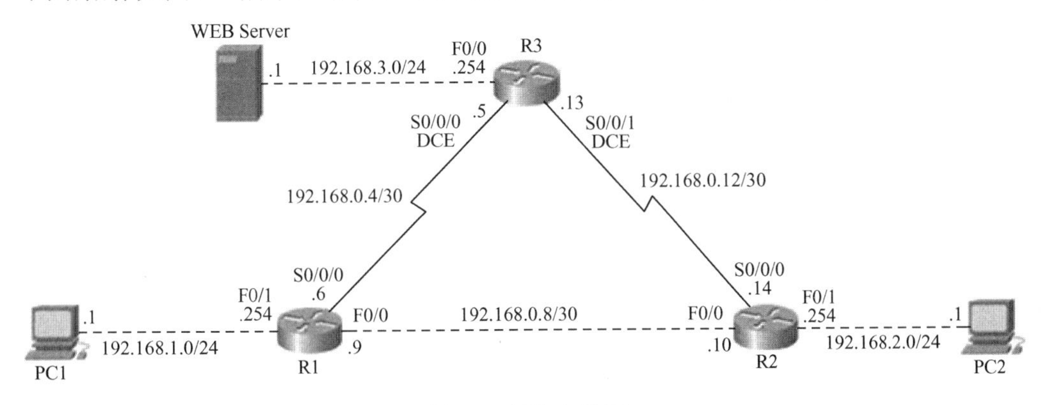

图 5-9　网络拓扑图

（2）添加串口模块。

由于此处选用的路由器为思科 2811，因此需要添加相应的串口模块，模拟器添加过程如下：

步骤 1　关闭路由器的电源开关，如图 5-10 所示。

步骤 2　选择 WIC-2T 模块，移到空的插槽处，安装后打开电源，如图 5-11 所示。

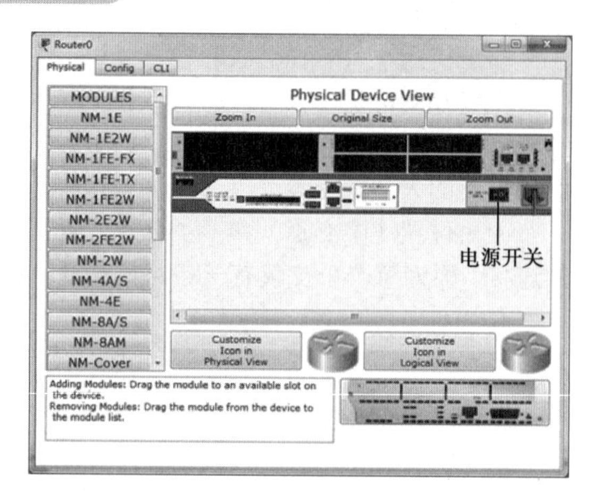

图 5-10　路由器的电源开关

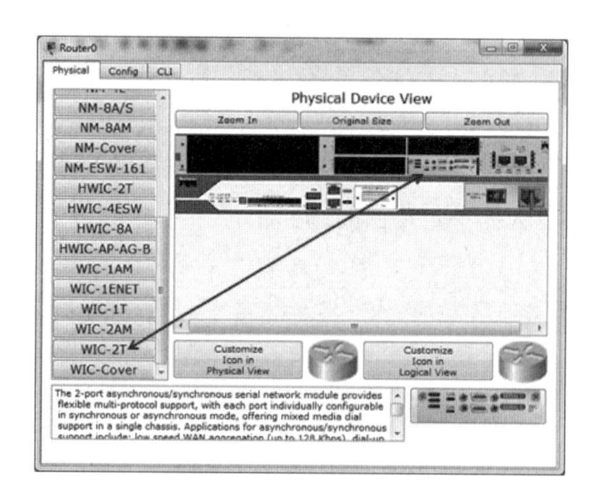

图 5-11　选择接口模块

（3）配置静态路由。

步骤 1　配置路由器的接口。

需要在路由器接口上配置 IP 地址，并且打开接口，下面只介绍路由器 R3 串行接口的配置，请读者根据图 5-9 所示拓扑图上的地址配置其他接口。

```
Router>enable
Router#configure terminal
Router(config)#interface serial 0/0/0                          //进入 S0/0/0 接口
Router(config-if)#clock rate 128000                            //配置时钟频率为 128 000
Router(config-if)#ip address 192.168.0.5   255.255.255.252     //注意子网掩码
Router(config-if)#no shutdown
```

注意：拓扑图上已经标注此接口是 DCE，因此需配置时钟频率，如果此接口是 DTE，则无须配置。

命令输入完成后，如果显示下面的提示，则表示接口的当前状态为 down，这是由于对端接口还未打开造成的。

```
%LINK-5-CHANGED: Interface Serial0/0/0, changed state to down
```

步骤 2 配置静态路由。

配置完所有路由器接口后，就可以开始配置静态路由了，这里以路由器 R1 为例来介绍静态路由的命令。

根据图 5-9 所示的拓扑图，可以分析出在路由器 R1 上需要配置 3 条静态路由，因为图中有 3 个网络没有与 R1 直接相连，这 3 个网络分别是 192.168.3.0/24、192.168.0.12/30、192.168.2.0/24，因此必须在路由器 R1 上建立去这 3 个网络的路由记录，配置命令如下：

```
Router>enable
Router#configure terminal
Router(config)#ip route 192.168.0.12 255.255.255.252 192.168.0.10
Router(config)#ip route 192.168.3.0 255.255.255.0 192.168.0.5
Router(config)#ip route 192.168.2.0 255.255.255.0 fastEthernet 0/0
```

从上面的命令可以看出，去 192.168.0.12 网络，路由器 R1 只需将数据包发送到地址 192.168.0.10 即可，而去 192.168.2.0 网络，路由器 R1 只需将数据包从自己的 F0/0 接口发送出去即可。

步骤 3 查看路由表。

这里以路由器 R1 为例，查看这台路由器的路由表信息，判断静态路由的设置是否正确。

```
Router#show  ip route
Codes: C - connected, S - static, I - IGRP, R - RIP, M - mobile, B - BGP
       D - EIGRP, EX - EIGRP external, O - OSPF, IA - OSPF inter area
       N1 - OSPF NSSA external type 1, N2 - OSPF NSSA external type 2
       E1 - OSPF external type 1, E2 - OSPF external type 2, E - EGP
       i - IS-IS, L1 - IS-IS level-1, L2 - IS-IS level-2, ia - IS-IS inter area
       * - candidate default, U - per-user static route, o - ODR
       P - periodic downloaded static route
Gateway of last resort is not set

     192.168.0.0/30 is subnetted, 3 subnets
C       192.168.0.4 is directly connected, Serial0/0/0
C       192.168.0.8 is directly connected, FastEthernet0/0
S       192.168.0.12 [1/0] via 192.168.0.10
C       192.168.1.0/24 is directly connected, FastEthernet0/1
S       192.168.2.0/24 is directly connected, FastEthernet0/0
S       192.168.3.0/24 [1/0] via 192.168.0.5
```

在上面的显示结果中，“S”表示此路由条目为静态路由，即由管理员设置；标记“C”的路由条目为直连路由，此路由只要设置好路由器接口地址并启用，路由表中就会自动添加上此条路由信息。

（4）配置默认路由。

默认路由也是一种静态路由，作用是当对 IP 数据包中的目的地址找不到相应路由时，路由器会使用默认路由转发数据包。默认路由一般会指向另一台路由器，而这台路由器也会同样处理数据包，即如果有对应的路由，则数据包会根据对应路由进行转发；否则，数据包按照默认路由进行转发。当网络中存在末梢网络时，默认路由的使用可以简化路由器的配置，减轻管理员的工作负担，提高网络性能。下面通过修改图 5-9 所示拓扑图中路由器 R1 的静态路由配置来学习默认路由的配置。

为了演示默认路由，先用命令将前面配置的静态路由删除，命令如下：

```
Router(config)#no ip route 192.168.2.0 255.255.255.0 fastEthernet 0/0
Router(config)#no ip route 192.168.0.12 255.255.255.252 192.168.0.10
Router(config)#no ip route 192.168.3.0 255.255.255.0 192.168.0.5
```

建立默认路由，命令如下：

```
Router(config)#ip route 0.0.0.0 0.0.0.0 192.168.0.10
Router(config)#ip route 0.0.0.0 0.0.0.0 192.168.0.5 30
```

上面的默认路由中目的网络地址和子网掩码都为 0.0.0.0，表示任意数据包都匹配这条路由。第二条配置命令中最后加了一个参数 30，此参数为 Metric 值，此值越大，表示此路由优先级越低，因此，上面配置的两条默认路由中正常情况下起作用的只有第一条，只有当拓扑中 R1 和 R2 之间的以太网链路出现问题时，第二条才会启用，这也可以通过路由看出，结果如下所示。

```
Router#show  ip route
Codes: C - connected, S - static, I - IGRP, R - RIP, M - mobile, B - BGP
       D - EIGRP, EX - EIGRP external, O - OSPF, IA - OSPF inter area
       N1 - OSPF NSSA external type 1, N2 - OSPF NSSA external type 2
       E1 - OSPF external type 1, E2 - OSPF external type 2, E - EGP
       i - IS-IS, L1 - IS-IS level-1, L2 - IS-IS level-2, ia - IS-IS inter area
       * - candidate default, U - per-user static route, o - ODR
       P - periodic downloaded static route
Gateway of last resort is 192.168.0.10 to network 0.0.0.0

     192.168.0.0/30 is subnetted, 2 subnets
C       192.168.0.4 is directly connected, Serial0/0/0
C       192.168.0.8 is directly connected, FastEthernet0/0
C    192.168.1.0/24 is directly connected, FastEthernet0/1
S*   0.0.0.0/0 [1/0] via 192.168.0.10                //默认路由
```

带标记“S*”的表示此路由为默认路由，可以看出当前只有一条默认路由，而另一条 Metric 值设置为 30 的并没有显示。如果将图 5-9 所示拓扑图中 R1 和 R2 之间的以太网链路断掉再查看路由表，则可以发现默认路由已经换了，所以利用 Metric 值可以将静态路由设定为备份路由，从而提高路由的可靠性，结果如下所示。

```
Router#show  ip route
Codes: C - connected, S - static, I - IGRP, R - RIP, M - mobile, B - BGP
       D - EIGRP, EX - EIGRP external, O - OSPF, IA - OSPF inter area
       N1 - OSPF NSSA external type 1, N2 - OSPF NSSA external type 2
       E1 - OSPF external type 1, E2 - OSPF external type 2, E - EGP
       i - IS-IS, L1 - IS-IS level-1, L2 - IS-IS level-2, ia - IS-IS inter area
       * - candidate default, U - per-user static route, o - ODR
       P - periodic downloaded static route
Gateway of last resort is 192.168.0.5 to network 0.0.0.0

     192.168.0.0/30 is subnetted, 1 subnets
```

```
C        192.168.0.4 is directly connected, Serial0/0/0
C     192.168.1.0/24 is directly connected, FastEthernet0/1
S*    0.0.0.0/0 [30/0] via 192.168.0.5          //此默认路由已发生变化
```

5.5　项目实施：利用静态路由实现网络互联

根据 5.1 节的项目描述，下面通过在思科 Cisco Packet Tracer 软件上模拟组建一个简化的网络来完整描述本章所涉及的配置过程和内容。

1. 项目任务

（1）为东校区网络中心组建网络。

（2）配置静态路由，实现办公生活区的用户能够访问学校的服务器。

2. 网络拓扑

网络中心简化拓扑如图 5-12 所示。

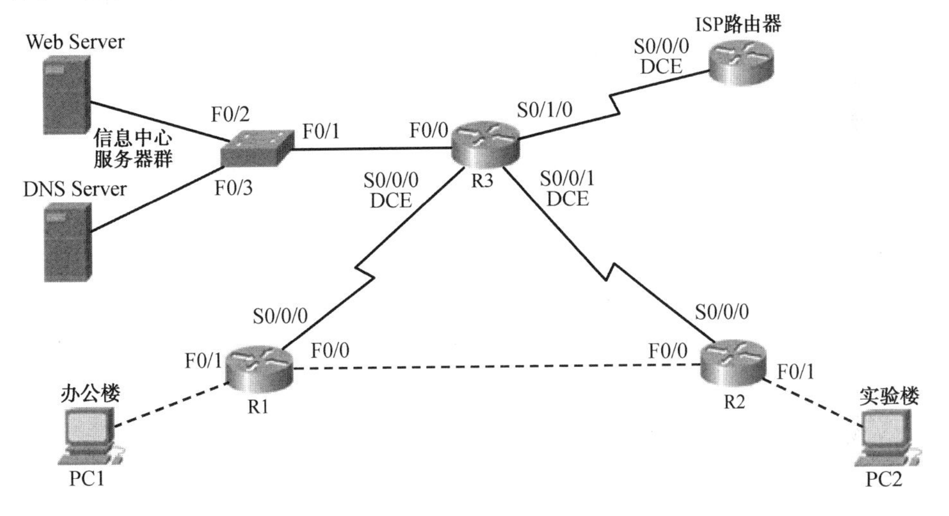

图 5-12　网络中心简化拓扑

3. 配置参数

计算机 IP 参数规划见表 5-3。

表 5-3　计算机 IP 参数规划表

设备名称	IP 地址	网关	DNS 地址
PC1	192.168.11.1/24	192.168.11.254	192.168.23.253
PC2	192.168.14.1/24	192.168.14.254	192.168.23.253
Web Server	192.168.23.1/24	192.168.23.254	192.168.23.253
DNS Server	192.168.23.253/24	192.168.23.254	192.168.23.253

路由器接口 IP 参数规划见表 5-4。

表 5-4　路由器接口 IP 参数规划表

设 备 名 称	接 口 名 称	IP 地 址
路由器 R1	F0/0	192.168.0.9/30
	F0/1	192.168.11.254/24
	S0/0/0	192.168.0.6/30
路由器 R2	F0/0	192.168.0.10/30
	F0/1	192.168.14.254/24
	S0/0/0	192.168.0.14/30
路由器 R3	F0/0	192.168.23.254/24
	S0/0/0	192.168.0.5/30
	S0/0/1	192.168.0.13/30
	S0/1/0	200.10.10.2/30
ISP 路由器	S0/0/0	200.10.10.1/30

4. 操作过程

步骤 1　配置计算机。

根据表 5-3 配置计算机和服务器的 IP 参数，并且检查服务器是否开启 Web 服务。

① 配置 Web Server 的 IP 参数。

配置内容如图 5-13 所示。

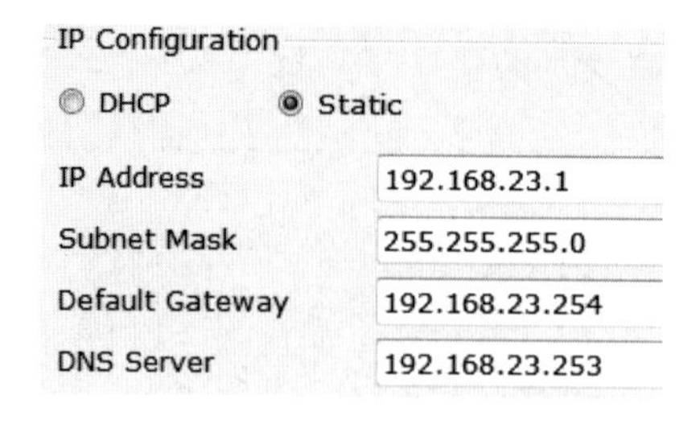

图 5-13　配置 Web Server 的 IP 参数

DNS Server、PC1、PC2 的 IP 参数配置不再重复，请读者根据表 5-3 的内容自行配置。

② 配置 Web Server 的 Web 服务。

在 Cisco Packet Tracer 模拟器中单击拓扑图上的“Web Server”服务器图标，在打开的窗口中选择“Config”标签，再选择“SERVICES”模块组件中的“HTTP”，然后在右边窗口中选择“HTTP”中的“On”单选按钮，即可打开 Web 服务器，如图 5-14 所示。

③ 配置 DNS Server 的 DNS 服务。

在 Cisco Packet Tracer 模拟器中单击拓扑图上的“DNS Server”服务器图标，在打开的窗口中选择“Config”标签，再选择“SERVICES”模块组件中的“DNS”，然后在右边窗口中选择“DNS Service”中的“On”单选按钮。

开启 DNS 服务后，再添加相关资源记录，在“Name”中填写“www.abc.edu.cn”，在“Address”中填写“192.168.23.1”，这条记录是用来解析 Web Server 的，用户可以直接用“www.abc.edu.cn”对 Web Server 进行访问，如图 5-15 所示。完成后单击“Add”按钮完成配置，结果如图 5-16

所示。

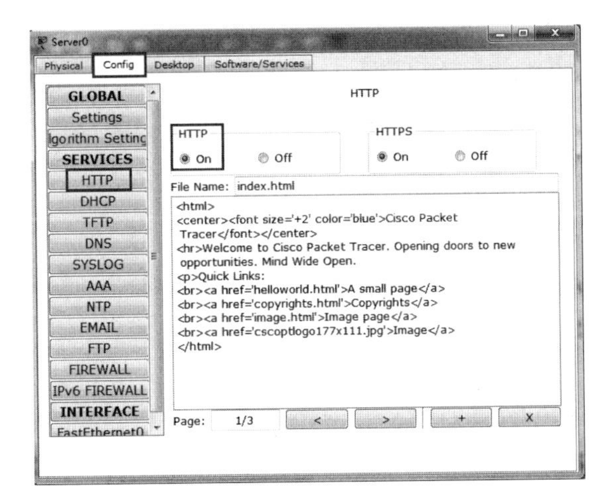

图 5-14 启用 Web Server 的 Web 服务

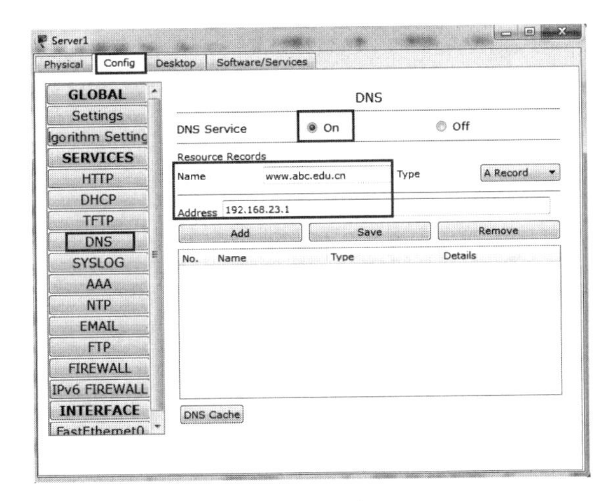

图 5-15 配置 DNS Server 的 DNS 服务

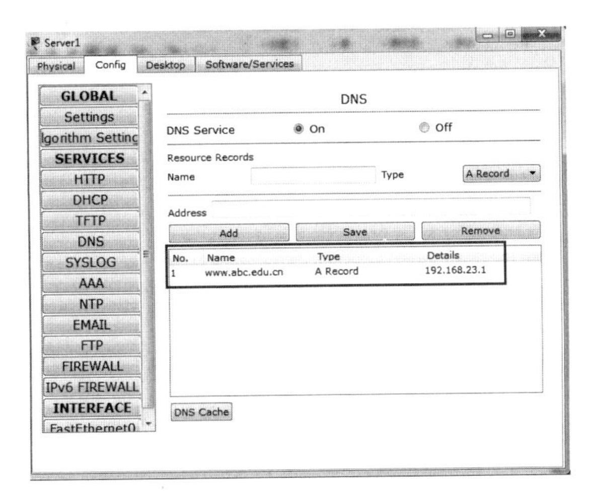

图 5-16 DNS 服务配置结果

步骤 2　配置路由器的接口参数。

① 配置路由器 R1 的接口参数。

配置 F0/0 接口的 IP 参数：

```
Router>enable
Router#configure terminal
Router(config)#interface fastEthernet 0/0
Router(config-if)#ip address 192.168.0.9 255.255.255.252
Router(config-if)#no shutdown
```

配置 F0/1 接口的 IP 参数：

```
Router(config)#interface fastEthernet 0/1
Router(config-if)#ip address 192.168.11.254 255.255.255.0
Router(config-if)#no shutdown
```

配置 S0/0/0 接口的 IP 参数：

```
Router(config)#interface serial 0/0/0
Router(config-if)#ip address 192.168.0.6 255.255.255.252
Router(config-if)#no shutdown
```

② 配置路由器 R2 的接口参数。

配置 F0/0 接口的 IP 参数：

```
Router>enable
Router#configure terminal
Router(config)#interface fastEthernet 0/0
Router(config-if)#ip address 192.168.0.10 255.255.255.252
Router(config-if)#no shutdown
```

配置 F0/1 接口的 IP 参数：

```
Router(config)#interface fastEthernet 0/1
Router(config-if)#ip address 192.168.14.254 255.255.255.0
Router(config-if)#no shutdown
```

配置 S0/0/0 接口的 IP 参数：

```
Router(config)#interface serial 0/0/0
Router(config-if)#ip address 192.168.0.14 255.255.255.252
Router(config-if)#no shutdown
```

③ 配置路由器 R3 的接口参数。

配置 F0/0 接口的 IP 参数：

```
Router>enable
Router#configure terminal
Router(config)#interface fastEthernet 0/0
Router(config-if)#ip address 192.168.23.254 255.255.255.0
Router(config-if)#no shutdown
```

配置 S0/0/0 接口的 IP 参数：

```
Router(config)#interface s0/0/0
Router(config-if)#ip address 192.168.0.5 255.255.255.252
Router(config-if)#clock rate 128000
Router(config-if)#no shutdown
```

配置 S0/0/1 接口的 IP 参数：

```
Router(config)#interface s0/0/1
Router(config-if)#ip address 192.168.0.13 255.255.255.252
Router(config-if)#clock rate 128000
Router(config-if)#no shutdown
```

配置 S0/1/0 接口的 IP 参数：

```
Router(config)#interface s0/1/0
Router(config-if)#ip address 200.10.10.2 255.255.255.252
Router(config-if)#no shutdown
```

④ 配置 ISP 路由器的接口参数。

配置 S0/0/0 接口的 IP 参数：

```
Router(config)#interface s0/0/0
Router(config-if)#ip address 200.10.10.1 255.255.255.252
Router(config-if)#clock rate 128000
Router(config-if)#no shutdown
```

由于是在模拟器上完成的，所以在配置完所有接口后，可以通过在路由器上利用 ping 命令测试相邻两接口之间是否可以通信，来判断接口的配置是否正确，从而可以避免由于接口配置的不正确而影响后续的配置，例如，在 R1 上测试与 R3 的通信情况如下：

```
Router#ping 192.168.0.5


Type escape sequence to abort.
Sending 5, 100-byte ICMP Echos to 192.168.0.5, timeout is 2 seconds:
!!!!!          //每个感叹号表示成功发送一个数据包，共发送了 5 个数据包
Success rate is 100 percent (5/5), round-trip min/avg/max = 1/17/72
```

步骤 3　配置路由器的静态路由。

① 配置路由器 R1 的路由。

```
Router(config)#ip route 192.168.23.0 255.255.255.0 s0/0/0
Router(config)#ip route 192.168.14.0 255.255.255.0 f0/0
Router(config)#ip route 192.168.0.12 255.255.255.252 f0/0
Router(config)#ip route 0.0.0.0 0.0.0.0 192.168.0.10
Router(config)#ip route 0.0.0.0 0.0.0.0 192.168.0.5 30
```

② 配置路由器 R2 的路由。

```
Router(config)#ip route 192.168.23.0 255.255.255.0 f0/0
Router(config)#ip route 192.168.11.0 255.255.255.0 f0/0
Router(config)#ip route 192.168.0.4 255.255.255.252 f0/0
Router(config)#ip route 0.0.0.0 0.0.0.0 192.168.0.9
Router(config)#ip route 0.0.0.0 0.0.0.0 192.168.0.13 30
```

③ 配置路由器 R3 的路由。

```
Router(config)#ip route 192.168.11.0 255.255.255.0 s0/0/0
Router(config)#ip route 192.168.14.0 255.255.255.0 s0/0/1
Router(config)#ip route 192.168.0.8 255.255.255.252 s0/0/1
Router(config)#ip route 0.0.0.0 0.0.0.0 200.10.10.1
```

步骤 4 查看路由表。

① 查看路由器 R1 的路由表。

简要显示如下：

```
Gateway of last resort is 192.168.0.10 to network 0.0.0.0

        192.168.0.0/30 is subnetted, 3 subnets
C       192.168.0.4 is directly connected, Serial0/0/0
C       192.168.0.8 is directly connected, FastEthernet0/0
S       192.168.0.12 is directly connected, FastEthernet0/0
C       192.168.11.0/24 is directly connected, FastEthernet0/1
S       192.168.14.0/24 is directly connected, FastEthernet0/0
S       192.168.23.0/24 is directly connected, Serial0/0/0
S*      0.0.0.0/0 [1/0] via 192.168.0.10
```

② 查看路由器 R2 的路由表。

简要显示如下：

```
Gateway of last resort is 192.168.0.9 to network 0.0.0.0
        192.168.0.0/30 is subnetted, 3 subnets
S          192.168.0.4 is directly connected, FastEthernet0/0
C          192.168.0.8 is directly connected, FastEthernet0/0
C          192.168.0.12 is directly connected, Serial0/0/0
S       192.168.11.0/24 is directly connected, FastEthernet0/0
C       192.168.14.0/24 is directly connected, FastEthernet0/1
S       192.168.23.0/24 is directly connected, FastEthernet0/0
S*      0.0.0.0/0 [1/0] via 192.168.0.9
```

③ 查看路由器 R3 的路由表。

简要显示如下：

```
Gateway of last resort is 200.10.10.1 to network 0.0.0.0
```

```
        192.168.0.0/30 is subnetted, 3 subnets
C          192.168.0.4 is directly connected, Serial0/0/0
S          192.168.0.8 is directly connected, Serial0/0/1
C          192.168.0.12 is directly connected, Serial0/0/1
S       192.168.11.0/24 is directly connected, Serial0/0/0
S       192.168.14.0/24 is directly connected, Serial0/0/1
C       192.168.23.0/24 is directly connected, FastEthernet0/0
        200.10.10.0/30 is subnetted, 1 subnets
C          200.10.10.0 is directly connected, Serial0/1/0
S*      0.0.0.0/0 [1/0] via 200.10.10.1
```

步骤 5 测试。

在 PC1 和 PC2 上分别用 www.abc.edu.cn 的域名访问 Web 服务器，结果如图 5-17 所示，表明 PC 可以通过 DNS 服务器访问 Web 服务器。读者还可以自行在 ISP 路由器上配置指向 R3 的静态路由，这样就可以实现计算机与 ISP 路由器之间的通信。

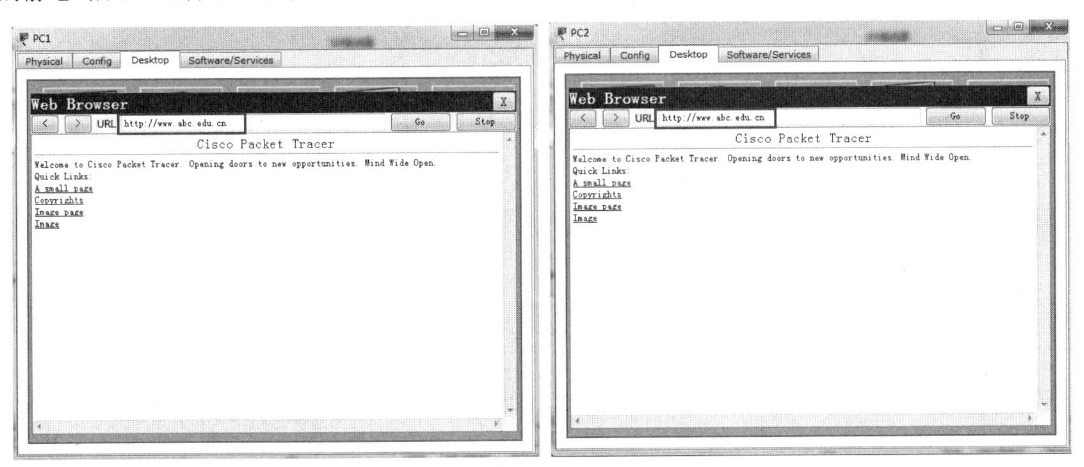

图 5-17 访问 Web 服务器的结果

5.6 练习题

实训 静态路由配置

实训目的：

- 掌握静态路由配置。
- 掌握默认静态路由配置。

网络拓扑：

实验拓扑如图 5-18 所示。

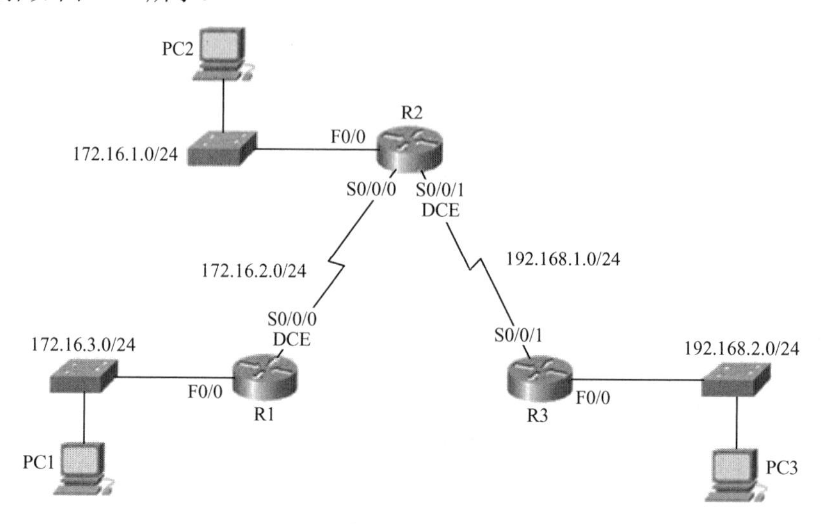

图 5-18　实验拓扑图

实训内容：

（1）根据表 5-5 对设备进行 IP 地址参数配置。

表 5-5　地址表

设备名称	接　口	IP 地　址	子网掩码	默认网关
R1	Fa0/0	172.16.3.1	255.255.255.0	无
	S0/0/0	172.16.2.1	255.255.255.0	无
R2	Fa0/0	172.16.1.1	255.255.255.0	无
	S0/0/0	172.16.2.2	255.255.255.0	无
	S0/0/1	192.168.1.2	255.255.255.0	无
R3	F0/0	192.168.2.1	255.255.255.0	无
	S0/0/1	192.168.1.1	255.255.255.0	无
PC1	网卡	172.16.3.10	255.255.255.0	172.16.3.1
PC2	网卡	172.16.1.10	255.255.255.0	172.16.1.1
PC3	网卡	192.168.2.10	255.255.255.0	192.168.2.1

（2）执行路由器基本配置。

① 在每台路由器上配置如下内容。

- hostname
- no ip domain-lookup
- enable secret

② 在每台路由器上配置控制台口令和虚拟终端线路口令。

- password
- login

③ 使用下一跳地址的方式在路由器上配置静态路由，目的是使整个网络能够通信。

- ip route 目的网络地址 目的网络子网掩码 下一跳地址

④ 在 R1 和 R3 上使用默认路由替代第③条配置的静态路由。

- ip route 0.0.0.0 0.0.0.0 下一跳地址或出接口

⑤ 查看路由信息。

- show ip route

第6章 利用 RIP 实现网络互联

第 5 章讲述了利用静态路由方式实现网络互联，但在实际应用中，由于网络规模比较大，完全通过静态路由方式会导致日常维护困难，所以在大型网络中，往往采用动态路由方式来实现不同网络之间的互联。本章及下一章内容将介绍 RIP 的应用。

6.1 项目导入

1. 项目描述

随着项目的推进，小张发现校园网规模越来越大，用户数量迅速增加，并且需要将不同部门、不同功能的设备规划在不同的网络中。为了保证这些网络之间能相互访问，如果仍然利用静态路由方式，则路由表的配置难度和路由条目数量将大大增加，并且网络拓扑发生变化时，网络管理员对路由调整的工作量也急剧上升。为了避免这种情况的发生，王师傅告诉小张可以利用动态路由协议来替换静态路由，局域网中常用的动态路由协议是 RIP 和 OSPF，他让小张先学习 RIP 如何在网络上应用。

校园网结构如图 6-1 所示。

2. 项目任务

- 学习 RIP 的基本概念。
- 掌握 RIP 的基本配置方法。
- 利用 RIP 实现办公生活区的用户能够访问学校的服务器。

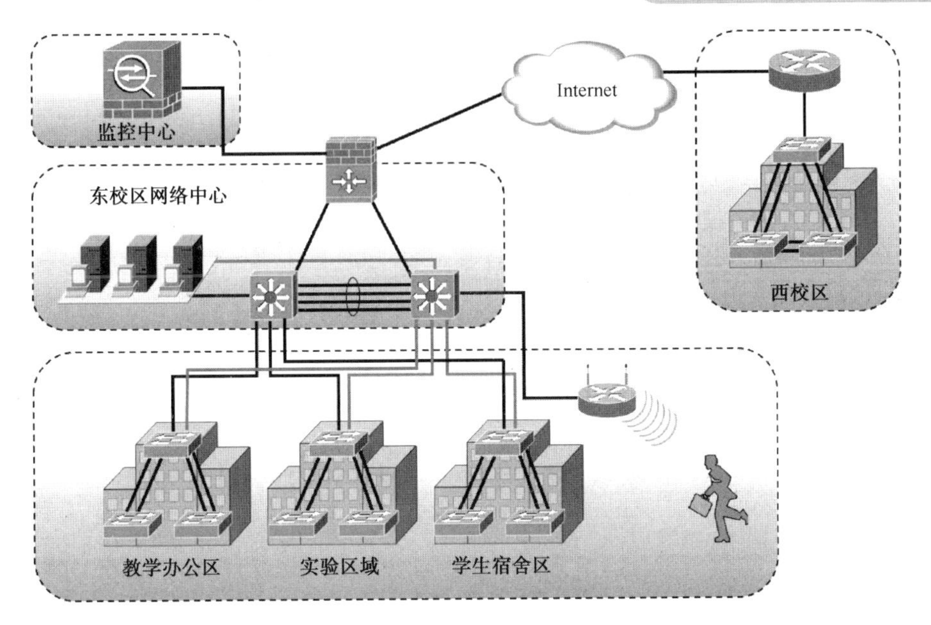

图 6-1 校园网结构

6.2 任务 1 学习 RIP 基本知识

动态路由表的内容是通过相互连接的路由器之间交换彼此信息，然后根据一定的算法运算出来的。这些路由表的内容在网络发生变化时也会进行更新，以适应不断变化的网络。为了实现 IP 分组的高效寻路，IETF 制定了多种寻路协议，其中用于自治系统内部网关协议（IGP）的有开放式最短路径优先（OSPF）协议和路由信息协议（RIP）；用于自治系统之间的有外部网络路由协议（BGP）等，本书主要介绍内部网关协议 RIP 和 OSPF。

1. RIP 简介

RIP（Routing Information Protocol，路由信息协议）是应用较早、使用较普遍的一种内部网关协议（Interior Gateway Protocol，IGP），适用于小型同类网络一个自治系统内的路由信息的传递。RIP 基于距离矢量算法（Distance Vector Algorithms，DVA）。

RIP 被定义为距离矢量路由协议，而距离矢量路由协议的根本特征就是自己的路由表是完全从其相邻路由器学来的，并且将收到的路由条目一丝不变地放进自己的路由表，所以 RIP 并不完全了解整个网络，对于路由是否正确及目标是否可达也全然不知。

2. RIP 术语

（1）metric 值。

利用 RIP 计算最佳路由时使用跳数作为 metric 值，跳数就是到达目标网络所需要经过的路由器个数，因为直连网络不需要经过任何路由器，所以直连网络的 metric 值为 0。RIP 所支持网络的最大跳数为 15，也就是说 metric 值最大为 15。跳数大于 15 的路由将被 RIP 认为目标不可达，所以 RIP 只适用于小型网络。

（2）管理距离。

RIP 的管理距离为 120。管理距离的作用是不同路由协议之间的比较。例如，OSPF 的管理距离为 110，EIGRP 的管理距离为 90，如果一台路由器运行了多个路由协议，则对于同一个目的网络，每个路由协议都会计算出一条相应路由，这时路由器就会选择管理距离最短的路由协议产生的路由。

（3）传输协议。

RIP 将路由信息封装到端口号为 520 的 UDP 数据包中，从运行 RIP 进程的路由器接口上发送出去，版本 1 的 RIP 使用广播地址 255.255.255.255 为目的地址进行发送，而版本 2 的 RIP 使用组播地址为目的地址进行发送。

（4）RIP 版本。

目前，RIP 共有 3 个版本，分别为 RIPv1、RIPv2 和 RIPng，其中，RIPv1 和 RIPv2 用于 IPv4 的网络环境里，RIPng 用于 IPv6 的网络环境里。

（5）RIP 运行的几个时间。

无论是 RIPv1 还是 RIPv2，都会每隔 30s 将自己的路由表向网络中发送，通过这种路由更新方式保证网络的路由有效性。如果某台路由器路由表中的路由超过 180s 还没有再次收到路由更新，则此路由将被标记为不可用。如果连续 240s 仍然没收到路由更新，则将此路由从路由表中删除。

3. RIPv1 和 RIPv2 的主要特点

RIP 有两个版本，在发送路由更新时同样也分为两个版本。如果在配置 RIP 时没有指定版本，则运行 RIP 的路由器默认可以同时接收任意一个版本的路由更新，但路由器默认只发送 RIPv1 版本的路由更新。

因为 RIP 发送的路由更新，任何运行 RIP 的路由器都可以接收，所以为了安全，RIP 可以进行加密更新，但只有 RIPv2 版本才可以启用明文或 MD5 加密认证。

由于 RIPv1 版本的路由更新中不包含子网掩码，会将收到的路由自动汇总为主类网络，所以 RIPv1 在使用上有很多限制。RIPv2 版本在发送路由更新时，将相应的子网掩码一起发送，RIPv2 能够支持 CIDR 和 VLSM 功能，但 RIPv2 默认也会自动汇总，只不过该功能可以手工关闭。RIP 也支持手工汇总路由信息，但手工汇总也是有条件限制的。需要明确说明的是，汇总针对发送出去的路由，也就是其他路由器会接收到汇总的路由。

由于 RIPv1 版本限制较多，目前基本被淘汰，RIPv1 和 RIPv2 两个版本的区别见表 6-1。

表 6-1 RIPv1 和 RIPv2 的区别

功 能	RIPv1	RIPv2
VLSM 和 CIDR	不支持	支持
更新方式	广播	组播
IP 类别	有类别路由协议	无类别路由协议
认证	不支持	明文或 MD5 认证
更新中是否带子网信息	不带	带

4. RIP 路由环路

在网络拓扑发生变化时，由于 RIP 更新机制的原因，路由更新传递延迟，导致路由收敛缓慢或产生错误路由条目，此时就会发生路由环路问题。路由环路会导致用户的数据包在网络上不停地循环发送，最终造成网络资源的严重浪费。在交换网络中，使用 STP 解决交换环路的问题，而 RIP 路由环路必须采用多种方法来解决，主要有以下 6 种方法。

（1）定义最大值。

为了避免路由更新延时造成环路，RIP 定义了 metric 的最大值为 16。也就是说，同一条路由更新信息可以在路由器上传送 15 次，一旦达到最大值 16，就视为网络不可到达，存在故障，将不再接收来自访问该网络的任何路由更新信息。

（2）水平分割。

一种消除路由环路并加快网络收敛的方法是通过“水平分割”技术实现的。其规则就是路由器从一个接口接收到了一条路由更新后，不会再将此更新从此接口发送出去。

（3）路由毒化。

定义 metric 的最大值在一定程度上解决了路由环路问题，但并不彻底，在达到最大值之前，路由环路还是存在的。使用路由毒化可以彻底解决这个问题。其原理是这样的：假设有 3 台路由器，当路由器 A 发现网络 192.168.1.0 出现故障无法访问时，路由器 A 便向相邻的路由器发送相关路由更新信息，并且将 metric 值标为无穷大。路由器 B 收到毒化消息后将该路由表项标记为无穷大，表示该路由已经失效，并且向相邻的其他路由器通告。通过这种方式依次通知各个路由器 192.168.1.0 网络已经失效，不再接收更新信息，从而避免了路由环路。

（4）毒性逆转。

综合说明，当路由器 B 看到到达网络 192.168.1.0 的度量值为无穷大的时候，就发送一个叫做毒性逆转的更新信息给路由器 A，说明 192.168.1.0 网络不可到达，从而保证所有的路由器都接收到了毒化的路由信息，但这种方式破坏了水平分割，是一种特例。

（5）抑制计时器。

抑制计时器用于阻止定期更新的消息在不恰当的时间内重置一个已经无效的路由。抑制计时器告诉路由器把可能影响路由的任何改变暂时保持一段时间，抑制时间通常比更新信息发送到整个网络的时间要长。例如，当路由器从邻居接收到网络不可到达的更新后，就将该路由标记为不可访问，并且启动一个抑制计时器。如果再次收到从邻居发送来的更新信息，并且包含一个更好度量值的路由，就用此路由替代原路由并取消抑制计时器。如果在抑制计时器超时之前从不同邻居收到的更新信息包含的度量值比以前的更差，则更新将被忽略，从而可以有更长的时间让更新信息传遍整个网络。

（6）触发更新。

正常情况下，路由器会定期将路由表发送给邻居路由器，而触发更新就是在路由变化时立刻发送路由更新信息，使整个网络上的路由器在最短时间内收到更新信息，从而加快收敛速度。但这样也存在问题，有可能包含更新信息的数据包丢失或被损坏，其他路由器没能及时收到更新而造成路由环路。为了解决这个问题，需要利用结合抑制时间的触发更新。抑制规则要求，一旦发生路由无效的触发更新，则在抑制时间内，到达同一目的、有同样或更差度量值的其他路由将会被忽略，从而触发更新将有时间传遍整个网络，进而避免了已经损坏的路由重新插入已经收到触发更新的邻居中，也就解决了路由环路问题。

6.3 任务 2 利用 RIP 实现网络互联

1. 学习情境

小张在学习了 RIP 的相关知识后，准备通过实践操作来学习 RIP 的配置方法，王师傅给了小张一张拓扑图，让他在该拓扑图上进行 RIP 配置学习。

2. 学习配置命令

常用的 RIP 配置命令如下。

（1）启用和关闭 RIP。

启用 RIP：**router rip**

关闭 RIP：**no router rip**

（2）配置路由版本。

```
version 1 或 2
```

由于版本 1 基本被淘汰，后面的介绍主要以版本 2 为主。

（3）关闭路由自动汇总。

```
no auto-summary
```

说明：默认情况下路由汇总是开启的，建议关闭此功能，因为此功能有可能造成路由不正确。

（4）宣告网络信息。

```
network  <与路由器直连的网络号>
```

说明：宣告的网络号必须为主网络号，不能是子网络号。

（5）引入默认路由。

```
default-information originate
```

（6）配置被动接口。

```
passive-interface <接口>
```

3. 操作过程

（1）搭建网络拓扑。

网络拓扑如图 6-2 所示，请读者根据拓扑图在模拟器上搭建网络拓扑。

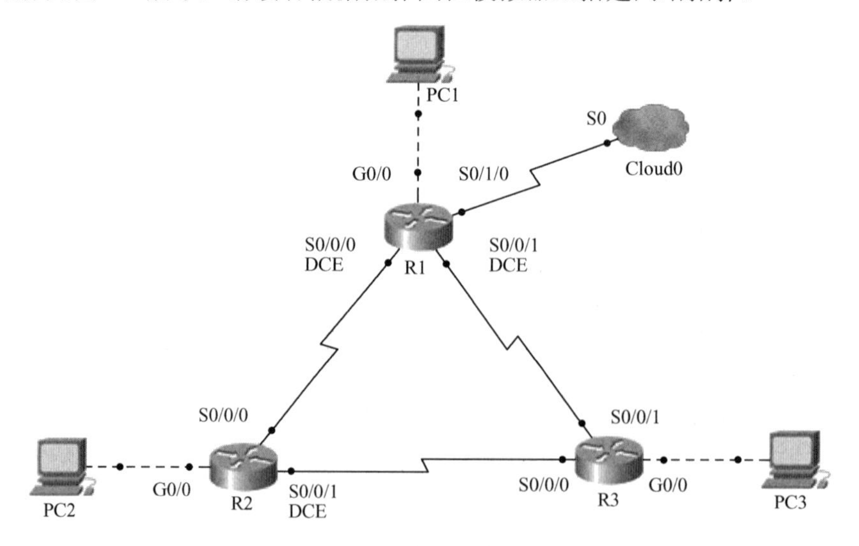

图 6-2　网络拓扑图

设备地址分配如表 6-2 所示。

表 6-2 设备地址分配表

设备名称	接口名称	IP 地址
PC1	网卡	172.18.1.1/24
PC2	网卡	172.18.2.1/24
PC3	网卡	172.18.3.1/24
R1	G0/0	172.18.1.2/24
	S0/0/0	172.16.123.1/30
	S0/0/1	172.16.123.6/30
	S0/1/0	100.0.0.1/24
R2	G0/0	172.18.2.2/24
	S0/0/0	172.16.123.2/30
	S0/0/1	172.16.123.9/30
R3	G0/0	172.18.3.2/24
	S0/0/0	172.16.123.10/30
	S0/0/1	172.16.123.5/30

（2）配置计算机的 IP 地址。

根据表 6-2 分配地址，图 6-3 所示为配置 PC1 的 IP 地址示例，按相同方法配置图 6-2 所示网络拓扑中其他计算机的 IP 地址。

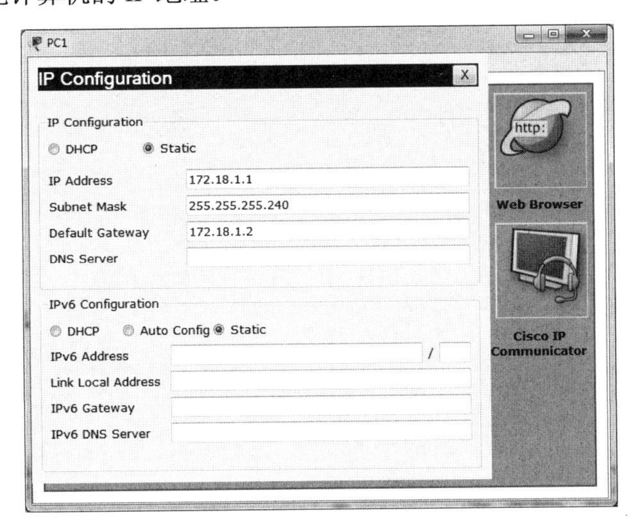

图 6-3 配置 PC1 的 IP 地址

（3）配置路由器的接口地址。

步骤 1 配置 R1 的接口地址。

```
R1>enable
R1#configure terminal
```

```
R1(config)#interface GigabitEthernet0/0
R1(config)#ip address 172.18.1.2 255.255.255.0
R1(config)#no shutdown
R1(config)#interface Serial 0/0/0
R1(config)#ip address 172.16.123.1 255.255.255.252
R1(config)#no shutdown
R1(config)#interface Serial 0/0/1
R1(config)#ip address 172.16.123.6 255.255.255.252
R1(config)#no shutdown
R1(config)#interface Serial0/1/0
R1(config)#ip address 100.0.0.1    255.255.255.0
R1(config)#no shutdown
```

步骤 2　配置 R2 的接口地址。

```
R2>enable
R2#configure terminal
R2(config)#interface GigabitEthernet 0/0
R2(config)#ip address 172.18.2.2 255.255.255.0
R2(config)#no shutdown
R2(config)#interface Serial0/0/0
R2(config)#ip address 172.16.123.2 255.255.255.252
R2(config)#no shutdown
R2(config)#interface Serial0/0/1
R2(config)#ip address 172.16.123.9 255.255.255.252
R2(config)#no shutdown
```

步骤 3　配置 R3 的接口地址。

```
R3>enable
R3#configure terminal
R3(config)#interface GigabitEthernet t0/0
R3(config)# ip address 172.18.3.2 255.255.255.0
R3(config)#no shutdown
R3(config)#interface Serial0/0/0
R3(config)#ip address 172.16.123.10 255.255.255.252
R3(config)#no shutdown
R3(config)#interface Serial0/0/1
R3(config)#ip address 172.16.123.5 255.255.255.252
R3(config)#no shutdown
```

步骤 4　测试相邻设备的连通性。

利用 ping 命令测试相邻设备的连通性，检查 IP 地址的配置是否正确，相邻设备之间应该能够相互通信，此步骤请读者自行操作。

（4）使用 RIPv1 进行配置。

步骤 1　配置 R1。

```
R1(config)#router rip                    //启动 RIP
R1(config)#version 1                     //启用版本 1
```

```
R1(config)#network 172.16.0.0          //宣告接口所连的 172.16.0.0 网络
R1(config)#network 172.18.0.0          //宣告接口所连的 172.18.0.0 网络
```

注意，在宣告网络号时，由于 RIP 只认主网络号，不认子网号，因此在输入命令时只需输入主网络号，如果输入了子网号，路由器则会自动更改为主网络号。

步骤 2　配置 R2。

```
R2(config)#router rip                  //启动 RIP
R2(config)#version 1                   //启用版本 1
R2(config)#network 172.16.0.0          //宣告接口所连的 172.16.0.0 网络
R2(config)#network 172.18.0.0          //宣告接口所连的 172.18.0.0 网络
```

步骤 3　配置 R3。

```
R3(config)#router rip                  //启动 RIP
R3(config)#version 1                   //启用版本 1
R3(config)#network 172.16.0.0          //宣告接口所连的 172.16.0.0 网络
R3(config)#network 172.18.0.0          //宣告接口所连的 172.18.0.0 网络
```

步骤 4　测试。

在计算机上利用 ping 命令测试是否能够与其他计算机通信，这里以 PC1 为例，从图 6-4 中可以看出 PC1 无法与另外两台计算机通信，其他计算机上的测试读者可以自行进行，但结果都是无法通信。

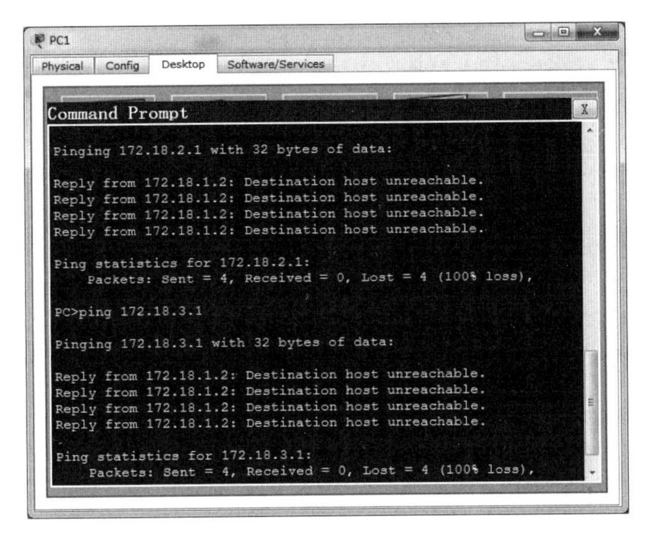

图 6-4　PC1 上的测试

原因分析，首先查看 3 台路由器的路由表。

查看 R1 的路由信息：

```
R1#show  ip route
Codes: L - local, C - connected, S - static, R - RIP, M - mobile, B - BGP
D - EIGRP, EX - EIGRP external, O - OSPF, IA - OSPF inter area
N1 - OSPF NSSA external type 1, N2 - OSPF NSSA external type 2
E1 - OSPF external type 1, E2 - OSPF external type 2, E - EGP
i - IS-IS, L1 - IS-IS level-1, L2 - IS-IS level-2, ia - IS-IS inter area
```

```
* - candidate default, U - per-user static route, o - ODR
P - periodic downloaded static route

Gateway of last resort is not set

172.16.0.0/16 is variably subnetted, 5 subnets, 2 masks
C 172.16.123.0/30 is directly connected, Serial0/0/0
L 172.16.123.1/32 is directly connected, Serial0/0/0
C 172.16.123.4/30 is directly connected, Serial0/0/1
L 172.16.123.6/32 is directly connected, Serial0/0/1
R 172.16.123.8/30    [120/1] via 172.16.123.2, 00:00:22, Serial0/0/0
                     [120/1] via 172.16.123.5, 00:00:07, Serial0/0/1
172.18.0.0/16 is variably subnetted, 2 subnets, 2 masks
C 172.18.1.0/24 is directly connected, GigabitEthernet0/0
L 172.18.1.2/32 is directly connected, GigabitEthernet0/0
```

查看 R2 的路由信息：

```
R2#show    ip route
Codes: L - local, C - connected, S - static, R - RIP, M - mobile, B - BGP
D - EIGRP, EX - EIGRP external, O - OSPF, IA - OSPF inter area
N1 - OSPF NSSA external type 1, N2 - OSPF NSSA external type 2
E1 - OSPF external type 1, E2 - OSPF external type 2, E - EGP
i - IS-IS, L1 - IS-IS level-1, L2 - IS-IS level-2, ia - IS-IS inter area
* - candidate default, U - per-user static route, o - ODR
P - periodic downloaded static route

Gateway of last resort is not set

172.16.0.0/16 is variably subnetted, 5 subnets, 2 masks
C 172.16.123.0/30 is directly connected, Serial0/0/0
L 172.16.123.2/32 is directly connected, Serial0/0/0
R 172.16.123.4/30    [120/1] via 172.16.123.1, 00:00:18, Serial0/0/0
                     [120/1] via 172.16.123.10, 00:00:06, Serial0/0/1
C 172.16.123.8/30 is directly connected, Serial0/0/1
L 172.16.123.9/32 is directly connected, Serial0/0/1
172.18.0.0/16 is variably subnetted, 2 subnets, 2 masks
C 172.18.2.0/24 is directly connected, GigabitEthernet0/0
L 172.18.2.2/32 is directly connected, GigabitEthernet0/0
```

查看 R3 的路由信息：

```
R3#show    ip route
Codes: L - local, C - connected, S - static, R - RIP, M - mobile, B - BGP
D - EIGRP, EX - EIGRP external, O - OSPF, IA - OSPF inter area
N1 - OSPF NSSA external type 1, N2 - OSPF NSSA external type 2
E1 - OSPF external type 1, E2 - OSPF external type 2, E - EGP
i - IS-IS, L1 - IS-IS level-1, L2 - IS-IS level-2, ia - IS-IS inter area
* - candidate default, U - per-user static route, o - ODR
```

```
P - periodic downloaded static route

Gateway of last resort is not set

172.16.0.0/16 is variably subnetted, 5 subnets, 2 masks
R 172.16.123.0/30    [120/1] via 172.16.123.6, 00:00:17, Serial0/0/1
                     [120/1] via 172.16.123.9, 00:00:08, Serial0/0/0
C 172.16.123.4/30 is directly connected, Serial0/0/1
L 172.16.123.5/32 is directly connected, Serial0/0/1
C 172.16.123.8/30 is directly connected, Serial0/0/0
L 172.16.123.10/32 is directly connected, Serial0/0/0
172.18.0.0/16 is variably subnetted, 2 subnets, 2 masks
C 172.18.3.0/24 is directly connected, GigabitEthernet0/0
L 172.18.3.2/32 is directly connected, GigabitEthernet0/0
```

下面分析无法通信的原因：

通过查看路由器的路由表可以看出，每台路由器上只有 1 条 RIP 路由，而通过图 6-2 网络拓扑及前面的配置可以分析出，每台路由器上的路由表中应该有 3 条 RIP，而目前却只有 1 条，所以路由器的路由表不完整导致计算机之间无法通信。原因很简单，因为 RIPv1 版本不支持变长子网掩码，无法完整地传递子网信息，而拓扑中的 IP 地址都是子网地址，因此可以看出 RIPv1 只能用于有类型网络。

（5）使用 RIPv2 进行配置。

由于使用 RIPv1 无法实现图 6-2 所示拓扑所要求的功能，所以下面使用 RIPv2 对图 6-2 所示的拓扑进行配置，计算机和路由接口的 IP 地址配置此处不再重复。

步骤 1　删除已配置的 RIPv1。

在 3 台路由器上使用 no route rip 命令可以关闭 RIP 路由功能，以 R1 为例：

```
R1>enable
R1#configure terminal
R1(config)#no route rip                 //关闭 RIP 路由功能
```

完成关闭命令后再查看路由表会发现只剩下直连路由。

```
Router#show ip route
……此处省略部分内容

Gateway of last resort is not set

172.16.0.0/16 is variably subnetted, 4 subnets, 2 masks
C 172.16.123.0/30 is directly connected, Serial0/0/0
L 172.16.123.1/32 is directly connected, Serial0/0/0
C 172.16.123.4/30 is directly connected, Serial0/0/1
L 172.16.123.6/32 is directly connected, Serial0/0/1
172.18.0.0/16 is variably subnetted, 2 subnets, 2 masks
C 172.18.1.0/24 is directly connected, GigabitEthernet0/0
L 172.18.1.2/32 is directly connected, GigabitEthernet0/0
```

步骤 2 配置 R1。

```
R1>enable
R1#configure terminal
R1(config)#router rip
R1(config-router)#version 2                    //设定为 RIPv2 版本
R1(config-router)#network 172.16.0.0
R1(config-router)# network 172.18.0.0
```

步骤 3 配置 R2。

```
R2(config)#router rip
R2(config-router)#version 2                    //设定为 RIPv2 版本
R2(config-router)#network 172.16.0.0
R2(config-router)# network 172.18.0.0
```

步骤 4 配置 R3。

```
R3(config)#router rip
R3(config-router)#version 2                    //设定为 RIPv2 版本
R3(config-router)#network 172.16.0.0
R3(config-router)# network 172.18.0.0
```

步骤 5 路由汇总。

从上面的配置可以看出，使用 RIPv2 配置与使用 RIPv1 基本相同，只是在版本选择上有区别，下面再看一下路由表的情况，以 R1 为例。

```
R1#show ip route
……此处省略部分内容

Gateway of last resort is not set

172.16.0.0/16 is variably subnetted, 5 subnets, 2 masks
C 172.16.123.0/30 is directly connected, Serial0/0/0
L 172.16.123.1/32 is directly connected, Serial0/0/0
C 172.16.123.4/30 is directly connected, Serial0/0/1
L 172.16.123.6/32 is directly connected, Serial0/0/1
R 172.16.123.8/30 [120/1] via 172.16.123.2, 00:00:02, Serial0/0/0
[120/1] via 172.16.123.5, 00:00:20, Serial0/0/1
172.18.0.0/16 is variably subnetted, 3 subnets, 3 masks
R 172.18.0.0/16 [120/1] via 172.16.123.2, 00:00:02, Serial0/0/0      //汇总后的路由
C 172.18.1.0/24 is directly connected, GigabitEthernet0/0
L 172.18.1.2/32 is directly connected, GigabitEthernet0/0
```

从拓扑图可以知道去往 172.18.0.0 应该有两条路径，其实这两条路径中的一条是去 PC2 的，另一条是去 PC3 的，但该路由表中却没能区分出来，因此在 PC1 上测试与 PC2 或 PC3 的通信时会发现通信不稳定，总有数据包丢失现象，如图 6-5 所示。

```
Command Prompt

C:\>ping 172.18.2.1

Pinging 172.18.2.1 with 32 bytes of data:

Request timed out.
Reply from 172.18.2.1: bytes=32 time=1ms TTL=126
Reply from 172.18.2.1: bytes=32 time=1ms TTL=126
Reply from 172.18.2.1: bytes=32 time=3ms TTL=126

Ping statistics for 172.18.2.1:
    Packets: Sent = 4, Received = 3, Lost = 1 (25% loss),
Approximate round trip times in milli-seconds:
    Minimum = 1ms, Maximum = 3ms, Average = 1ms

C:\>ping 172.18.2.1

Pinging 172.18.2.1 with 32 bytes of data:

Request timed out.
Request timed out.
Request timed out.
Request timed out.

Ping statistics for 172.18.2.1:
    Packets: Sent = 4, Received = 0, Lost = 4 (100% loss),
```

图 6-5　PC1 上的测试结果

为什么会出现这种现象呢？原因很简单，思科路由器默认进行了路由汇总，由 RIP 生成的路由项会自动汇总，路由表中只给出主网络的路由条目，所以导致路由表不正确。只需在配置 RIP 时关闭自动汇总即可，以 R1 为例，命令如下：

```
R1(config)#router rip
R1(config-router)#no auto-summary            //关闭自动汇总
```

在 R2 和 R3 上做同样的操作，再查看路由表信息，R1 路由表信息如下所示。可以看出原先去 172.18.0.0 的路由条目变成了两条分别去 172.18.2.0 和 172.18.3.0 的路由条目，此时再进行测试就会发现计算机之间的通信很正常了。

```
R1#show ip route
……此处省略部分内容

Gateway of last resort is not set

172.16.0.0/16 is variably subnetted, 5 subnets, 2 masks
C 172.16.123.0/30 is directly connected, Serial0/0/0
L 172.16.123.1/32 is directly connected, Serial0/0/0
C 172.16.123.4/30 is directly connected, Serial0/0/1
L 172.16.123.6/32 is directly connected, Serial0/0/1
R 172.16.123.8/30 [120/1] via 172.16.123.2, 00:00:14, Serial0/0/0
[120/1] via 172.16.123.5, 00:00:06, Serial0/0/1
172.18.0.0/16 is variably subnetted, 5 subnets, 3 masks
R 172.18.0.0/16 [120/2] via 172.16.123.2, 00:00:14, Serial0/0/0
C 172.18.1.0/24 is directly connected, GigabitEthernet0/0
L 172.18.1.2/32 is directly connected, GigabitEthernet0/0
R 172.18.2.0/24 [120/1] via 172.16.123.2, 00:00:14, Serial0/0/0     //关闭汇总后产生的路由
R 172.18.3.0/24 [120/1] via 172.16.123.5, 00:00:06, Serial0/0/1     //关闭汇总后产生的路由
```

另外两台路由器的操作和计算机之间的测试请读者自行进行，这里不再演示。

（6）将默认路由引入 RIP。

在图 6-2 中，路由器 R1 的接口 S0/1/0 连接外部网络，内部网络需要通过此接口访问外部网络。在配置过程中需要在路由器 R1 上配置一条指向外部网络的默认路由，然后再将此默认路由引入 RIP 中传送给内部网络中的其他路由器，实现内部网络中的所有设备都可以访问外部网络。下面的配置只需在路由器 R1 上进行。

步骤 1 配置默认路由。

```
R1(config)#ip route 0.0.0.0 0.0.0.0 s0/1/0
```

步骤 2 引入默认路由。

```
R1(config)#router rip
R1(config-router)#default-information originate    //引入默认路由
```

步骤 3 在路由器 R2 和 R3 上查看路由表。

以路由器 R2 为例查看路由表内容。

```
R2#show ip route
……此处省略部分内容

Gateway of last resort is 172.16.123.1 to network 0.0.0.0

172.16.0.0/16 is variably subnetted, 5 subnets, 2 masks
C 172.16.123.0/30 is directly connected, Serial0/0/0
L 172.16.123.2/32 is directly connected, Serial0/0/0
R 172.16.123.4/30 [120/1] via 172.16.123.1, 00:00:03, Serial0/0/0
[120/1] via 172.16.123.10, 00:00:24, Serial0/0/1
C 172.16.123.8/30 is directly connected, Serial0/0/1
L 172.16.123.9/32 is directly connected, Serial0/0/1
172.18.0.0/16 is variably subnetted, 4 subnets, 2 masks
R 172.18.1.0/24 [120/1] via 172.16.123.1, 00:00:03, Serial0/0/0
C 172.18.2.0/24 is directly connected, GigabitEthernet0/0
L 172.18.2.2/32 is directly connected, GigabitEthernet0/0
R 172.18.3.0/24 [120/1] via 172.16.123.10, 00:00:24, Serial0/0/1
R* 0.0.0.0/0 [120/1] via 172.16.123.1, 00:00:03, Serial0/0/0    //引入默认路由
```

上面“R*”条目表示的就是引入的默认路由，需要访问外部网络时可以利用此路由将数据包发送给路由器 R1。

（7）配置被动接口。

在路由器 R1、R2 和 R3 中，根据配置内容，RIP 路由更新也会从连接计算机的接口发送出去，而这些发送的路由更新对计算机没有任何意义，所以这些操作只会造成资源浪费。为了改变这种状况，可以配置被动接口，使接口只接收路由更新，但不发送路由更新。下面以路由器 R1 为例进行演示，根据图 6-2 所示的拓扑可知，需要把 G0/0 接口配置为被动接口。

```
R1(config)#router rip
R1(config-router)#passive-interface gigabitEthernet 0/0    //将 G0/0 接口配置为被动接口
```

其他路由器的配置，请读者自行操作。

6.4 项目实施：利用动态路由实现网络互联

根据 6.1 节的项目描述，通过在思科 Cisco Packet Tracer 软件上模拟组建一个简化的网络来完整描述本章所涉及的配置过程和内容。

1. 项目任务

（1）为东校区网络中心组建网络。

（2）配置静态路由，建立办公生活区用户能够访问学校的服务器。

2. 网络拓扑

网络中心简化拓扑如图 6-6 所示。

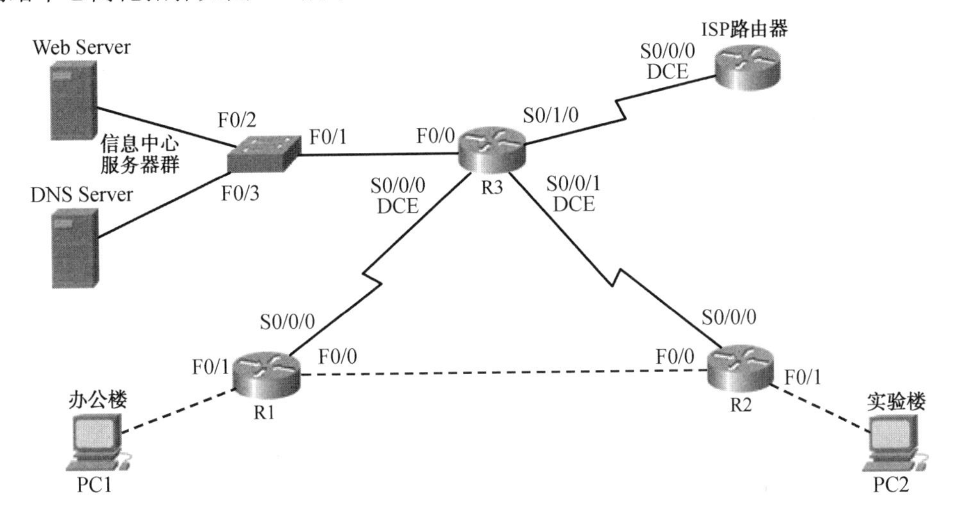

图 6-6 网络中心简化拓扑图

3. 配置参数

计算机 IP 参数规划见表 6-3。

表 6-3 计算机 IP 参数规划表

设备名称	IP 地址	网关	DNS 地址
PC1	192.168.11.1/24	192.168.11.254	192.168.23.253
PC2	192.168.14.1/24	192.168.14.254	192.168.23.253
Web Server	192.168.23.1/24	192.168.23.254	192.168.23.253
DNS Server	192.168.23.253/24	192.168.23.254	192.168.23.253

路由器接口 IP 参数规划见表 6-4。

表 6-4 路由器接口 IP 参数规划表

设备名称	接口名称	IP 地址
路由器 R1	F0/0	192.168.0.9/30
	F0/1	192.168.11.254/24

续表

设备名称	接口名称	IP 地址
路由器 R1	S0/0/0	192.168.0.6/30
路由器 R2	F0/0	192.168.0.10/30
	F0/1	192.168.14.254/24
	S0/0/0	192.168.0.14/30
路由器 R3	F0/0	192.168.23.254/24
	S0/0/0	192.168.0.5/30
	S0/0/1	192.168.0.13/30
	S0/1/0	200.10.10.2/30
ISP 路由器	S0/0/0	200.10.10.1/30

4. 操作过程

由于本节中的拓扑结构、地址参数和环境要求与第 5 章中的项目实施是一样的，所以此处不再重复配置，读者可根据第 5 章的相关内容自行配置，后面直接以动态路由配置为主。

步骤 1 配置 RIP 路由。

（1）配置路由器 R1。

```
R1(config)#router rip
R1(config-router)#version 2
R1(config-router)#network 192.168.11.0
R1(config-router)#network 192.168.0.0
R1(config-router)#no auto-summary
```

（2）配置路由器 R2。

```
R2(config)#router rip
R2(config-router)#version 2
R2(config-router)#network 192.168.14.0
R2(config-router)#network 192.168.0.0
R2(config-router)#no auto-summary
```

（3）配置路由器 R3。

```
R3(config)#router rip
R3(config-router)#version 2
R3(config-router)#network 192.168.23.0
R3(config-router)#network 192.168.0.0
R3(config-router)#no auto-summary
R3(config)#ip route 0.0.0.0 0.0.0.0 200.10.10.1          //配置默认路由指向外部网络
R3(config)#router rip
R3(config-router)#default-information originate         //默认路由重分布
```

默认路由重分布的作用就是将默认路由作为 RIP 信息发布给其他路由器。

步骤 2　查看路由表。

（1）查看路由器 R1 的路由表。

简要显示如下：

```
Gateway of last resort is 192.168.0.5 to network 0.0.0.0
     192.168.0.0/30 is subnetted, 3 subnets
C        192.168.0.4 is directly connected, Serial0/0/0
C        192.168.0.8 is directly connected, FastEthernet0/0
R        192.168.0.12 [120/1] via 192.168.0.10, 00:00:03, FastEthernet0/0
                      [120/1] via 192.168.0.5, 00:00:20, Serial0/0/0
C     192.168.11.0/24 is directly connected, FastEthernet0/1
R     192.168.14.0/24 [120/1] via 192.168.0.10, 00:00:03, FastEthernet0/0
R     192.168.23.0/24 [120/1] via 192.168.0.5, 00:00:20, Serial0/0/0
R*    0.0.0.0/0 [120/1] via 192.168.0.5, 00:00:20, Serial0/0/0
```

最后一条标记为“**R***”的路由条目是通过路由器 R3 以 RIP 信息的方式传递过来的默认路由信息，此默认路由信息指向路由器 R3。

（2）查看路由器 R2 的路由表。

简要显示如下：

```
Gateway of last resort is 192.168.0.13 to network 0.0.0.0
     192.168.0.0/30 is subnetted, 3 subnets
R        192.168.0.4 [120/1] via 192.168.0.9, 00:00:00, FastEthernet0/0
                     [120/1] via 192.168.0.13, 00:00:17, Serial0/0/0
C        192.168.0.8 is directly connected, FastEthernet0/0
C        192.168.0.12 is directly connected, Serial0/0/0
R     192.168.11.0/24 [120/1] via 192.168.0.9, 00:00:00, FastEthernet0/0
C     192.168.14.0/24 is directly connected, FastEthernet0/1
R     192.168.23.0/24 [120/1] via 192.168.0.13, 00:00:17, Serial0/0/0
R*    0.0.0.0/0 [120/1] via 192.168.0.13, 00:00:17, Serial0/0/0
```

（3）查看路由器 R3 的路由表。

简要显示如下：

```
Gateway of last resort is 200.10.10.1 to network 0.0.0.0
     192.168.0.0/30 is subnetted, 3 subnets
C        192.168.0.4 is directly connected, Serial0/0/0
R        192.168.0.8 [120/1] via 192.168.0.6, 00:00:24, Serial0/0/0
                     [120/1] via 192.168.0.14, 00:00:25, Serial0/0/1
C        192.168.0.12 is directly connected, Serial0/0/1
R     192.168.11.0/24 [120/1] via 192.168.0.6, 00:00:24, Serial0/0/0
R     192.168.14.0/24 [120/1] via 192.168.0.14, 00:00:25, Serial0/0/1
C     192.168.23.0/24 is directly connected, FastEthernet0/0
     200.10.10.0/30 is subnetted, 1 subnets
C        200.10.10.0 is directly connected, Serial0/1/0
S*    0.0.0.0/0 [1/0] via 200.10.10.1
```

步骤 3 测试。

在 PC1 和 PC2 上分别用 www.abc.edu.cn 的域名访问 Web 服务器，结果如图 6-7 所示，表明 PC 可以通过 DNS 服务器访问 Web 服务器了。

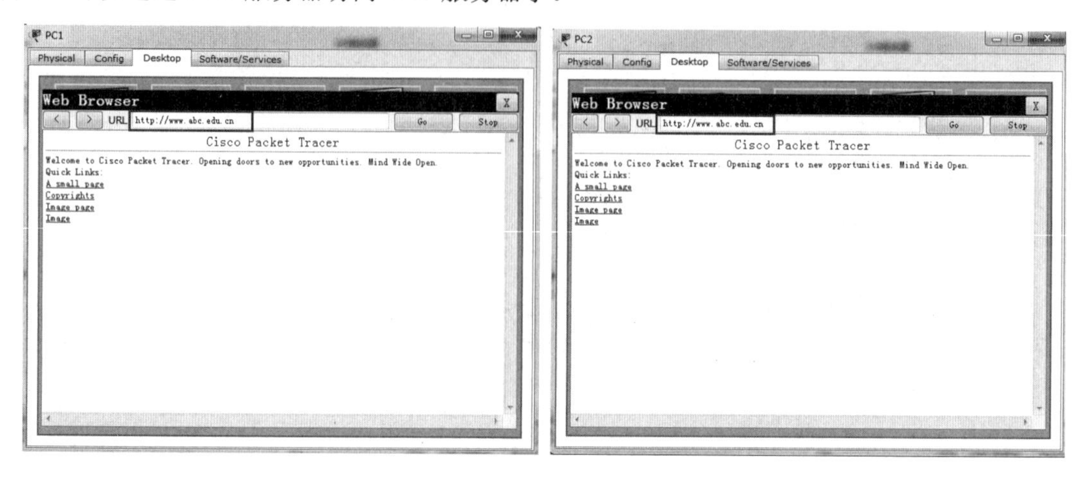

图 6-7 访问 Web 服务器的结果

6.5 练习题

实训 RIP 的应用

实训目的：

掌握 RIP 的使用方法。

网络拓扑：

实验拓扑如图 6-8 所示。

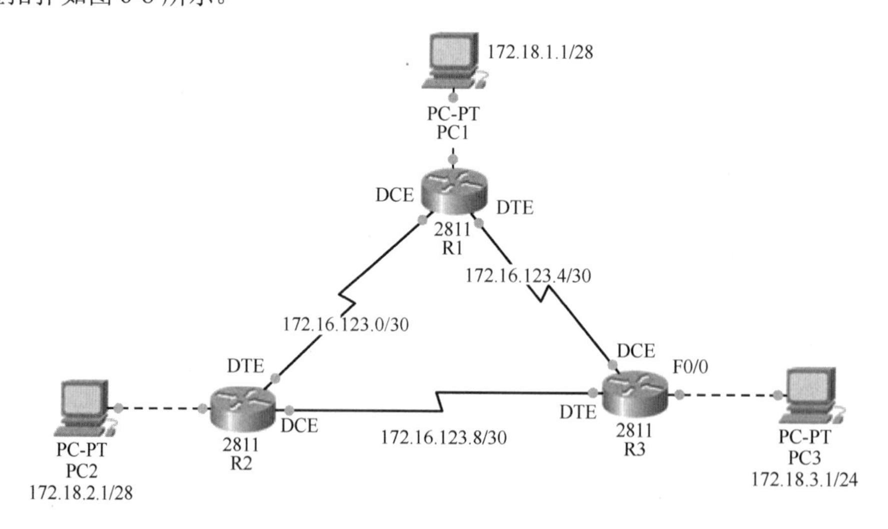

图 6-8 实验拓扑图

实训内容：

（1）根据图上的内容配置 IP 参数。

（2）利用 RIP2 配置动态路由。

（3）测试 RIP2 路由是否正确。

（4）利用 show ip route 命令查看路由表。

第7章 利用OSPF实现网络互联

第6章讲述了利用RIP实现网络互联，但RIP只适用于规模较小的网络，并且在网络发生变化时收敛速度较慢，所以在规模较大的网络中，往往采用OSPF来实现路由任务。本章通过校园网来介绍OSPF路由技术的应用。

7.1 项目导入

1. 项目描述

在学习了RIP的应用后，小张开始学习OSPF路由技术的应用，了解OSPF的基本原理和配置方式，并且比较OSPF与RIP的主要区别。

校园网结构如图7-1所示。

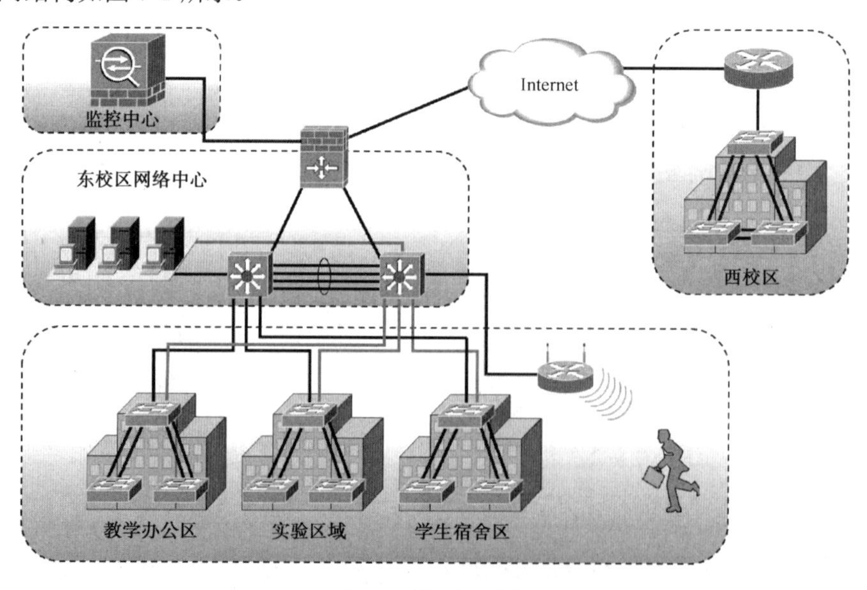

图7-1 校园网结构

2. 项目任务

- 学习 OSPF 的基本概念。
- 掌握 OSPF 的基本配置方式。
- 利用 OSPF 实现办公生活区的用户能够访问学校服务器。

7.2 任务 1 学习 OSPF 路由协议基本知识

7.2.1 OSPF 路由协议简介

OSPF（Open Shortest Path First，开放式最短路径优先）是一个内部网关协议，用于在单一自治系统（AS）内决策路由，是链路状态路由协议的一种实现方式，故运用于自治系统内部，基于著名的 Dijkstra 算法计算最短路径。与 RIP 相比，OSPF 是链路状态协议，而 RIP 是距离矢量协议。

OSPF 是由 IETF 开发的，使用上不受任何厂商限制，所有人都可以使用。OSPF 对网络没有跳数限制，支持 CIDR 和 VLSM。OSPF 没有路由自动汇总功能，但可以手动进行路由汇总，并且没有任何条件限制，可以汇总到任意长度的掩码。OSPF 产生的路由管理距离为 110，并且只支持等价负载均衡。

OSPF 不会周期性地更新路由表，而是采用增量更新，即只在路由有变化时，才会发送更新，并且只发送有变化的路由信息。OSPF 设置了路由刷新时间，当某条路由达到刷新时间阈值时，该路由就会产生一次更新，默认时间为 1800s，所以也可以认为 OSPF 路由的定期更新周期默认为 30min。

与 RIP 产生路由方式不同，OSPF 是典型的链路状态路由协议，路由器之间交换的不是路由表，而是链路状态。OSPF 利用所知网络中所有的链路状态信息，根据 SPF 算法计算当前路由器到达每个网络的精确路径。

7.2.2 OSPF 路由协议常用术语

（1）Router-ID。

每个运行 OSPF 路由协议的路由器都需定义一个身份，相当于人的名字，这就是 Router-ID，并且 Router-ID 在网络中绝对不可以有重名，否则路由器收到链路状态，无法确定发起者的身份，也就无法通过链路状态信息确定网络位置。OSPF 路由器发出的链路状态都会写上自己的 Router-ID，可以理解为该链路状态的签名，不同路由器产生的链路状态签名绝不会相同。

确定 Router-ID 的方法如下。

- 手动指定 Router-ID。
- 路由器上如果没有手动指定 Router-ID，但启用了 Loopback 接口，则选择其中 IP 地址最大的作为 Router-ID。
- 如果没有启用的 Loopback 接口，则选择物理接口 IP 地址中最大的作为 Router-ID。

（2）Cost 值。

OSPF 路由协议是通过 Cost 值来判断如何在多条路由中选择一条合适路由的。OSPF 使用接口的带宽来计算 Cost 值，如果路由器要经过两个接口才能到达目标网络，则这两个接口的 Cost 值要累加起来，所以 OSPF 路由器计算到达目标网络的 Cost 值时必须将沿途中所有接口的 Cost 值累加起来。累加时，只计算出接口，不计算进接口。带宽越高，Cost 值越小，则相应的路径越优先被选择。OSPF 路由器会自动计算接口上的 Cost 值，也可以手动指定该接口的 Cost 值，手动指定的 Cost 值优先于自动计算的值。通过 Cost 值，可以执行负载均衡，最多允许 6 条链路同时执行负载均衡。

（3）链路状态（Link-State，LSA）。

链路状态（LSA）就是 OSPF 路由器接口上的描述信息，如接口上的 IP 地址、子网掩码、网络类型、Cost 值等。OSPF 路由器之间交换的并不是路由表，而是链路状态（LSA）。OSPF 路由器通过获得网络中所有链路状态信息而计算出到达每个目标的精确路径。OSPF 路由器会将自己所有的链路状态毫无保留地发给邻居，邻居将收到的链路状态全部放入链路状态数据库（Link-State Database），再将这些发给自己的所有邻居。通过这样的过程，最终网络中所有 OSPF 路由器都拥有网络的链路状态，所有路由器通过链路状态都能描绘出相同的网络拓扑图。

（4）OSPF 区域。

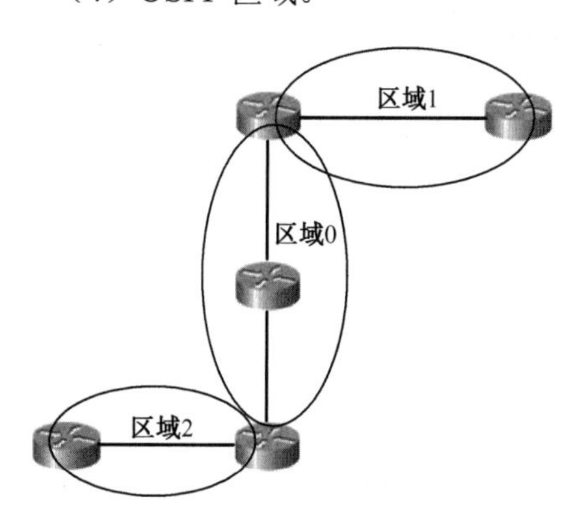

图 7-2　OSPF 区域

因为 OSPF 路由器之间会将所有的链路状态相互交换，所以当网络规模达到一定程度时，LSA 将形成一个庞大的数据库，这就势必会给 OSPF 的计算带来巨大压力；为了能够降低 OSPF 计算的复杂程度，OSPF 采用分区域计算方法，将网络中所有 OSPF 路由器划分成不同的区域，每个区域负责各自区域精确的 LSA 传递与路由计算，然后再将一个区域的 LSA 简化和汇总之后转发到另外一个区域，因此在区域内部，路由器拥有网络精确的 LSA，而在不同区域之间，则传递简化的 LSA。注意：一般在划分区域时，区域 0 作为骨干区域必须创建，如图 7-2 所示。区域 0 就像是一个中转站，其他区域需要交换 LSA 只能先交给区域 0，再由区域 0 进行转发，其他区域之间无法互相转发 LSA。OSPF 区域是基于路由器的接口划分的，而不是基于整台路由器，一台路由器可以属于单个区域，也可以属于多个区域，如图 7-2 所示，有的路由器既属于区域 0 又属于区域 1。

如果一台 OSPF 路由器的所有接口都属于同一个区域，那么这台路由器就称为内部路由器（Internal Router，IR）；如果一台 OSPF 路由器属于多个区域，即该路由器的接口分布在不同区域，那么这台路由器就称为区域边界路由器（Area Border Router，ABR），ABR 可以将一个区域的 LSA 汇总后转发至另一个区域；如果一台 OSPF 路由器将外部路由协议重分布进 OSPF，那么这台路由器就称为自治系统边界路由器（Autonomous System Boundary Router，ASBR），但是如果只是将 OSPF 重分布进其他路由协议，则不能称为 ASBR。

（5）邻居。

如果 OSPF 路由器之间需要交换 LSA，则必须先形成邻居关系，OSPF 通过发送 Hello 包来建立和维护邻居关系。Hello 包会在启动了 OSPF 的路由器接口上周期性地发送，在不同的网络中，发送 Hello 包的间隔也会不同。当超过 4 倍的 Hello 间隔时间（Dead 时间）后还没有收到邻居的 Hello 包时，邻居关系将被断开。

两台 OSPF 路由器之间必须满足以下 4 个条件，才能形成 OSPF 邻居：

- 属于相同的 OSPF 区域。
- Hello 时间和 Dead 时间必须一致。
- 必须配置相同的认证密码。
- 路由器之间的末节标签必须一致，即处在相同的末节区域内。

（6）邻接。

根据前面的介绍，OSPF 路由器之间如果需要交换 LSA，则相互之间必须从邻居关系升级为邻接关系。邻居关系之间只交换 Hello 包，而邻接关系之间不仅交换 Hello 包，还要交换 LSA。

（7）DR 和 BDR。

DR 和 BDR 的主要目的是为了减少网络中传送的 LSA 数量。在一个多路访问网段中，如果所有路由器的每两台之间都相互交换 LSA，那么该网段将充满众多 LSA 条目。为了能够减少网段中 LSA 的数量，在一个多路访问网段中选择一台路由器为 DR（Designated Router），网段中的其他 OSPF 路由器都和 DR 互换 LSA。经过一段时间后，DR 就会拥有所有的 LSA，DR 会将这些 LSA 转发给网段中的其他路由器，从而减少了网段中的 LSA 数量。除了选举出 DR 之外，还会选举出一台路由器作为 DR 的备份，称为 BDR（Backup Designated Router），BDR 在 DR 不可用时代替 DR 的工作。其他路由器都被称为 DROther，实际上 DROther 除了和 DR 互换 LSA 之外，还会和 BDR 互换 LSA。

DR 和 BDR 是通过网络中所有路由器根据一定的规则选举产生的，这里要注意的是，只有在广播和非广播的多路访问网络中才会进行 DR 和 BDR 的选举，并且 DR 是针对接口的，一台路由器属于不同的网段，则此路由器有可能既是 DR 也是 DROther。DR 和 BDR 的选举规则如下。

① 比较接口优先级。

比较同一网段中所有路由器接口的优先级，优先级数字越大，表示优先级别越高，拥有最高接口优先级的路由器为 DR，次优先级的为 BDR。接口优先级范围为 0～255，默认为 1，优先级为 0 表示不参与选举 DR 和 BDR。

② Route-ID 的大小。

在没有配置的情况下，路由器接口的优先级都相同。在这种情况下，通过路由器的 Route-ID 来选举，Route-ID 最大的为 DR，其次是 BDR。

DROther 利用组播地址 224.0.0.6 向 DR 和 BDR 发送 LSA，而 DR 和 BDR 利用组播地址 224.0.0.5 向所有路由器发送 LSA。

（8）Router-ID。

正常情况下路由器的 Router-ID 会决定 DR 和 BDR 的选举，管理员也可以通过 Router-ID 来人为指定合适的路由器担任 DR 和 BDR，所以 Router-ID 的确定方式就比较重要。Router-ID 的确定方式有 3 种：

- 根据路由器的物理接口确定 Router-ID。
- 根据路由器的环回接口确定 Router-ID。
- 手动指定 Router-ID。

当 OSPF 启动时，路由器选择所有物理接口中 IP 地址数值最大的担任 Router-ID，但当路由器配置了环回接口时，则使用环回接口中 IP 地址数值最大的作为路由器的 Router-ID。这里要注意的是，如果路由器已经有了 Router-ID，则在配置好环回接口后，并不会立即改变当前的 Router-ID，需要重启路由器或在路由器上删除 OSPF 后再重新创建它。管理员还可以利用命令直接配置路由器的 Router-ID，并且不需要重启路由器就能生效。

（9）OSPF 的数据包。

OSPF 路由器实现邻居建立、LSA 交换、路由表计算都需要不同的数据包交换信息，主要有以下 5 种类型的数据包。

① Hello 数据包。

Hello 数据包用来建立和维护 OSPF 邻居，以及 DR 和 BDR 的选举。

② Database Description Packets（DBD，链路状态数据库表述数据包）。

LSA 的基本描述信息相当于 LSA 的目录信息，邻居根据此信息确认自己需要哪些信息。

③ Link State Request（LSR，链路状态请求）。

邻居在看完发来的 LSA 描述信息（DBD）后，如果有自己不知道的信息，则发送 LSR 请求邻居发送相应的 LSA。

④ Link State Update（LSU，链路状态更新）。

当邻居收到其他路由器发来的 LSA 请求（LSR）之后，根据对方请求的 LSA，将相应的 LSA 内容完整地发送给邻居。

⑤ Link State Acknowledgment Packet（LSAck，链路状态确认数据包）。

当路由器收到邻居发给自己的 LSA 后，返回此数据包进行确认。

收到的 LSA 最后会组织成链路状态数据库（Link State DataBase，LSDB）保存在路由器中，OSPF 利用算法根据 LSDB 的内容计算出路由表。

（10）OSPF 的网络类型。

在 OSPF 中，网络类型会影响配置方式，所以需要对网络类型有一个基本认识，其主要特点见表 7-1。

表 7-1　OSPF 网络类型的主要特点

网 络 类 型	Hello 时间	是否选举 DR 和 BDR	邻居建立方式
点到点（Point-to-Point）	10s	否	自动
点到多点（Point-to-Multipoint）	30s	否	自动
广播（Broadcast ）	10s	是	自动
非广播（Non-Broadcast ）	30s	是	手动
点到多点非广播（Point-to-Multipoint Non-Broadcast）	30s	否	手动

7.3　任务 2　实现 OSPF 配置

1. 学习情境

小张在学习了 OSPF 的相关知识后，准备通过实践操作来学习 OSPF 的配置方法，王师傅让小张利用学习 RIP 配置的拓扑图进行 OSPF 的配置操作。

2. 学习配置命令

常用的 OSPF 配置命令如下。

① 启用和关闭 OSPF 路由协议。

启用 OSPF 路由协议：router ospf <进程号>

关闭 OSPF 路由协议：no router ospf <进程号>

说明：进程号的范围是 1～65 535，一台路由器可开启多个 OSPF 进程，进程号用于区分在同一路由器上运行的不同 OSPF 进程，只对本地有效，不同路由器可以使用不同的进程号。

② 配置 Router-ID。

```
router-id  < A.B.C.D >
```

说明：Router-ID 一般采用 IP 地址格式进行配置。

③ 宣告网络信息。

```
network  <与路由器直连的网络号>  <通配符掩码>  area <区域号>
```

因为 OSPF 路由协议使用无类地址，所以在宣告网络信息时可以宣告主网络也可以宣告子网络。

通配符的作用是告诉路由器宣告的地址范围，通配符掩码中二进制 0 表示此位必须精确匹配，二进制“1”表示此位可以不用匹配。

④ 查看邻居信息。

```
show ip ospf  neighbor
```

⑤ 引入静态路由。

```
redistribute static
```

3. 操作过程

（1）搭建网络拓扑。

网络拓扑如图 7-3 所示，请读者根据拓扑图在模拟器上搭建网络拓扑。

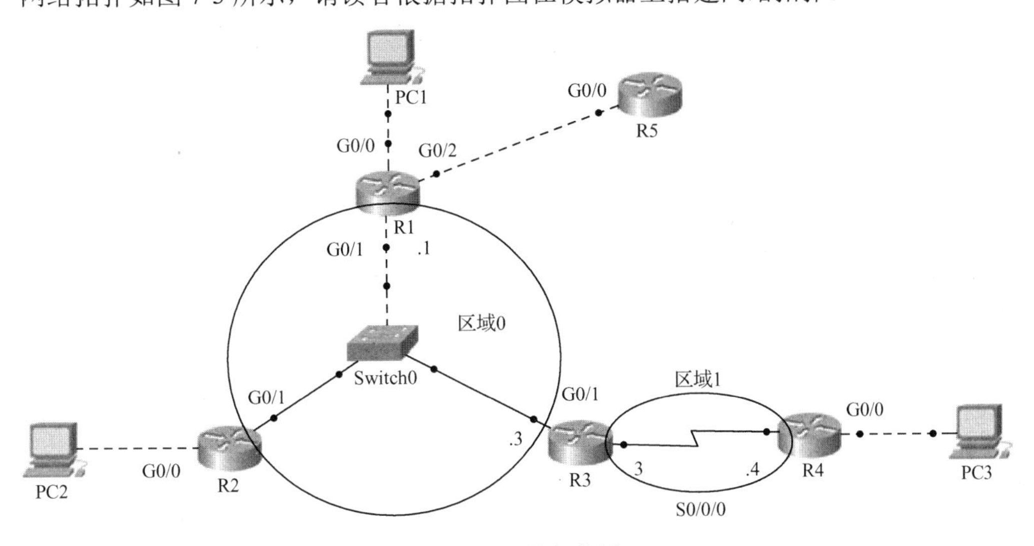

图 7-3 网络拓扑图

设备地址分配见表 7-2。

表 7-2　设备地址分配表

设 备 名 称	接 口 名 称	IP 地 址
PC1	网卡	172.18.1.1/24
PC2	网卡	172.18.2.1/24
PC3	网卡	172.18.3.1/24
R1	G0/0	172.18.1.2/24
	G0/1	192.168.123.1/24
	G0/2	192.168.15.1/24
R2	G0/0	172.18.2.2/24
	G0/1	192.168.123.2/24
R3	G0/1	192.168.123.3/24
	S0/0/0	192.168.34.3/24
R4	G0/0	172.18.3.2/24
	S0/0/0	192.168.34.4/24
R5	G0/0	192.168.15.5/24

（2）配置计算机的 IP 地址。

请读者根据表 7-2 所示的信息为计算机配置 IP 地址，这里不再演示。

（3）配置路由器的接口地址。

步骤 1　配置 R1 的接口地址。

```
R1(config)#interface GigabitEthernet 0/0
R1(config-if)#ip address 172.18.1.2 255.255.255.0
R1(config-if)#no shutdown
R1(config)#interface GigabitEthernet 0/1
R1(config-if)#ip address 192.168.123.1 255.255.255.0
R1(config-if)#no shutdown
R1(config)#interface GigabitEthernet 0/2
R1(config)#ip address 192.168.15.1   255.255.255.0
R1(config)#no shutdown
```

步骤 2　配置 R2 的接口地址。

```
R2(config)#interface GigabitEthernet 0/0
R2(config)#ip address 172.18.2.2 255.255.255.0
R2(config)#no shutdown
R2(config)#interface GigabitEthernet 0/1
R2(config-if)#ip address 192.168.123.2 255.255.255.0
R2(config-if)#no shutdown
```

步骤 3　配置 R3 的接口地址。

```
R3(config)#interface GigabitEthernet 0/1
R3(config-if)#ip address 192.168.123.3 255.255.255.0
```

```
R3(config-if)#no shutdown
R3(config)#interface Serial0/0/0
R3(config)#ip address 192.168.34.3 255.255.255.252
R3(config)#no shutdown
```

步骤 4　配置 R4 的接口地址。

```
R4(config)#interface GigabitEthernet t0/0
R4(config)# ip address 172.18.3.2 255.255.255.0
R4(config)#no shutdown
R3(config)#interface Serial0/0/0
R3(config)#ip address 192.168.34.4 255.255.255.252
R3(config)#no shutdown
```

步骤 5　配置 R5 的接口地址。

```
R5(config)#interface GigabitEthernet 0/0
R5(config)#ip address 192.168.15.5    255.255.255.0
R5(config)#no shutdown
```

步骤 6　测试相邻设备的连通性。

利用 ping 命令测试相邻设备的连通性，检查 IP 地址的配置是否正确，相邻设备之间应该能够相互通信，此步骤请读者自行操作。

（4）配置 OSPF 路由。

步骤 1　配置 R1。

```
R1(config)#router ospf   1                                    //开启 OSPF 进程
R1(config-router)#router-id 1.1.1.1                           //设置路由器的 ID
R1(config-router)#network 172.18.1.0 0.0.0.255 area 0         //宣告网络信息
R1(config-router)#network 192.168.123.0 0.0.0.255 area 0      //宣告网络信息
```

上面宣告网络时分别采用子网络和主网络进行宣告。

步骤 2　配置 R2。

```
R2(config)#router ospf 1
R2(config-router)#router-id 2.2.2.2
R2(config-router)#network 172.18.2.0 0.0.0.255 area 0
R2(config-router)# network 192.168.123.0 0.0.0.255 area 0
```

步骤 3　配置 R3。

```
R3(config)#router ospf 1
R3(config-router)#router-id 3.3.3.3
R3(config-router)#network 192.168.123.0 0.0.0.255 area 0
R3(config-router)#network 192.168.34.0 0.0.0.255 area 1
```

R3 分别处于区域 0 和区域 1，属于区域边界路由器（ABR），所以在宣告网络时需要分清楚宣告网络属于哪一个区域。

步骤 4　配置 R4。

```
R4(config)#router ospf 1
R4(config-router)#router-id 4.4.4.4
```

```
R4(config-router)#network 192.168.34.0 0.0.0.255 area 1
R4(config-router)#network 172.18.3.0 0.0.0.255 area 1
```

（5）查看路由表。

利用命令 show ip route 查看 3 台路由器的路由表，其中标记为“O”的就是 OSPF 路由协议产生的路由。利用计算机上的 ping 命令进行测试，可以发现此时计算机之间已经能够通信了。

步骤 1　查看 R1 的路由表。

```
R1#show ip route
Codes: L - local, C - connected, S - static, R - RIP, M - mobile, B - BGP
D - EIGRP, EX - EIGRP external, O - OSPF, IA - OSPF inter area
N1 - OSPF NSSA external type 1, N2 - OSPF NSSA external type 2
E1 - OSPF external type 1, E2 - OSPF external type 2, E - EGP
i - IS-IS, L1 - IS-IS level-1, L2 - IS-IS level-2, ia - IS-IS inter area
* - candidate default, U - per-user static route, o - ODR
P - periodic downloaded static route

Gateway of last resort is not set

172.18.0.0/16 is variably subnetted, 4 subnets, 2 masks
C 172.18.1.0/24 is directly connected, GigabitEthernet0/0
L 172.18.1.2/32 is directly connected, GigabitEthernet0/0
O 172.18.2.0/24 [110/2] via 192.168.123.2, 00:05:30, GigabitEthernet0/1
O IA 172.18.3.0/24 [110/66] via 192.168.123.3, 00:00:13, GigabitEthernet0/1
O IA 192.168.34.0/24 [110/65] via 192.168.123.3, 00:00:13, GigabitEthernet0/1
192.168.123.0/24 is variably subnetted, 2 subnets, 2 masks
C 192.168.123.0/24 is directly connected, GigabitEthernet0/1
L 192.168.123.1/32 is directly connected, GigabitEthernet0/1
```

从上面的显示可以看出，路由器 R1 的路由表中有 3 条 OSPF 路由，其中有两条标记为“IA”的路由是从其他区域传递来的，称为“区域间路由”。

步骤 2　查看 R2 的路由表。

```
R2#show ip route
Codes: L - local, C - connected, S - static, R - RIP, M - mobile, B - BGP
D - EIGRP, EX - EIGRP external, O - OSPF, IA - OSPF inter area
N1 - OSPF NSSA external type 1, N2 - OSPF NSSA external type 2
E1 - OSPF external type 1, E2 - OSPF external type 2, E - EGP
i - IS-IS, L1 - IS-IS level-1, L2 - IS-IS level-2, ia - IS-IS inter area
* - candidate default, U - per-user static route, o - ODR
P - periodic downloaded static route

Gateway of last resort is not set

172.18.0.0/16 is variably subnetted, 4 subnets, 2 masks
O 172.18.1.0/24 [110/2] via 192.168.123.1, 00:21:27, GigabitEthernet0/1
C 172.18.2.0/24 is directly connected, GigabitEthernet0/0
L 172.18.2.2/32 is directly connected, GigabitEthernet0/0
```

```
O IA 172.18.3.0/24 [110/66] via 192.168.123.3, 00:16:07, GigabitEthernet0/1
O IA 192.168.34.0/24 [110/65] via 192.168.123.3, 00:16:07, GigabitEthernet0/1
192.168.123.0/24 is variably subnetted, 2 subnets, 2 masks
C 192.168.123.0/24 is directly connected, GigabitEthernet0/1
L 192.168.123.2/32 is directly connected, GigabitEthernet0/1
```

步骤 3　查看 R3 的路由表。

```
R3#show ip route
Codes: L - local, C - connected, S - static, R - RIP, M - mobile, B - BGP
D - EIGRP, EX - EIGRP external, O - OSPF, IA - OSPF inter area
N1 - OSPF NSSA external type 1, N2 - OSPF NSSA external type 2
E1 - OSPF external type 1, E2 - OSPF external type 2, E - EGP
i - IS-IS, L1 - IS-IS level-1, L2 - IS-IS level-2, ia - IS-IS inter area
* - candidate default, U - per-user static route, o - ODR
P - periodic downloaded static route

Gateway of last resort is not set

172.18.0.0/24 is subnetted, 3 subnets
O 172.18.1.0/24 [110/2] via 192.168.123.1, 00:17:42, GigabitEthernet0/1
O 172.18.2.0/24 [110/2] via 192.168.123.2, 00:17:42, GigabitEthernet0/1
O 172.18.3.0/24 [110/65] via 192.168.34.4, 00:17:47, Serial0/0/0
192.168.34.0/24 is variably subnetted, 2 subnets, 2 masks
C 192.168.34.0/24 is directly connected, Serial0/0/0
L 192.168.34.3/32 is directly connected, Serial0/0/0
192.168.123.0/24 is variably subnetted, 2 subnets, 2 masks
C 192.168.123.0/24 is directly connected, GigabitEthernet0/1
L 192.168.123.3/32 is directly connected, GigabitEthernet0/1
```

路由器 R3 为区域 0 和区域 1 的区域边界路由器（ABR），所以路由表中的 OSPF 路由均为区域内部路由。

步骤 4　查看 R4 的路由表。

```
R4#show ip route
Codes: L - local, C - connected, S - static, R - RIP, M - mobile, B - BGP
D - EIGRP, EX - EIGRP external, O - OSPF, IA - OSPF inter area
N1 - OSPF NSSA external type 1, N2 - OSPF NSSA external type 2
E1 - OSPF external type 1, E2 - OSPF external type 2, E - EGP
i - IS-IS, L1 - IS-IS level-1, L2 - IS-IS level-2, ia - IS-IS inter area
* - candidate default, U - per-user static route, o - ODR
P - periodic downloaded static route

Gateway of last resort is not set

172.18.0.0/16 is variably subnetted, 4 subnets, 2 masks
O IA 172.18.1.0/24 [110/66] via 192.168.34.3, 00:22:01, Serial0/0/0
O IA 172.18.2.0/24 [110/66] via 192.168.34.3, 00:22:01, Serial0/0/0
C 172.18.3.0/24 is directly connected, GigabitEthernet0/0
```

```
L 172.18.3.2/32 is directly connected, GigabitEthernet0/0
192.168.34.0/24 is variably subnetted, 2 subnets, 2 masks
C 192.168.34.0/24 is directly connected, Serial0/0/0
L 192.168.34.4/32 is directly connected, Serial0/0/0
O IA 192.168.123.0/24 [110/65] via 192.168.34.3, 00:22:01, Serial0/0/0
```

路由器 R4 处于区域 1，所以路由表中的 OSPF 路由均为区域外部路由，有“IA”标记。

步骤 5　测试网络通信。

在计算机上利用 ping 命令测试与网络中其他计算机的通信情况，如果配置正确，则所有计算机之间应该能够相互通信，此过程请读者自行操作，这里不再演示。

（6）调整 DR。

根据前面介绍的内容，DR 通常应该由性能较好的路由器担任，但在默认情况下却不一定能够选举此路由器做 DR，所以就需要人工干预。主要方法就是通过接口优先级配置环回接口地址或 Router-ID。

步骤 1　查看邻居信息。

以路由器 R1 为例。

```
R1#show ip ospf  neighbor

Neighbor ID     Pri   State             Dead Time    Address          Interface
2.2.2.2           1   FULL/DR           00:00:31     192.168.123.2    GigabitEthernet0/1
3.3.3.3           1   FULL/DROTHER      00:00:33     192.168.123.3    GigabitEthernet0/1
```

上面的内容显示，路由器 R1 有两个邻居，对应的 Router-ID 地址分别是 2.2.2.2 和 3.3.3.3，接口优先级为 1。其中，2.2.2.2 路由器为 DR，3.3.3.3 路由器为 DROther。路由器 R1 与它们的状态均为“FULL”，这也意味着 R1 为 BDR，与它们的关系为邻接，所以 R1 与它们会交换 LSA。

根据前面介绍的 DR 选举规则可知，在接口优先级都相同的情况下选择 Router-ID 最大的作为 DR。目前，路由器 R3 的 Router-ID 为 3.3.3.3，根据规则 R3 应该为 DR，但目前 R3 为 DROther，之所以造成这种情况是为了保证网络的稳定，OSPF 在确定了 DR 和 BDR 后，只要 DR 或 BDR 没有重启，这个角色就不会被改变。而在一个网络上，最先初始化启动的两台路由器具有 DR 选举资格并将成为 DR 和 BDR，所以需要让 R3 成为 DR，只有将 R1 和 R2 离线才行。

步骤 2　重启路由器。

利用 **reload** 命令重启路由器 R1 和 R2，此过程请读者自行操作。

步骤 3　查看 R1 的邻居信息。

```
R1#sh ip ospf  neighbor

Neighbor ID     Pri   State         Dead Time    Address          Interface
2.2.2.2           1   FULL/BDR      00:00:39     192.168.123.2    GigabitEthernet0/1
3.3.3.3           1   FULL/DR       00:00:39     192.168.123.3    GigabitEthernet0/1
```

从上面可以看出，此时路由器 R3 为 DR，路由器 R2 为 BDR。

（7）查看点到点链路的信息。

步骤 1 查看路由器 R3 的邻居信息。

```
R3#show ip ospf neighbor

Neighbor ID    Pri   State           Dead Time    Address          Interface
1.1.1.1        1     FULL/DROTHER    00:00:32     192.168.123.1    GigabitEthernet0/1
2.2.2.2        1     FULL/BDR        00:00:32     192.168.123.2    GigabitEthernet0/1
4.4.4.4        0     FULL/ -         00:00:32     192.168.34.4     Serial0/0/0
```

步骤 2 查看路由器 R4 的邻居信息。

```
R4#show ip ospf neighbor

Neighbor ID    Pri   State      Dead Time    Address         Interface
3.3.3.3        0     FULL/ -    00:00:37     192.168.34.3    Serial0/0/0
```

从上面加粗显示的信息可以看出，路由器 R3 和 R4 之间也是邻接状态，但它们之间没有 DR 等角色，这是因为点到点链路无须进行这个操作。

（8）静态路由引入。

OSPF 路由协议也可以引入其他路由协议产生的路由，例如，可以将静态路由引入并发送给其他路由器。

步骤 1 在路由器 R1 上添加静态路由。

```
R1(config)#ip route 10.0.0.0 255.0.0.0 192.168.15.5
```

步骤 2 将此路由引入 OSPF。

```
R1(config-router)#redistribute static          //将静态路由引入 OSPF
```

引入静态路由和引入默认路由的命令是不一样的，引入默认路由的命令可以参考第 6 章 RIP 路由的内容。

步骤 3 查看路由表。

这里以路由器 R2 为例，其他路由器请读者自行查看。

```
R2#show ip route
Codes: L - local, C - connected, S - static, R - RIP, M - mobile, B - BGP
D - EIGRP, EX - EIGRP external, O - OSPF, IA - OSPF inter area
N1 - OSPF NSSA external type 1, N2 - OSPF NSSA external type 2
E1 - OSPF external type 1, E2 - OSPF external type 2, E - EGP
i - IS-IS, L1 - IS-IS level-1, L2 - IS-IS level-2, ia - IS-IS inter area
* - candidate default, U - per-user static route, o - ODR
P - periodic downloaded static route

Gateway of last resort is not set

O E2 10.0.0.0/8 [110/20] via 192.168.123.1, 00:00:56, GigabitEthernet0/1
172.18.0.0/16 is variably subnetted, 4 subnets, 2 masks
O 172.18.1.0/24 [110/2] via 192.168.123.1, 00:23:33, GigabitEthernet0/1
C 172.18.2.0/24 is directly connected, GigabitEthernet0/0
```

```
L 172.18.2.2/32 is directly connected, GigabitEthernet0/0
O IA 172.18.3.0/24 [110/66] via 192.168.123.3, 00:23:33, GigabitEthernet0/1
O IA 192.168.34.0/24 [110/65] via 192.168.123.3, 00:23:33, GigabitEthernet0/1
192.168.123.0/24 is variably subnetted, 2 subnets, 2 masks
C 192.168.123.0/24 is directly connected, GigabitEthernet0/1
L 192.168.123.2/32 is directly connected, GigabitEthernet0/1
```

上面加粗显示的内容为引入的静态路由，标记为“E2”，表示此路由为外部路由。实际上，路由器 R1 为自治系统边界路由器（ASBR）。

7.4 项目实施：OSPF 路由协议应用

根据本章 7.1 节的项目描述，下面通过在思科 Cisco Packet Tracer 软件上模拟组建一个简化的网络来完整描述本章所涉及的配置过程和内容。

1. 项目任务

（1）为东校区网络中心组建网络。

（2）配置静态路由，实现办公生活区的用户能够访问学校的服务器。

2. 网络拓扑

网络中心简化拓扑如图 7-4 所示。

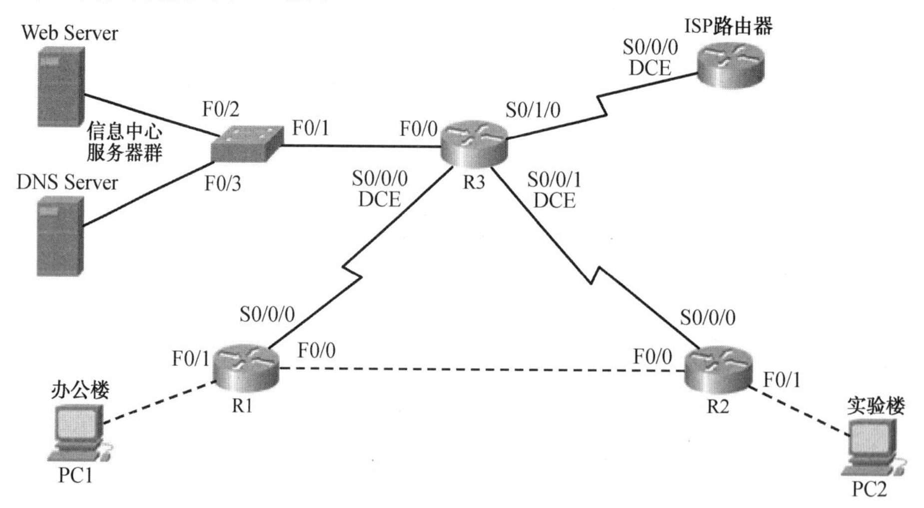

图 7-4　网络中心简化拓扑图

3. 配置参数

计算机 IP 参数规划见表 7-3。

表 7-3　计算机 IP 参数规划表

设 备 名 称	IP 地 址	网　关	DNS 地址
PC1	192.168.11.1/24	192.168.11.254	192.168.23.253
PC2	192.168.14.1/24	192.168.14.254	192.168.23.253
Web Server	192.168.23.1/24	192.168.23.254	192.168.23.253
DNS Server	192.168.23.253/24	192.168.23.254	192.168.23.253

路由器接口 IP 参数规划见表 7-4。

表 7-4 路由器接口 IP 参数规划表

设备名称	接口名称	IP 地址
路由器 R1	F0/0	192.168.0.9/30
	F0/1	192.168.11.254/24
	S0/0/0	192.168.0.6/30
路由器 R2	F0/0	192.168.0.10/30
	F0/1	192.168.14.254/24
	S0/0/0	192.168.0.14/30
路由器 R3	F0/0	192.168.23.254/24
	S0/0/0	192.168.0.5/30
	S0/0/1	192.168.0.13/30
	S0/1/0	200.10.10.2/30
ISP 路由器	S0/0/0	200.10.10.1/30

4. 操作过程

设备的地址参数请读者自行配置，这里不再演示。

步骤 1 配置 OSPF 路由。

（1）配置路由器 R1。

```
R1(config)#router ospf 1
R1(config-router)#router-id 1.1.1.1
R1(config-router)#network 192.168.11.0 0.0.0.255 area 0
R1(config-router)#network 192.168.0.9 0.0.0.3 area 0
R1(config-router)#network 192.168.0.6 0.0.0.3 area 0
```

（2）配置路由器 R2。

```
R2(config)#router ospf 1
R2(config-router)#router-id 2.2.2.2
R2(config-router)#network 192.168.14.0 0.0.0.255 area 0
R2(config-router)#network 192.168.0.10 0.0.0.3 area 0
R2(config-router)#network 192.168.0.14 0.0.0.3 area 0
```

（3）配置路由器 R3。

```
R3(config)#router ospf 1
R3(config-router)#router-id 3.3.3.3
R3(config-router)#network 192.168.23.0 0.0.0.255 area 0
R3(config-router)#network 192.168.0.5 0.0.0.3 area 0
R3(config-router)#network 192.168.0.13 0.0.0.3 area 0
R3(config)#ip route 0.0.0.0 0.0.0.0 200.10.10.1          //配置默认路由指向外部网络
R3(config)# router ospf 1
R3(config-router)#default-information originate          //默认路由重分布
```

步骤 2 查看路由表。

（1）查看路由器 R1 的路由表。

简要显示如下：

```
Gateway of last resort is 192.168.0.5 to network 0.0.0.0
     192.168.0.0/30 is subnetted, 3 subnets
C       192.168.0.4 is directly connected, Serial0/0/0
C       192.168.0.8 is directly connected, FastEthernet0/0
O       192.168.0.12 [110/65] via 192.168.0.10, 00:07:56, FastEthernet0/0
C    192.168.11.0/24 is directly connected, FastEthernet0/1
O    192.168.14.0/24 [110/2] via 192.168.0.10, 00:08:44, FastEthernet0/0
O    192.168.23.0/24 [110/65] via 192.168.0.5, 00:05:04, Serial0/0/0
O*E2 0.0.0.0/0 [110/1] via 192.168.0.5, 00:03:17, Serial0/0/0
```

最后一条标记为“**O*E2**”的路由条目是通过路由器 R3 以 OSPF 方式传递过来的默认路由信息，此默认路由指向路由器 R3，类似于前面的 RIP 配置。

（2）查看路由器 R2 的路由表。

简要显示如下：

```
Gateway of last resort is 192.168.0.13 to network 0.0.0.0
     192.168.0.0/30 is subnetted, 3 subnets
O       192.168.0.4 [110/65] via 192.168.0.9, 00:14:33, FastEthernet0/0
C       192.168.0.8 is directly connected, FastEthernet0/0
C       192.168.0.12 is directly connected, Serial0/0/0
O    192.168.11.0/24 [110/2] via 192.168.0.9, 00:14:33, FastEthernet0/0
C    192.168.14.0/24 is directly connected, FastEthernet0/1
O    192.168.23.0/24 [110/65] via 192.168.0.13, 00:10:29, Serial0/0/0
O*E2 0.0.0.0/0 [110/1] via 192.168.0.13, 00:09:10, Serial0/0/0
```

（3）查看路由器 R3 的路由表。

简要显示如下：

```
Gateway of last resort is 200.10.10.1 to network 0.0.0.0
     192.168.0.0/30 is subnetted, 3 subnets
C       192.168.0.4 is directly connected, Serial0/0/0
O       192.168.0.8 [110/65] via 192.168.0.6, 00:11:09, Serial0/0/0
                    [110/65] via 192.168.0.14, 00:11:09, Serial0/0/1
C       192.168.0.12 is directly connected, Serial0/0/1
O    192.168.11.0/24 [110/65] via 192.168.0.6, 00:11:35, Serial0/0/0
O    192.168.14.0/24 [110/65] via 192.168.0.14, 00:11:09, Serial0/0/1
C    192.168.23.0/24 is directly connected, FastEthernet0/0
     200.10.10.0/30 is subnetted, 1 subnets
C       200.10.10.0 is directly connected, Serial0/1/0
S*   0.0.0.0/0 [1/0] via 200.10.10.1
```

步骤 3 测试。

在 PC1 和 PC2 上分别用 www.abc.edu.cn 的域名访问 Web 服务器，结果如图 7-5 所示，表明 PC 可以通过 DNS 服务器访问 Web 服务器了。

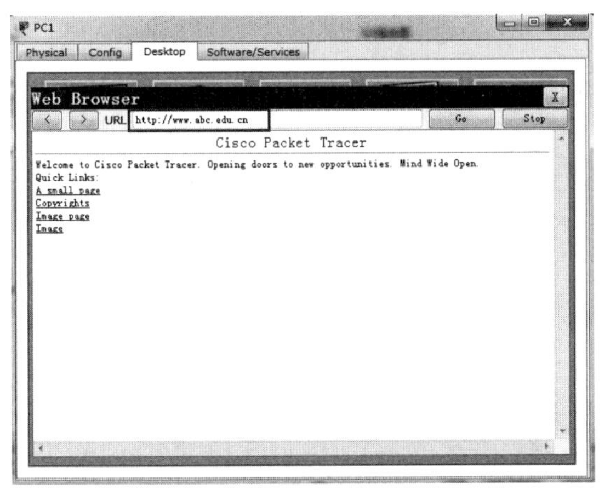

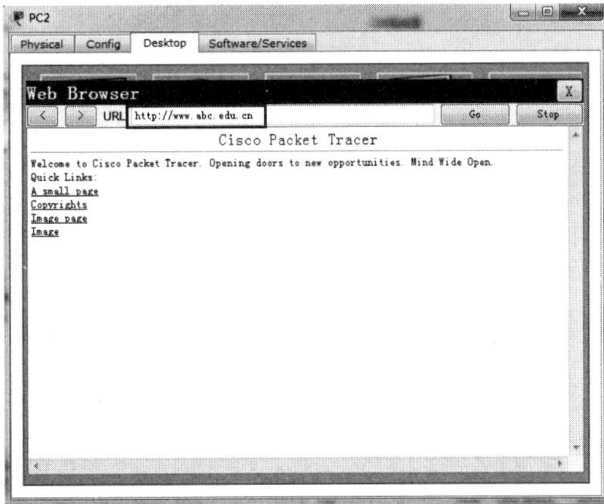

图 7-5　访问 Web 服务器的结果

7.5　练习题

实训　OSPF 路由协议的应用

实训目的：

掌握 OSPF 路由协议的使用方法。

网络拓扑：

实验拓扑如图 7-6 所示。

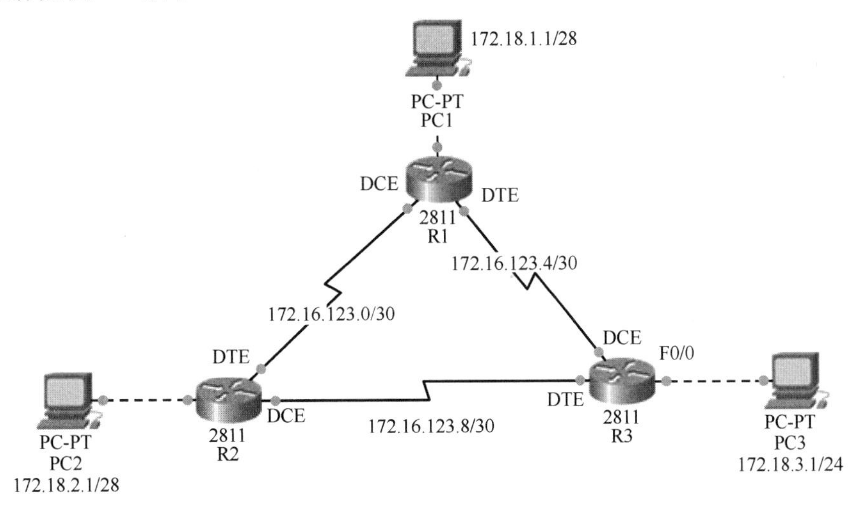

图 7-6　实验拓扑图

实训内容：

（1）根据图上的内容配置 IP 参数。

（2）利用 OSPF 配置动态路由。

（3）测试 OSPF 路由协议是否正确。

（4）利用 show ip route 命令查看路由表。

第8章 利用路由器实现网络数据的筛选

网络是信息传输、共享的虚拟平台，通过将点、线、面数据连接在一起，来实现资源的共享。在这种开放环境中，重要资源肯定会受到一些别有用心人的关注。为了对资源访问进行一定限制，提供一定的安全防护措施就成为路由器的一个重要功能，本章将介绍如何通过路由器实现这样的功能。

8.1 项目导入

1. 项目描述

通过前期的工作，项目基本架构已经完成，但小张发现一些需要进行访问限制的关键部门目前仍然能够不受限制地进行访问，而这种情况对这些部门资源的安全极其不利。小张就这一情况咨询王师傅是否需要在这些部门网络入口处配置防火墙设备，王师傅向小张介绍，为了节约成本，一般这种情况可以利用路由器进行数据筛选来实现类似防火墙的功能。王师傅随后为小张介绍了访问控制列表技术理论和操作方式。在听完王师傅的介绍后，小张利用模拟器搭建相关拓扑进一步学习和巩固相关知识。校园网结构如图8-1所示。

2. 项目任务

- 学习访问控制列表的基本知识。
- 学习访问控制列表的配置方法。
- 在校园网相关路由器连接交换机端口上，配置扩展访问列表过滤 Web 应用数据，但不影响其他数据经过。
- 在校园网中只允许教学办公楼的特定网络地址可对防火墙进行访问登录。

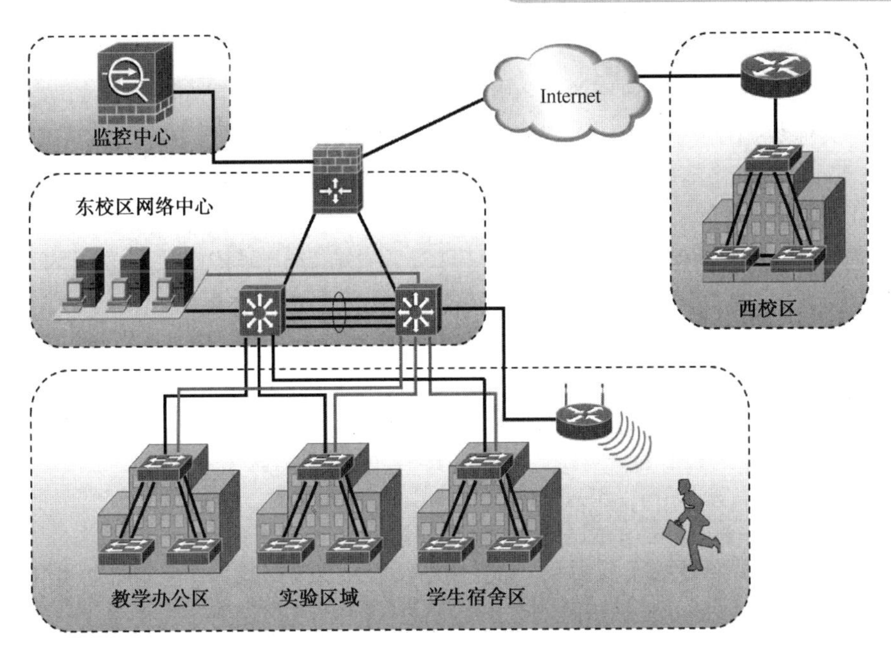

图 8-1　校园网结构

8.2　任务 1　学习访问控制列表基本原理

8.2.1　访问控制列表简介与设计要点

随着网络的不断扩大，如何进行有效的网络控制成为每个管理人员所面临的挑战。访问控制列表（ACL，Access Control Lists）是一种使用三层技术进行数据控制的高效、快速的手段，能从数据进入主要网络之前就对数据的源 IP 地址、目的 IP 地址、源端口号、目的端口号等进行匹配，根据网络管理人员的定义对数据进行分类，将不应该出现的数据进行删除，从而达到访问控制的目的。在技术开发初期，只能够在路由器的接口进行定义，随着技术的发展，现在有些交换机也可以使用这项技术。

下面列举几个 ACL 技术比较常用的应用范围：

① 检查过滤数据包。

② 提供对路由流量的控制手段。

③ 匹配需要进行网络地址转换的流量。

④ 策略路由。

访问控制列表的配置十分灵活，所以在设计配置时一般按照以下行为考虑：

（1）自上而下的处理方式。

所有访问控制列表在配置时默认会在命令前出现一个序列号来对所写入的命令进行排序，然后逐条对数据进行匹配，在配置时要考虑配置语句的顺序，匹配范围由小到大。

（2）添加表项。

一般情况下添加的语句会自动放入控制列表的末尾，也可以在语句前放置序号进行提前放置，但不能覆盖已经存在的序号。

（3）访问控制列表放置位置。

由于标准访问控制列表能识别的数据特征有限，所以一般放置在距离目的节点较近的位置，以避免对其他数据流量产生影响。扩展访问控制列表可以对数据进行更加精确的筛选，从优化网络的行为考虑应将其放置在离源地址较近的位置。

（4）应用方向。

访问控制列表需要应用在路由器的相应接口，因此在路由器接口位置放置的访问控制列表可分为对进入接口的数据进行匹配和对离开接口的数据进行匹配。

（5）注意事项。

所有列表最后都默认隐含一条拒绝所有数据通过的语句，这意味着当语句均没有匹配时，将自动拒绝数据通过，所以根据需求有效地设计控制语句是相当重要的。

8.2.2 访问控制列表的匹配流程

根据网络管理人员在设备上放置语句的位置，路由器根据接口绑定 ACL 时输入的关键字 in 或 out 对进入或出去的数据按照 ACL 顺序进行检测。首先将数据的参数与控制语句进行匹配，如果匹配条件符合，则触发动作进行过滤或转发。如果数据对所有控制语句都无法进行匹配，则默认进行过滤，整体流程如图 8-2 所示。

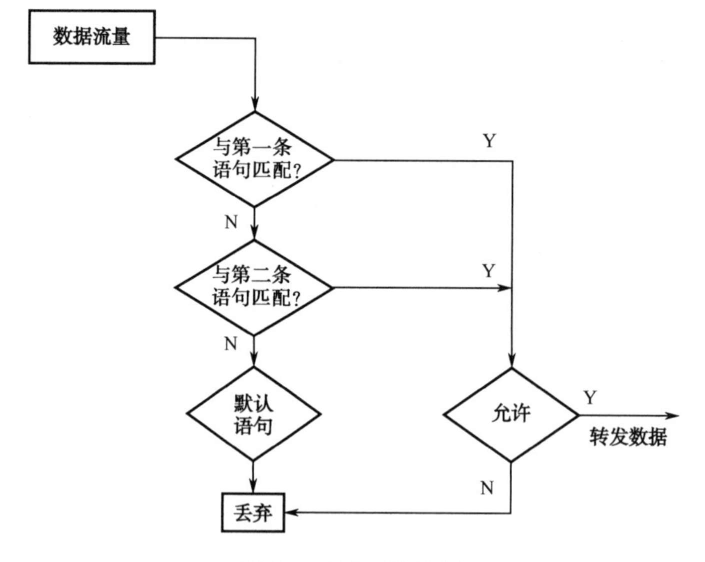

图 8-2　工作匹配流程

图 8-2 所示流程为，首先 ACL 将数据和第一条语句匹配，如果匹配不成功则直接进入下一条语句进行匹配，直到到达默认语句进入丢弃机制。如果匹配成功，则将不会再和后面的语句进行匹配，直接进入动作过程，允许转发的数据将按照路由进行转发，不允许转发的数据将直接被丢弃，就此完成一个数据筛选的整体流程。

8.2.3 数据匹配（反掩码）

定义一个标准的 ACL 命令如下：

```
Router(config)#access-list 1 permit 192.168.1.0 0.0.0.255
```

命令中网络地址后面的参数是与子网掩码相反的一串数字，这串数字称为反掩码。与子网掩码相比，反掩码中 1 所对应的位表示数据源地址在与命令中的网络地址比较时可以不做匹配，而 0 所对应的为必须完全匹配。IP 地址与反掩码都是 32 位的数，反掩码通过运算告诉路由器需要匹配地址的哪些位。

网络地址的确定就是通过网络号与掩码进行运算得到一个范围。在这个范围内的用户都可以被认为是在一个网段内的局域网用户，可以通过网关路由器进行相互之间的访问，而对于 ACL 来说，如何精细地确定需要过滤的是哪一个用户，这就将用到反掩码，见表 8-1。

表 8-1 反掩码示例

地址	192.168.1.0
掩码	255.255.255.0
反掩码	0.0.0.255
匹配地址段	192.168.1.0～192.168.1.255
二进制掩码	11111111.11111111.11111111.00000000
二进制反掩码	00000000.00000000.000000000.11111111

根据表 8-1 可以发现，反掩码与网络号正好是完全相反的，用掩码对应网络地址可以得到网络范围，而用反掩码对应网络地址可以匹配出一个筛选范围。

需要注意的是，反掩码的书写并不是可以随意为之，必须要用连续的 1 来形成匹配地址，在配置过程中如果出现 any 或 host，就相当于反掩码全为 1，无须匹配，或者反掩码全为 0，需要精确匹配每一位。

8.2.4 访问控制列表的类型

按照访问控制列表的数据过滤能力一般将其分为标准访问控制列表和扩展访问控制列表。这两种访问控制列表在原理上完全相同。在功能上，标准访问控制列表只能通过源地址进行控制，而扩展访问控制列表可以同时通过源与目的地址进行控制，并且可以根据其他信息进行控制，因此扩展访问控制列表可以更加精确地控制某一类型的数据。在配置命令中可以通过数字标号来区分标准访问控制列表和扩展访问控制列表，见表 8-2。

表 8-2 访问控制列表的区别

ACL 类 型	列 表 号
标准访问控制	1~99
扩展访问控制	100~199

8.3 任务 2 访问控制列表配置应用方法

1. 学习情境

小张在学习了访问控制列表的基本知识后，在王师傅的指导下在模拟器上搭建网络拓扑，学习不同类型访问控制列表的配置过程和区别。

2. **学习配置命令**

常用的访问控制列表配置命令如下：

① 标准 ACL 匹配条件命令。

```
access-list 列表号 permit |deny <源 IP 地址或网络地址> <反掩码>
```

标准 ACL 匹配条件命令的写法比较简单，在全局模式下使用 access-list 命令，对其数据源地址使用反掩码进行匹配，然后根据命令中的 permit 或 deny 动作进行操作。列表号范围为1~99。

② 端口绑定命令。

```
ip access-group 列表号 in|out
```

完成 ACL 定义之后，根据网络设计确定数据将从路由器的哪一个接口进或出，在接口模式使用 access-group 命令，并且根据数据流向加入关键字 in 或 out 进行控制方向的确定。

③ 扩展 ACL 匹配条件命令。

```
access-list 列表号 permit|deny <协议 源地址 反掩码 目的地址 反掩码> [端口号] [其他参数]
```

扩展 ACL 匹配条件命令拥有强大的功能，通过对源地址、目的地址、端口号等进行区分并执行相应操作，给管理员带来了极大的便利。

3. **子任务 1 利用标准 ACL 实现数据筛选**

（1）搭建网络拓扑。

使用图 8-3 所示的网络拓扑演示标准 ACL 的应用，配置目的是通过路由器对数据进行过滤，只允许 PC1 能够访问 Web 服务器的 Web 站点。

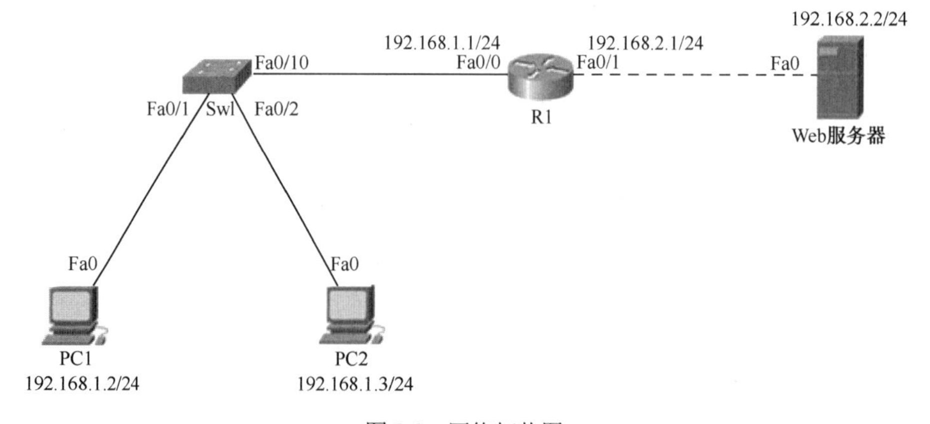

图 8-3 网络拓扑图

（2）测试没有配置标准 ACL 时的访问情况。

测试 PC1 访问 Web 服务器，结果如图 8-4 所示。

测试 PC2 访问 Web 服务器，结果如图 8-5 所示。

从测试结果可以看出，此时 PC1 和 PC2 都能够访问 Web 服务器。

（3）在路由器上配置标准 ACL。

```
R1 (config)#access-list 1 permit 192.168.1.2 0.0.0.0        //允许 PC1 的数据通过
```

（4）将标准 ACL 应用于路由器接口。

```
R1(config)#interface f0/1
R1(config-if)#ip access-group 1 out
```

上面的命令是将前面配置的标准 ACL 应用于路由器 R1 的 F0/1 接口上，并且对将从此接口发送的数据进行筛选。

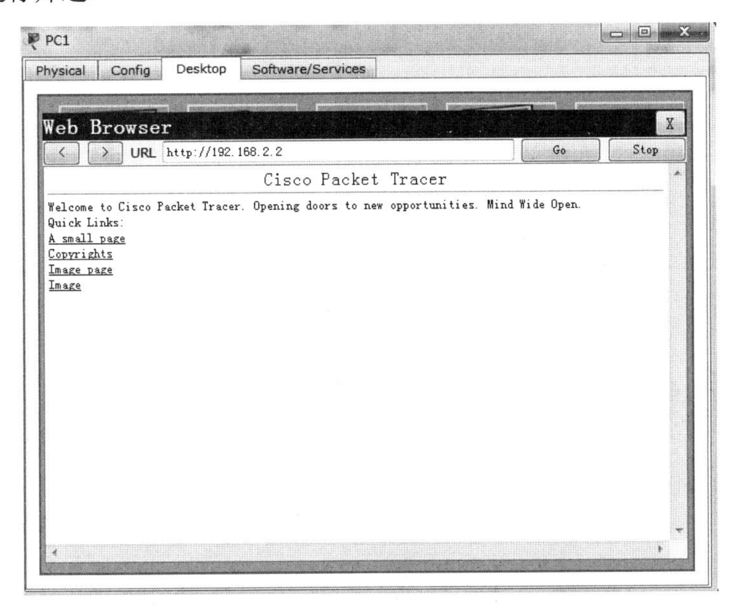

图 8-4　PC1 访问 Web 服务器结果

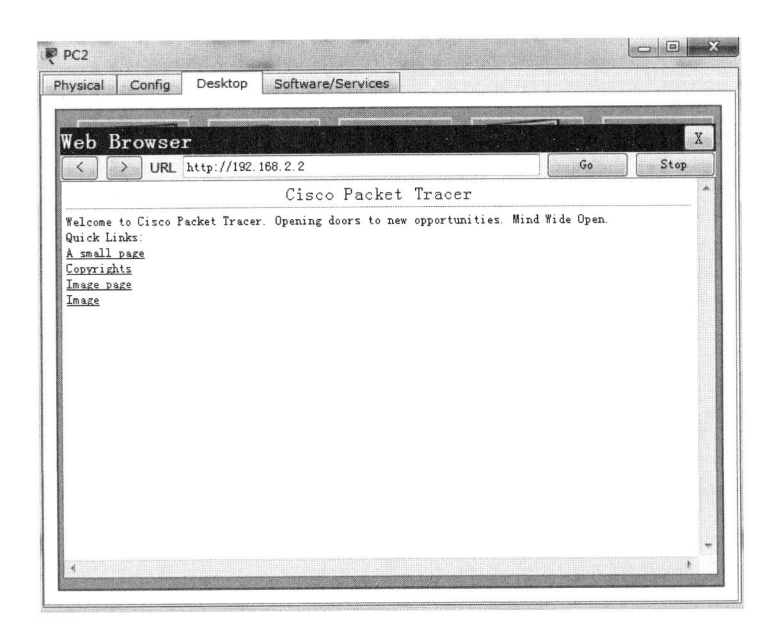

图 8-5　PC2 访问 Web 服务器结果

（5）测试。

① 测试 PC1 访问 Web 服务器。

测试结果如图 8-6 所示。

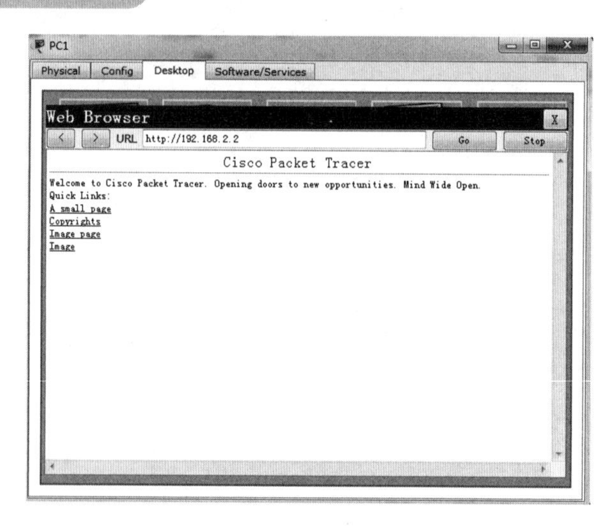

图 8-6　测试 PC1 访问 Web 服务器

通过图 8-6 可以确定，PC1 仍然可以访问 Web 服务器。

② 测试 PC2 访问 Web 服务器。

测试结果如图 8-7 所示。

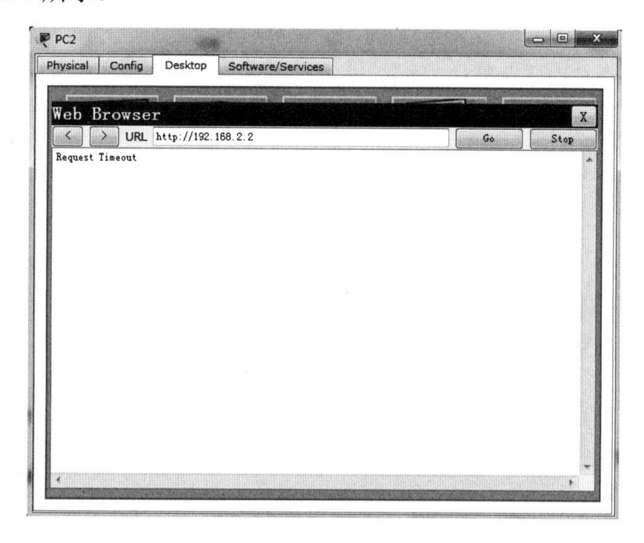

图 8-7　测试 PC2 访问 Web 服务器

通过图 8-7 可以看出，由于标准 ACL 的存在，PC2 发送的数据被路由器 R1 过滤，因此用户此时无法访问 Web 服务器。

4. 子任务 2　利用扩展 ACL 实现数据筛选

由于标准 ACL 中的匹配条件只有源地址，因此无法精确筛选某一类型的数据，例如，图 8-3 所示的网络中，如果要求 PC1 可以访问 Web 服务器的 Web 站点，但不能利用 ping 命令与 Web 服务器通信，这种需求利用标准 ACL 是无法实现的。要实现这类需求，就需要采用扩展 ACL。

（1）搭建网络拓扑。

下面仍然使用图 8-3 所示网络拓扑演示扩展 ACL 的应用，配置目的是要求 PC1 和 PC2 可以访问 Web 服务器的资源，但 PC1 不能利用 ping 命令与 Web 服务器通信。

（2）在路由器上配置扩展 ACL。

```
R1(config)#access-list 100 deny icmp host 192.168.1.2 host 192.168.2.2 echo
R1(config)#access-list 100 permit ip any any
```

第一条命令用于拒绝 PC1 利用 ping 命令访问 Web 服务器，第二条命令是允许所有网络设备访问 Web 服务器的任何资源。

（3）将扩展 ACL 应用于路由器接口。

```
R1(config)#interface f0/0
R1(config-if)#ip access-group 100 in
```

应用于路由器 R1 的接口 F0/0 的进入方向。

（4）测试。

测试 PC1 访问 Web 服务器，结果如图 8-8 所示。

PC1 利用 ping 命令访问 Web 服务器，如图 8-9 所示。

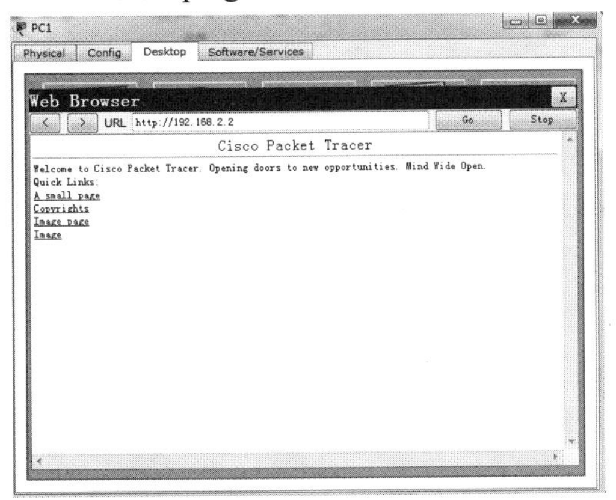

图 8-8　测试 PC1 访问 Web 服务器

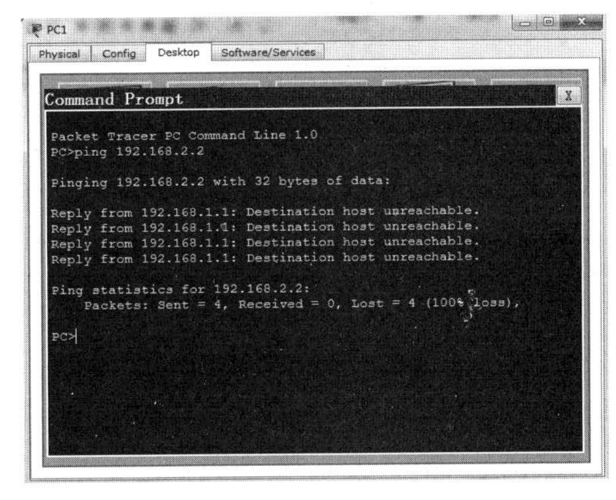

图 8-9　PC1 利用 ping 命令访问 Web 服务器

由于扩展 ACL 的存在，PC1 可以访问 Web 服务器的 Web 站点，但不能用 ping 命令访问 Web 服务器。

测试 PC2 访问 Web 服务器，结果如图 8-10 所示。

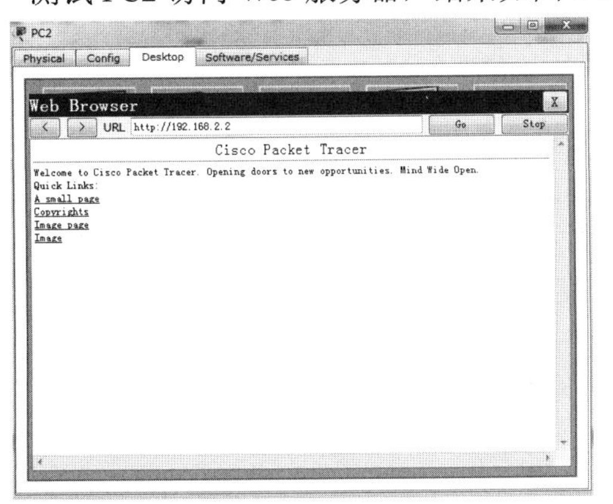

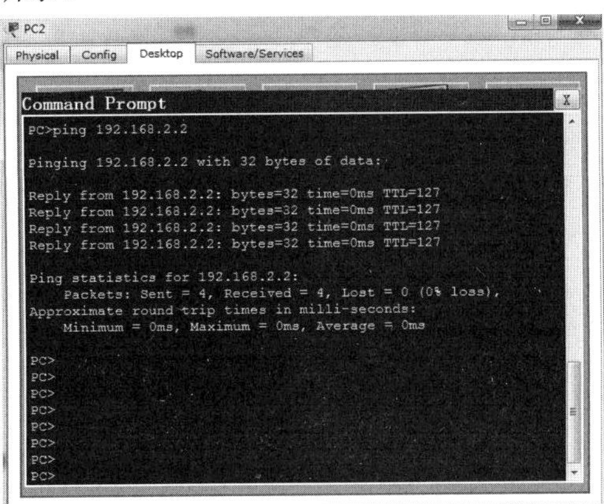

图 8-10　测试 PC2 访问 Web 服务器

使用扩展 ACL 不影响 PC2 与 Web 服务器之间的通信。

5. 子任务 3　学习 ACL 放置规则

访问控制列表对放置的位置有一定技巧，就如同前面所描述的一样，标准访问控制列表离源地址越近越好，扩展访问控制列表离目的地址越近越好。本节将对两种配置进行举例描述，通过图 8-11 对访问控制列表放置的规则进行说明。对图 8-11 的网络进行配置，目的是使用 ACL 对网络内的Web数据流量进行过滤，使PC1只能访问Server1上的Web站点，而不能访问Server2上的 Web 站点。

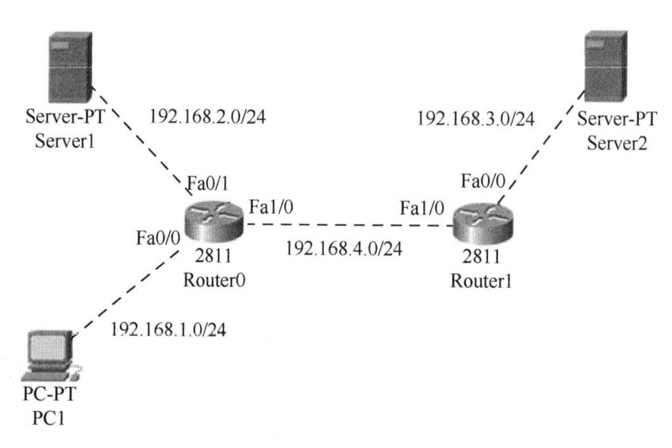

图 8-11　网络拓扑结构图

（1）搭建网络拓扑。

请读者参照图 8-11 搭建网络拓扑。

（2）测试基础配置。

配置了基本 IP 参数和路由后，在没有配置访问控制列表时，PC1 可以使用 80 端口正常访问 Server 1 与 Server 2 的 Web 站点，如图 8-12 所示。

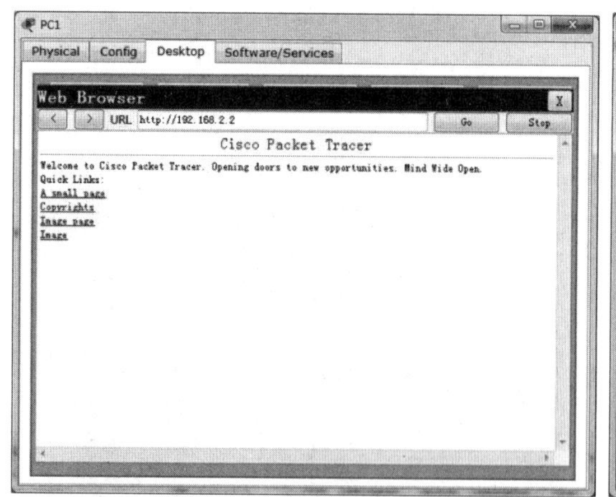

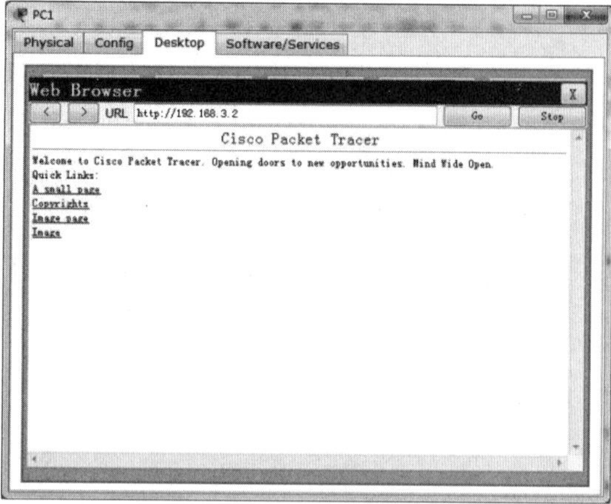

图 8-12　PC1 访问 Server 1 与 Server 2 的 Web 站点

（3）标准 ACL 放置位置演示。

① 将 ACL 应用在靠近源的位置。

```
R1(config)#access-list 1 deny host 192.168.1.2
```

```
R1(config)#access-list 1 permit any
R1(config)#interface fastEthernet 0/0
R1(config-if)#ip access-group 1 in
```

将编写好的标准ACL放置在路由器R1的F 0/0接口的进入方向，完成后的测试结果如图8-13所示。

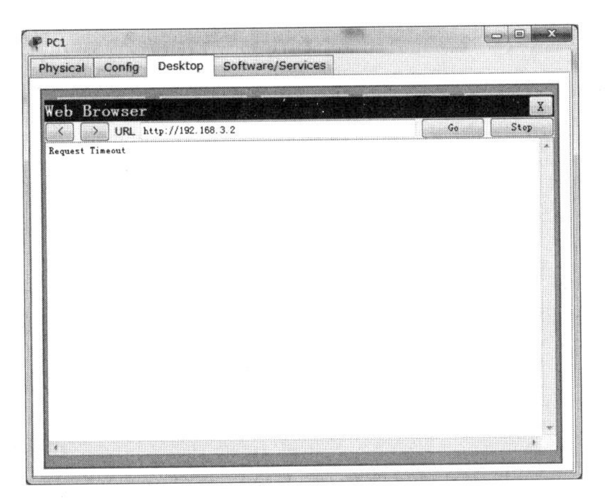

图8-13 PC1访问Server 1与Server 2的Web站点超时

从图8-13的结果和上面的配置可以看出，在使用标准访问控制列表时，由于无法使用其他参数对数据进行精确匹配，同时列表被应用在离PC1最近的路由器接口上，因此上面的配置将过滤掉PC1发出的所有数据，最终导致PC1无法访问Server1和Server2。

② 将ACL应用在靠近目标的位置。

```
R2(config)#access-list 1 deny host 192.168.1.2
R2(config)#access-list 1 permit any
R2(config)#interface fastEthernet 0/0
R2(config-if)#ip access-group 1 out
```

将编写好的标准ACL放置在路由器R2的FastEthernet 0/0接口的出去方向，完成后的测试结果如图8-14所示。

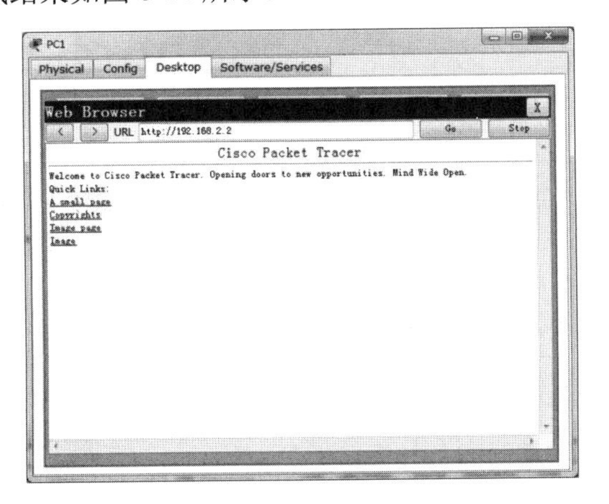

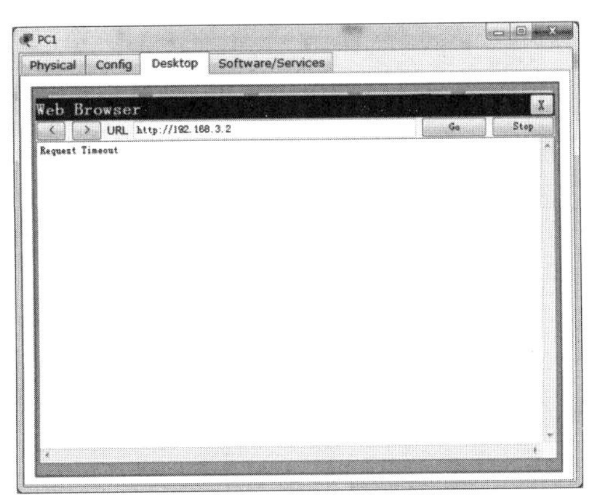

图8-14 访问Server1正常，访问Server2超时

从上面演示中可以发现，由于标准访问控制列表无法进行精确匹配，所以将过滤所有数据，

故而在使用标准访问控制列表时，列表放置的位置应该距离目标越近越好，进而可以避免其他有效数据被过滤。

（4）扩展 ACL 放置位置演示。

在图 8-11 所示网络中，利用扩展 ACL 实现 PC1 只能访问 Server1 上的 Web 站点，而无法访问 Server2 上的 Web 站点。

① 将 ACL 应用在靠近源的位置。

```
R1(config)#access-list 100 deny tcp host 192.168.1.2 host 192.168.3.2 eq 80
R1(config)#access-list 100 permit ip any any
R1(config)#interface fastEthernet 0/0
R1(config-if)#ip access-group 100 in
```

扩展与标准的最大区别是匹配参数更加精确，所以摆放位置也存在很大区别，扩展访问控制列表可以对数据进行精确过滤，因此扩展访问控制列表放置的位置应该离源地址越近越好，从而可以有效降低主干链路中的链路使用率，结果如图 8-15 所示。

② 将 ACL 应用在靠近目标的位置。

```
R2(config)#access-list 100 deny tcp host 192.168.1.2 host 192.168.3.2 eq 80
R2(config)#access-list 100 permit ip any any
R2(config)#interface fastEthernet 0/0
R2(config-if)#ip access-group 100 out
```

测试结果如图 8-16 所示。

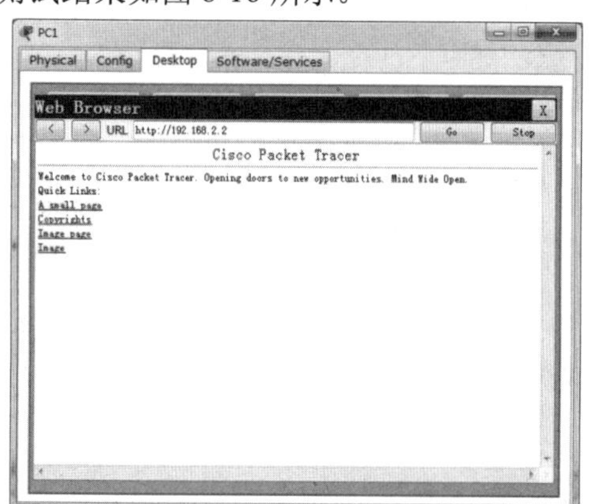

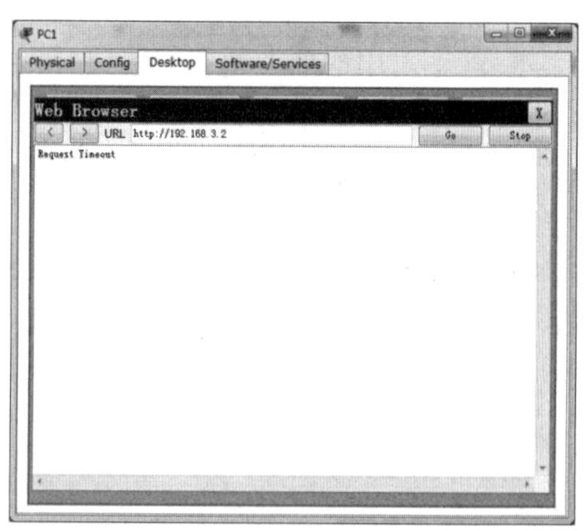

图 8-15 访问 Server1 正常，访问 Server2 超时（1）

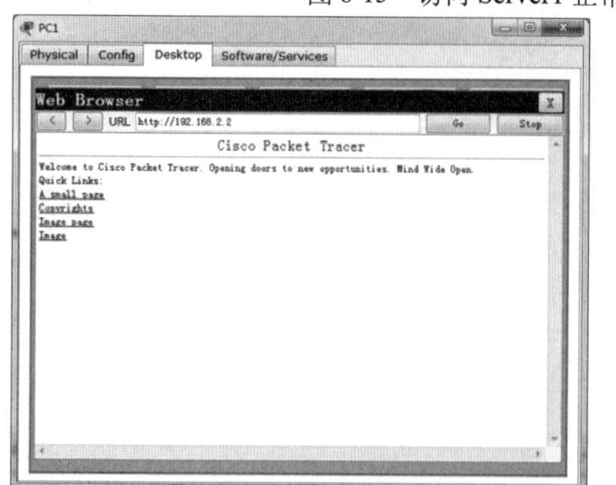

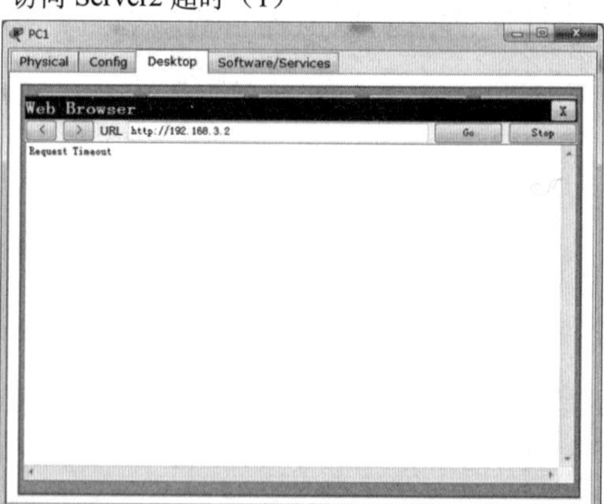

图 8-16 访问 Server1 正常，访问 Server2 超时（2）

由上面的两种配置可以看出，虽然放置扩展访问控制列表的位置不同，但是达到的效果是完全相同的，从数据流向分析可以看出，第一种方法可以避免数据的无效传输，即提高了链路的使用效率，因此扩展访问控制列表应该放置在距离源最接近的接口。

8.4　项目实施：网络数据筛选

1. 项目任务

（1）完成整体内部网络的构建，使内部网络可以到达网关位置。

（2）在路由器连接交换机端口上，配置扩展访问控制列表过滤 Web 应用数据，但不影响其他数据经过。

（3）只允许教学办公楼的特定网络地址可对出口网关进行访问登录。

2. 分析讲解

利用访问控制列表对网络内的数据进行检查及过滤，设置安全权限，使 PC1 只可以访问 Server1 的网络服务，PC2 只可以访问 Server2 的网络服务，并且 PC1、PC2 没有访问出口网关的权限，PC3 可以访问网络中所有设备并可以远程登录网络设备。

将上述要求分为三部分进行编写：首先是对 Server1 的网络访问权限，其次是对 Server2 的网络访问权限，最后是所有网络设备对于 PC3 的权限开放，允许其登录并进行配置修改。为了满足以上要求，访问控制列表只能使用扩展访问控制列表。

3. 网络拓扑

项目拓扑如图 8-17 所示。

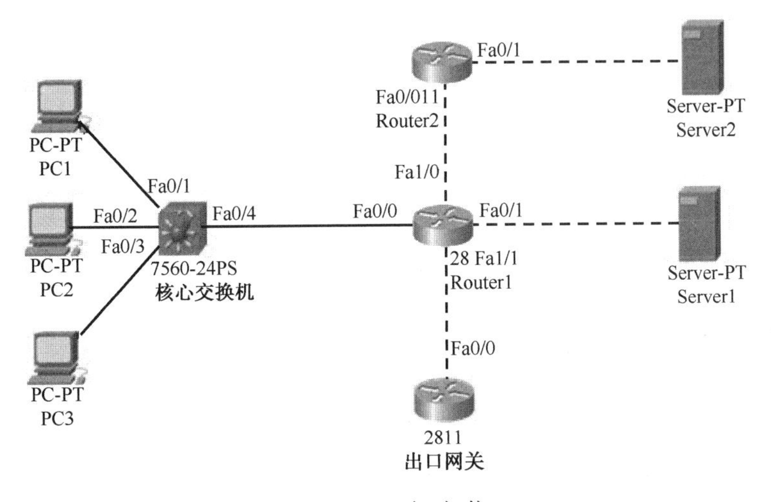

图 8-17　项目拓扑

4. 配置参数

地址分配表见表 8-3。

表 8-3　地址分配表

设　　备	接　　口	IP　地　址
PC1	FastEthernet	192.168.1.2/24
PC2	FastEthernet	192.168.2.2/24
PC3	FastEthernet	192.168.3.2/24
核心交换机	FastEthernet0/1	192.168.1.1/24
	FastEthernet0/2	192.168.2.1/24
	FastEthernet0/3	192.168.3.1/24
	FastEthernet0/4	192.168.4.1/30
Router1	FastEthernet0/0	192.168.4.2/30
	FastEthernet0/1	192.168.4.5/30
	FastEthernet1/0	192.168.4.9/30
	FastEthernet1/1	192.168.4.13/30
Router2	FastEthernet0/0	192.168.4.10/30
	FastEthernet0/1	192.168.4.17/30
Server1	FastEthernet	192.168.4.6/30
Server2	FastEthernet	192.168.4.18/30
出口网关	FastEthernet0/0	192.168.4.14/30

5. 操作过程

步骤 1　IP 参数配置。

按照表 8-3 中的网络参数对拓扑图进行 IP 地址配置，计算机所使用的网关都采用三层核心交换设备上启用的虚拟接口。

（1）核心交换的配置。

```
Switch1(config)#vlan 10
Switch1(config)#vlan 20
Switch1(config)#vlan 30
Switch1(config)#vlan 10
Switch1(config-vlan)#exit
Switch1(config-vlan)#intvlan 10
Switch1(config-if)#ip address 192.168.1.1 255.255.255.0
Switch1(config-if)#no shutdown
Switch1(config-if)#intvlan 20
Switch1(config-if)#ip address 192.168.2.1 255.255.255.0
Switch1(config-if)#no shutdown
Switch1(config-if)#intvlan 30
Switch1(config-if)# ip address 192.168.3.1 255.255.255.0
Switch(config-if)#no shutdown
Switch1(config)#interface fastEthernet 0/1
Switch1(config-if)#switchport mode access
Switch1(config-if)#switchport access vlan 10
Switch1(config)#interface fastEthernet 0/4
```

```
Switch1(config-if)#no switchport
Switch1(config-if)#ip address 192.168.4.1 255.255.255.252
```

注：由于三层交换机的二层接口无法配置 IP 地址进行通信，因此使用命令 no switchport 将二层接口转换为三层接口。

（2）路由器的配置。

根据表 8-3 对网络中所有路由器接口进行网络参数配置。

```
Router1(config)#interface fastEthernet 0/0
Router1(config-if)#ip address 192.168.4.2 255.255.255.252
Router1(config-if)#no shutdown
Router1(config)#interface fastEthernet 0/1
Router1(config-if)#ip add 192.168.4.5 255.255.255.252
Router1(config-if)#no shutdown
Router1(config)#interface fastEthernet 1/0
Router1(config-if)#ip add 192.168.4.9 255.255.255.252
Router1(config-if)#no shutdown
Router1(config)#interface fastEthernet 1/1
Router1(config-if)#ip add 192.168.4.13 255.255.255.252
Router1(config-if)#no shutdown
```

其余路由设备的配置方法同上，请读者自行操作。

步骤 2 路由配置。

完成接口配置后，对所有直连线路进行测试，确保相关设备之间可以通信，检查完成后即可启用 OSPF 网络路由协议进行配置。OSPF 区域划分如图 8-18 所示。

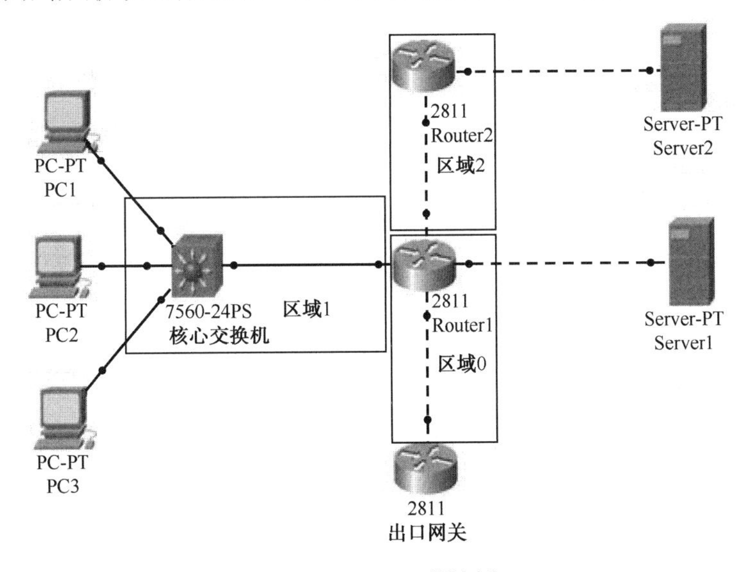

图 8-18 OSPF 区域划分

（1）核心交换的配置。

```
Switch1(config)#ip routing
Switch1(config)#router ospf 110
Switch1(config-router)#router-id 4.4.4.4
```

```
Switch1(config-router)#network 192.168.1.1 0.0.0.0 area 1
Switch1(config-router)#network 192.168.2.1 0.0.0.0 area 1
Switch1(config-router)#network 192.168.3.1 0.0.0.0 area 1
Switch1(config-router)#network 192.168.4.1 0.0.0.0 area 1
```

注：为了使三层交换机能够开启路由协议，需要先使用 ip routing 命令，否则无法启动路由协议。

（2）R1 和 R2 的配置。

```
Router1(config)#router ospf 110
Router1(config-router)#router-id 1.1.1.1
Router1(config-router)#network 192.168.4.2 0.0.0.0 area 1
Router1(config-router)#network 192.168.4.9 0.0.0.0 area 2
Router1(config-router)#network 192.168.4.5 0.0.0.0 area 0
Router1(config-router)#network 192.168.4.13 0.0.0.0 area 0
Router2 与配置方式同上，注意区域分配，由读者自行配置。
```

（3）出口网关路由器的配置。

```
Getwary(config)#router ospf 110
Getwary(config-router)#router-id 3.3.3.3
Getwary(config-router)#network 192.168.4.14 0.0.0.0 area 0
Getwary(config-router)#default-information originate
Getwary(config)#ip route 0.0.0.0 0.0.0.0 null 0
```

注：出口网关需要向内网发布默认路由，因此必须在本地配置一条默认路由才可以进行发布。

步骤 3　查看网络状态。

通过查看 Router1 的 OSPF 邻居表及对路由条目进行检查，目前网络整体路由条目已经完成，所有设备都可以对网络内任意设备进行访问。下面显示的是 Router 1 的 OSPF 邻居表；Router 1 的路由表请读者自行查看。

```
Router1#show ipospf neighbor
Neighbor ID     Pri   State          Dead Time    Address         Interface
4.4.4.4           1   FULL/DR          00:00:34    192.168.4.1     FastEthernet0/0
3.3.3.3           1   FULL/BDR         00:00:30    192.168.4.14    FastEthernet1/1
2.2.2.2           1   FULL/BDR         00:00:32    192.168.4.10    FastEthernet1/0
```

查看出口网关路由可以发现，路由表中已经包含了到达所有内网网络节点的路由条目，对所有 PC 设备到网关的链路进行测试：

```
Getwary#showip route
Gateway of last resort is 0.0.0.0 to network 0.0.0.0
O IA 192.168.1.0/24 [110/3] via 192.168.4.13, 00:11:33, FastEthernet0/0
O IA 192.168.2.0/24 [110/3] via 192.168.4.13, 00:01:07, FastEthernet0/0
O IA 192.168.3.0/24 [110/3] via 192.168.4.13, 00:01:07, FastEthernet0/0
     192.168.4.0/30 is subnetted, 5 subnets
O IA      192.168.4.0 [110/2] via 192.168.4.13, 00:11:33, FastEthernet0/0
O         192.168.4.4 [110/2] via 192.168.4.13, 00:11:33, FastEthernet0/0
O IA      192.168.4.8 [110/2] via 192.168.4.13, 00:11:33, FastEthernet0/0
C         192.168.4.12 is directly connected, FastEthernet0/0
```

```
O IA     192.168.4.16 [110/3] via 192.168.4.13, 00:07:22, FastEthernet0/0
S*    0.0.0.0/0 is directly connected, Null0
```

内网 Router1 设备上存在到达外网所需要的默认路由，完成此项检查就可以对内网进行测试。

```
Router1#show ip route
Gateway of last resort is 192.168.4.14 to network 0.0.0.0
O*E2 0.0.0.0/0 [110/1] via 192.168.4.14, 00:12:26, FastEthernet1/1
```

在出口网关配置一个测试地址，检查网络内部计算机是否能够访问。

```
Getwary(config)#interface loopback 1
Getwary(config-if)#ip add 1.1.1.1 255.255.255.252
Getwary(config-if)#exit
```

在 PC1 上进行测试，结果如图 8-19 所示，说明前面的配置正确。

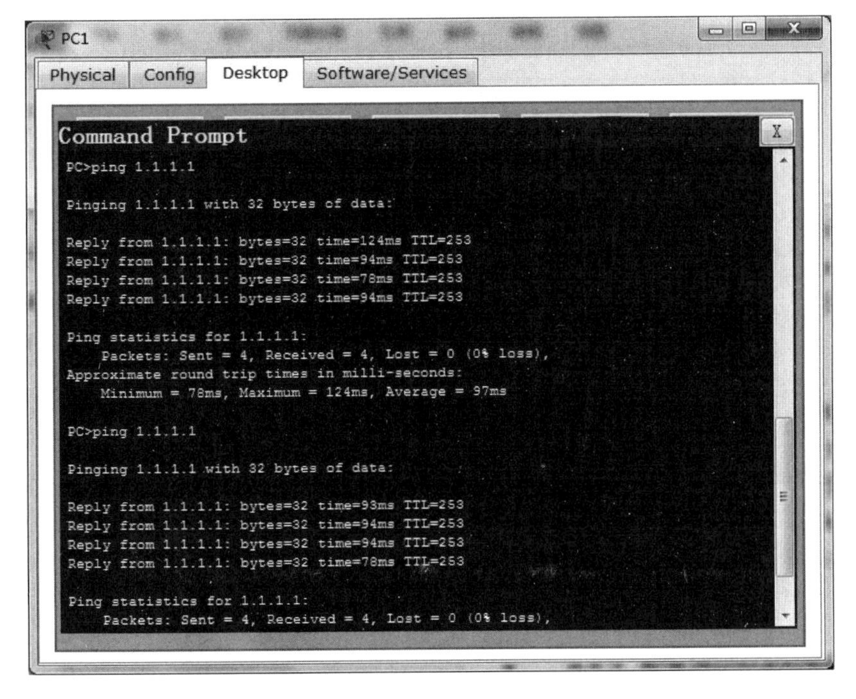

图 8-19　测试结果

步骤 4　配置扩展访问控制列表。

在核心交换位置使用扩展访问控制列表进行过滤设置，由于采用的是 SVI（Switch Virtual Interface）接口，可以直接在 SVI 接口下进行 ACL 过滤操作，配置方式与路由器物理接口配置方式相同。

（1）采用标号式扩展访问控制列表。

```
Switch1(config)#ip access-list extended 100
Switch1(config-ext-nacl)#permit tcp host 192.168.1.2 host 192.168.4.6 eq www
Switch1(config-ext-nacl)#deny tcp host 192.168.1.2 host 192.168.4.18 eq www
Switch1(config-ext-nacl)#permit ip any any
```

```
Switch1(config-ext-nacl)#exit
Switch1(config)#enable password cisco
Switch1(config)#interface vlan 10
Switch1(config-if)#ip access-group 100 in
```

（2）采用命名式扩展访问控制列表。

```
Switch1(config)#ip access-list extended Cisco
Switch1(config-ext-nacl)#permit tcp host 192.168.2.2 host 192.168.4.18 eq www
Switch1(config-ext-nacl)#deny tcp host 192.168.2.2 host 192.168.4.6 eq www
Switch1(config-ext-nacl)#per ip any any
Switch1(config-ext-nacl)#exit
Switch1(config)#enable password cisco
Switch1(config)#interface vlan 20
Switch1(config-if)#ip access-group Cisco in
```

步骤 5 配置标准访问控制列表。

只允许 PC3 进行远程登录，并且修改网络配置。

（1）采用标号式标准访问控制列表。

```
Switch1(config)#ip access-list standard 1
Switch1(config-std-nacl)#permit 192.168.3.2 0.0.0.0
Switch1(config-std-nacl)#exit
Switch1(config)#enable password cisco
Switch1(config)#line vty 0 4
Switch1(config-line)#password cisco
Switch1(config-line)#login
Switch1(config-line)#access-class 1 in
Switch1(config-line)#exit
```

（2）采用命名式标准访问控制列表。

```
Router1(config)#ip access-list standard Cisco
Router1(config-std-nacl)#permit 192.168.3.2 0.0.0.0
Router1(config-std-nacl)#exit
Router1 (config)#enable password cisco
Router1(config)#line vty 0 4
Router1(config-line)#password cisco
Router1(config-line)#login
Router1(config-line)#access-class Cisco in
Router1(config-line)#exit
```

其余设备配置同上，读者可自行操作。

步骤 6 测试。

测试结果如图 8-20 所示。

完成上述步骤后，PC1 只能访问 Server1，PC2 只能访问 Server2，PC3 可登录设备实现配置修改。

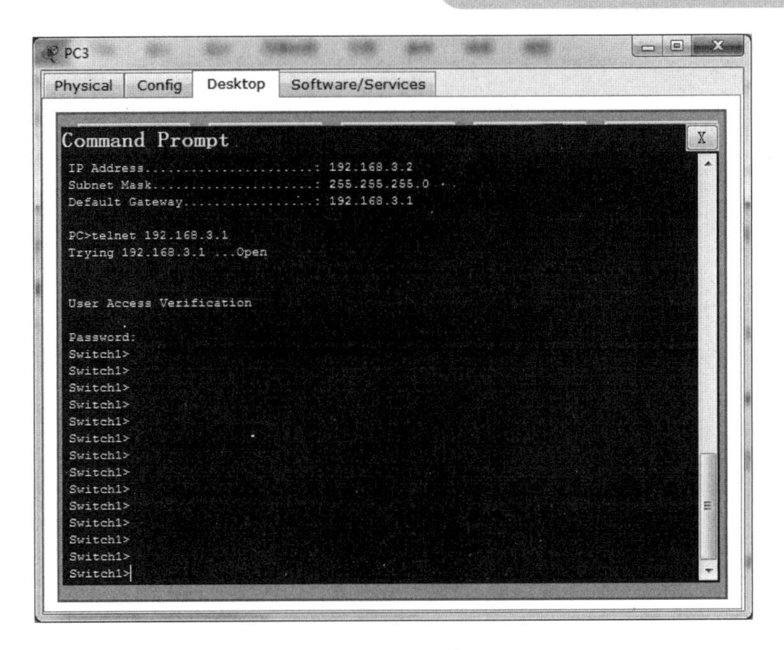

图 8-20　测试结果

8.5　练习题

实训 1　配置标准访问控制列表

实训目的：

掌握标准访问控制列表的使用方法。

网络拓扑：

实验拓扑如图 8-21 所示。

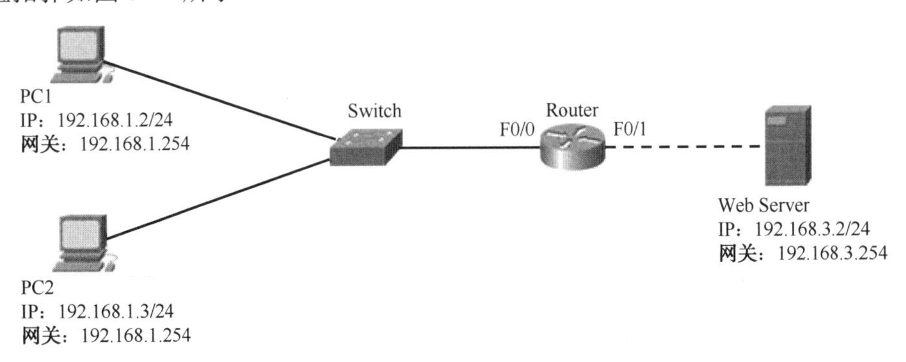

图 8-21　实验拓扑图

实训内容：

（1）根据图 8-21 在模拟器上搭建网络，Web Server 需开启 HTTP 服务。

（2）根据图 8-21 的参数配置 Router，让 PC1 和 PC2 都能访问服务器的 Web 站点。

（3）在 Router 上配置标准访问控制列表，允许 PC1 访问服务器，禁止 PC2 访问服务器。

（4）测试配置效果。

实训 2　配置扩展访问控制列表

实训目的：

掌握扩展访问控制列表的使用方法。

网络拓扑：

实验拓扑如图 8-22 所示。

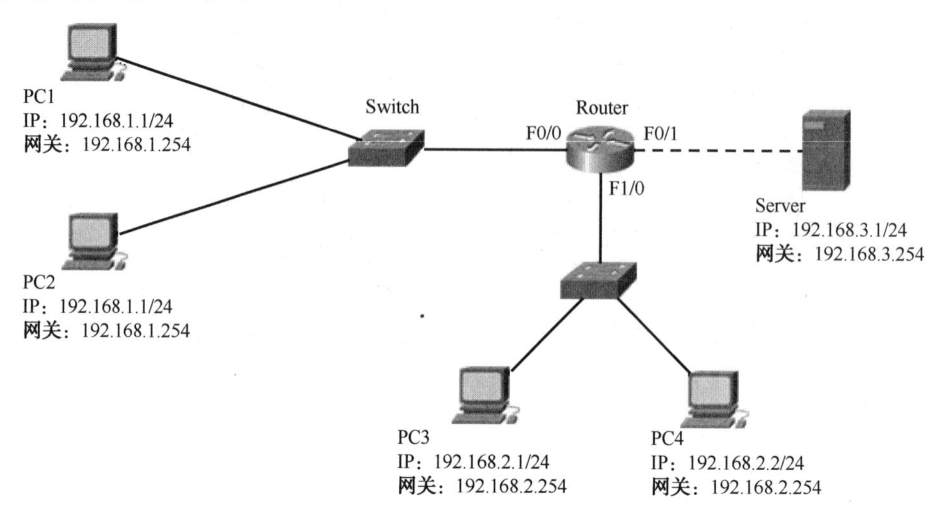

图 8-22　实验拓扑

实训内容：

（1）根据图 8-22 在模拟器上搭建网络。

（2）根据图 8-22 的参数配置 Router，让所有计算机都能与 Server 通信。

（3）在 Server 上开启 HTTP 服务，并且配置 DNS 域名 www.test.com，对应的地址为 192.168.2.1。

（4）在 Router 上配置扩展访问控制列表，实现以下几个目标：

① PC1 可以访问 Server，禁止 PC2 访问 Server。

② PC3 只能访问 Server 的 HTTP 服务，PC4 只能访问 Server 的 DNS 服务。

（5）测试配置效果。

第9章 实现内部网络与互联网的互访

随着互联网的日益壮大，公网地址不断消耗，网络中可供使用的公网地址越来越少，为了缓解公网地址耗尽的速度，在网络应用中开发了名为“网络地址转换（NAT）”技术。NAT的英文全称是“Network Address Translation”，是一个IETF（Internet Engineering Task Force, Internet工程任务组）标准，允许一个整体机构以一个公有IP（Internet Protocol）地址出现在Internet上。通俗来讲，它是一种把内部私有网络地址（IP地址）翻译成合法公网IP地址的技术。

9.1 项目导入

1. 项目描述

在项目实施中，小张发现整个校园网的公网地址数量远小于校园网内部的设备数量，而校园网中大部分设备需要访问互联网。王师傅告诉小张，解决这个问题的方法是采用NAT技术，在网络边界路由器（出口路由器）上设置NAT地址转换，就可以解决公网地址不足的问题，同时可以解决外网访问内网指定服务器的问题。

校园网结构如图9-1所示。

2. 项目任务

- 掌握NAT的基本理论。
- 掌握NAT的几种配置方法。
- 实现东校区与互联网的互访。

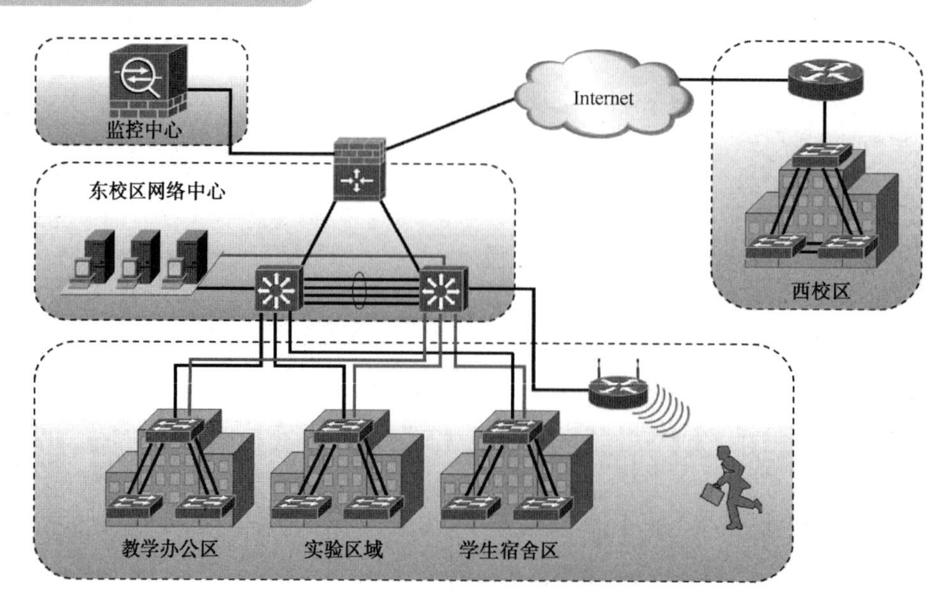

图 9-1　校园网结构图

9.2　任务 1　学习 NAT 基本知识

1. NAT 简介

NAT 是将 IP 数据报报头中的 IP 地址转换为另一个 IP 地址的过程，主要用于实现内部网络（私有 IP 地址）访问外部网络（公有 IP 地址）的功能。NAT 一般部署在连接私网和公网的网关设备上，当收到的报文源地址为私网地址、目的地址为公网地址时，NAT 可以将源私网地址转换成一个公网地址，从而公网目的地设备就能够收到报文并做出响应。此外，网关上还会创建一个 NAT 映射表，以便判断从公网收到的报文应该发往的私网目的地址。

在网络中私有 IP 地址是指在内部网络使用且不可能出现在外部网络的 IP 地址，此类地址无须申请即可使用。公有 IP 地址是指在外部网络应用且全球唯一的 IP 地址，此类地址需要向专门的管理机构申请。一般而言，互联网上的数据包均应该利用公有 IP 地址进行传输。

RFC 1918 为私有网络预留出了 3 个 IP 地址块。

- A 类：10.0.0.0～10.255.255.255。
- B 类：172.16.0.0～172.31.255.255。
- C 类：192.168.0.0～192.168.255.255。

上述 3 个范围内的地址不会在互联网上出现，因此可以不必向 ISP 或注册中心申请就可以在公司或企业内部自由使用而不会出现任何网络问题。尽管有预测称 IPv4 地址范围即将耗尽且 IPv6 已经开始全面推广，但目前大量公司的内部网络环境仍然为 IPv4 架构，互联网大部分使用的也是 IPv4。

NAT 应用将网络划分为左、右两个区域，内侧的私有网络区域称为 Inside 区域，外侧的公有网络区域称为 Outside 区域。在默认情况下，Inside 区域的计算机无法通过网关直接访问 Outside 区域，只有在网关上启用了 NAT 后才能让 Inside 区域的计算机访问 Outside 区域的设备。NAT 还能提高内网的安全性，因为使用 NAT 后外网的设备不能直接访问内网的资源，从而增加了内网的安全系数。

2. NAT 的地址类型

在 NAT 技术中，对于地址转换所使用的地址有详细的描述及定义。这些定义有助于学习并理解整个 NAT 转换中各类私有地址与公有地址的转换方法及过程，总体上将这些地址分为 4 类，见表 9-1。

表 9-1　术语定义

术　语	定　义
内部本地 IP 地址（Inside Local）	内部主机使用的私有 IP 地址，用于内部网络中的连通。通常这个地址为私有地址
内部全局 IP 地址（Inside Global）	内部主机使用的公有 IP 地址，用于外部网络中的路由。通常这个地址是公有地址
外部本地 IP 地址（Outside Local）	内部网络中的外部主机 IP 地址，用于内部网络中的路由。一般只有配置双向 NAT 时才配置
外部全局 IP 地址（Outside Global）	外部网络中的外部主机 IP 地址，用于外部网络中的路由。一般只有配置双向 NAT 时才配置

3. NAT 的基本应用类型

简单来说，NAT 就是一种将一个 IP 地址转换为另一个 IP 地址的技术，这个地址可以是源地址也可以是目的地址。NAT 技术可分成两种方式：静态 NAT 和动态 NAT，在动态基础上还有一种利用端口号实现 NAT 的类型。目前网络中动态地址转换占据了绝大部分比例。

（1）静态 NAT。

静态 NAT 是指将内部网络的私有 IP 地址转换为公有 IP 地址，IP 地址是一对一的转换，并且是在配置中固定的，某个私有 IP 地址只转换为某个公有 IP 地址。借助于静态转换，可以实现外部网络对内部网络中某些特定设备（如服务器）的访问。配置静态 NAT 很简单，首先需要定义要转换的地址，然后在适当的接口上配置 NAT。

（2）动态 NAT。

动态 NAT 是指在将内部网络的私有 IP 地址转换为公有 IP 地址时，公有 IP 地址是不确定的，所有被授权访问 Internet 的私有 IP 地址都可以随机转换为任何指定的合法公有 IP 地址。也就是说，只要指定哪些内部 IP 地址可以进行转换，以及用哪些合法公有 IP 地址作为外部地址，就可以进行动态转换。当 ISP 提供的合法 IP 地址略少于网络内部的计算机数量时，可以采用动态转换方式。

（3）端口多路复用（Port Address Translation，PAT）。

在任意时刻，动态 NAT 的一个公有 IP 地址只能与一个私有 IP 地址进行转换，也就是说当内网设备数量大于公有 IP 地址时，就无法保证同一时刻所有设备都能够访问互联网。为了提高公有 IP 地址的使用效率，在动态 NAT 的基础上加入 TCP 或 UDP 端口号参数，实现端口多路复用（Port Address Translation，PAT）。由于增加了端口号参数，一个公有 IP 地址就可以同时对应多个私有 IP 地址。PAT 可以最大限度地节约 IP 地址资源，同时又可隐藏网络内部的所有主机，从而有效避免来自外网的攻击。目前网络中应用最多的就是 PAT 方式。

9.3　任务 2 静态 NAT 的应用

1. 学习情境

王师傅让小张为某部门的一台计算机配置单独的公有 IP 地址访问互联网，建议小张使用静态 NAT 来实现此应用。

2. 学习配置命令

① 配置静态地址转换。

ip nat inside source static <内部本地 IP 地址><内部全局 IP 地址>

② 指定 NAT 的内部接口。

ip nat inside

③ 指定 NAT 的外部接口。

ip nat outside

3. 操作过程

（1）搭建网络拓扑。

网络拓扑如图 9-2 所示，请读者根据拓扑图在模拟器上搭建网络拓扑。

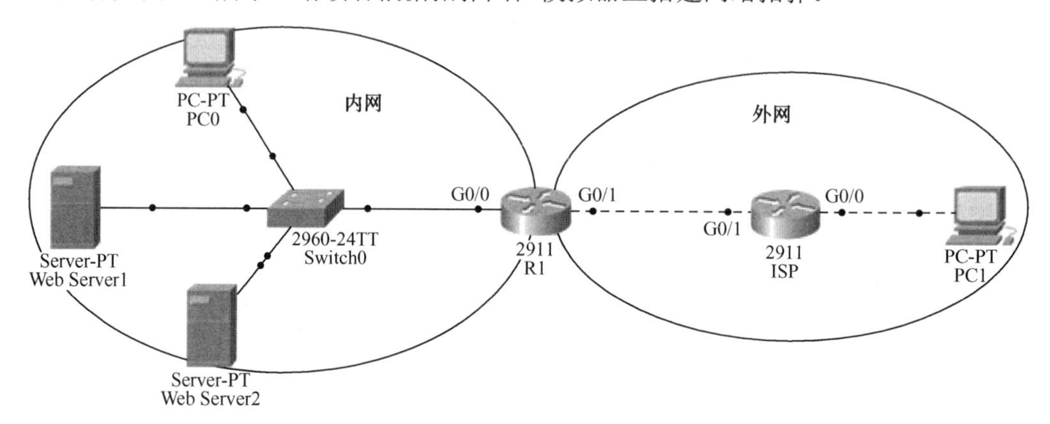

图 9-2　网络拓扑图

配置参数见表 9-2。

表 9-2　配置参数

网络设备	接　口	IP 地址
R1	G0/0	192.168.1.254/24
	G0/1	100.0.0.1/8
ISP	G0/0	200.1.1.254/24
	G0/1	100.0.0.2/8
PC0	网卡	192.168.1.1/24
PC1	网卡	200.1.1.1/24
Web Server1	网卡	192.168.1.2/24
Web Server2	网卡	192.168.1.3/24

（2）配置计算机网络参数。

请读者根据表 9-2 自行配置，这里不再演示。

（3）配置路由器的接口和路由。

步骤 1　配置路由器的接口地址。

① 配置路由器 R1 的接口地址。

```
R1(config)#interface GigabitEthernet 0/0
R1(config-if)#ip address 192.168.1.254 255.255.255.0
R1(config-if)#no shutdown
R1(config)#interface GigabitEthernet 0/1
R1(config-if)#ip address 100.0.0.1 255.0.0.0
R1(config-if)#no shutdown
```

② 配置路由器 ISP 的接口地址。

```
ISP(config)#interface GigabitEthernet 0/0
ISP(config-if)#ip address 200.1.1.254 255.255.255.0
ISP(config-if)#no shutdown
ISP(config)#interface GigabitEthernet 0/1
ISP(config-if)#ip address 100.0.0.2 255.0.0.0
ISP(config-if)#no shutdown
```

配置完成后需要测试相邻设备的连通情况，请读者自行测试，要求相邻设备都能连通。

步骤 2　配置路由。

```
R1(config)#ip route 0.0.0.0 0.0.0.0 100.0.0.2
```

通过上面的命令可以在路由器 R1 上配置一条指向路由器 ISP 的默认路由。请注意，由于实验环境只有两台路由器，所以模拟公网路由器的 ISP 不要配置指向路由器 R1 的路由，如果配置了则内网就能够利用私有 IP 地址访问外网了。

步骤 3　测试内、外网的连通性。

配置完成后请测试内网与外网的连通性，此时应该是不通的，以计算机 PC0 为例。

```
C:\>ping 200.1.1.1

Pinging 200.1.1.1 with 32 bytes of data:

Request timed out.
Request timed out.
Request timed out.
Request timed out.

Ping statistics for 200.1.1.1:
Packets: Sent = 4, Received = 0, Lost = 4 (100% loss),
```

上面的结果显示，计算机 PC0 此时无法访问外网。

（4）利用静态 NAT 实现内网指定设备访问外网。

此时申请的外网地址为 100.0.0.10，下面的操作将利用此地址让计算机 PC0 访问外网，这些操作都在路由器 R1 上实施。

步骤 1　配置静态地址转换。

```
R1(config)#ip nat inside source static 192.168.1.1 100.0.0.10
//把内部本地 IP 地址 192.168.1.1 转换为内部全局 IP 地址 100.0.0.10
```

```
R1(config)#interface GigabitEthernet 0/0
R1(config-if)#ip nat inside          //定义接口 GigabitEthernet 0/0 为 NAT 内部接口

R1(config)#interface GigabitEthernet 0/1
R1(config-if)#ip nat outside         //定义接口 GigabitEthernet 0/1 为 NAT 外部接口
```

步骤 2 测试。

① 测试计算机 PC0 能否访问外网。

```
C:\>ping 200.1.1.1

Pinging 200.1.1.1 with 32 bytes of data:

Reply from 200.1.1.1: bytes=32 time<1ms TTL=126
Reply from 200.1.1.1: bytes=32 time<1ms TTL=126
Reply from 200.1.1.1: bytes=32 time<1ms TTL=126
Reply from 200.1.1.1: bytes=32 time=1ms TTL=126

Ping statistics for 200.1.1.1:
Packets: Sent = 4, Received = 4, Lost = 0 (0% loss),
Approximate round trip times in milli-seconds:
Minimum = 0ms, Maximum = 1ms, Average = 0ms
```

从上面的显示可以看出，此时计算机 PC0 能够与外网的计算机 PC1 通信。

② 测试 Web Server 能否访问外网。

```
C:\>ping 200.1.1.1

Pinging 200.1.1.1 with 32 bytes of data:

Request timed out.
Request timed out.
Request timed out.
Request timed out.

Ping statistics for 200.1.1.1:
Packets: Sent = 4, Received = 0, Lost = 4 (100% loss),
```

从上面的结果可以发现，虽然计算机 PC0 可以访问外网，但服务器 Web Server 不能访问，原因是当前配置的是静态 NAT，一个公有 IP 地址只能固定让一台内网设备使用。

（5）利用静态 NAT 实现外网访问内网指定服务器。

静态 NAT 可以让外网用户访问指定的内网服务器，并且可以隐藏内网的地址信息，配置过程与上面一样。假设允许外网用户利用外网地址 100.0.0.20 访问内网的 Web Server1 服务器。

步骤 1 配置静态地址转换。

```
R1(config)#ip nat inside source static 192.168.1.2 100.0.0.20
```

步骤 2 测试。

在外网计算机 PC1 上利用浏览器访问 IP 地址 100.0.0.20 所对应的设备，如图 9-3 和图 9-4

所示。

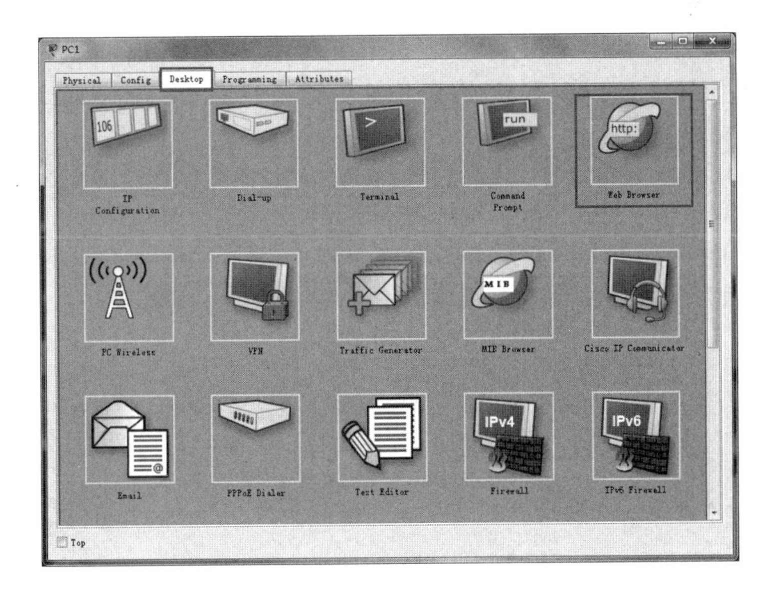

图 9-3　选择浏览器工具

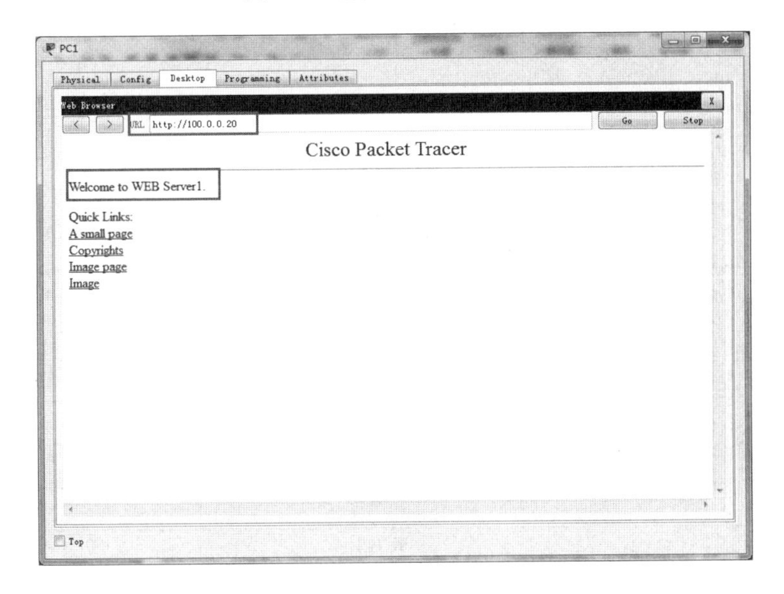

图 9-4　访问结果

从图 9-4 可以看出，外网计算机能够访问内网的 Web Server1，并且使用的是外网 IP 地址。

9.4　任务 3　动态 NAT 的应用

1．学习情境

王师傅让小张为某部门的多台计算机使用两个公有 IP 地址访问外网，建议小张使用动态 NAT 来实现此操作。

2. 学习配置命令

① 创建地址池。

ip nat pool <地址池名称> <起始 IP 地址> <结束 IP 地址> netmask <子网掩码>

② 配置动态地址转换。

ip nat inside source list <访问控制列表> pool <地址池名称>

3. 操作过程

（1）搭建网络拓扑。

网络拓扑如图 9-5 所示，请读者根据拓扑图在模拟器上搭建网络拓扑。

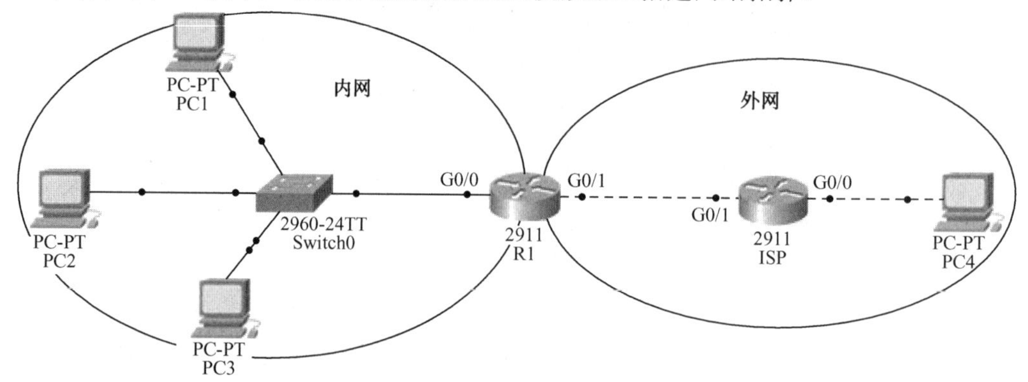

图 9-5 网络拓扑图

配置参数见表 9-3。

表 9-3 配置参数

网络设备	接口	IP 地址
R1	G0/0	192.168.1.254/24
	G0/1	100.0.0.1/8
ISP	G0/0	200.1.1.254/24
	G0/1	100.0.0.2/8
PC1	网卡	192.168.1.1/24
PC2	网卡	192.168.1.2/24
PC3	网卡	192.168.1.3/24
PC4	网卡	200.1.1.1/24

（2）配置计算机和路由器的网络参数。

请读者根据表 9-3 自行配置，这里不再演示。

（3）利用动态 NAT 实现内网访问外网。

利用公有 IP 地址 100.0.0.10/24 和 100.0.0.11/24 实现动态地址转换。

步骤 1 配置路由。

在路由器 R1 上配置一条指向 ISP 的默认路由。

```
R1(config)#ip route 0.0.0.0 0.0.0.0 100.0.0.2
```

配置完成后，测试内网与外网之间的通信，此时内、外网之间应该是无法通信的。

步骤 2 配置动态地址转换。

```
R1(config)#ip nat pool test-pool 100.0.0.10 100.0.0.11 netmask 255.255.255.0
//创建公有 IP 地址池，包含两个地址
R1(config)#access-list 1 permit 192.168.1.0 0.0.0.255
//定义标准访问控制列表，允许 192.168.1.0 网段访问
R1(config)#ip nat inside source list 1 pool test-pool
//配置动态 NAT 映射

R1(config)#interface GigabitEthernet 0/0
R1(config-if)#ip nat inside        //定义接口 GigabitEthernet 0/0 为 NAT 内部接口

R1(config)#interface GigabitEthernet 0/1
R1(config-if)#ip nat outside       //定义接口 GigabitEthernet 0/1 为 NAT 外部接口
```

步骤 3 测试。

① 测试计算机 PC1 能否访问外网。

```
C:\>ping 200.1.1.1

Pinging 200.1.1.1 with 32 bytes of data:

Reply from 200.1.1.1: bytes=32 time<1ms TTL=126
Reply from 200.1.1.1: bytes=32 time<1ms TTL=126
Reply from 200.1.1.1: bytes=32 time<1ms TTL=126
Reply from 200.1.1.1: bytes=32 time<1ms TTL=126

Ping statistics for 200.1.1.1:
Packets: Sent = 4, Received = 4, Lost = 0 (0% loss),
Approximate round trip times in milli-seconds:
Minimum = 0ms, Maximum = 0ms, Average = 0ms
```

② 测试计算机 PC2 能否访问外网。

```
C:\>ping 200.1.1.1

Pinging 200.1.1.1 with 32 bytes of data:

Reply from 200.1.1.1: bytes=32 time=1ms TTL=126
Reply from 200.1.1.1: bytes=32 time<1ms TTL=126
Reply from 200.1.1.1: bytes=32 time<1ms TTL=126
Reply from 200.1.1.1: bytes=32 time<1ms TTL=126

Ping statistics for 200.1.1.1:
Packets: Sent = 4, Received = 4, Lost = 0 (0% loss),
Approximate round trip times in milli-seconds:
Minimum = 0ms, Maximum = 1ms, Average = 0ms
```

③ 测试计算机 PC3 能否访问外网。

```
C:\>ping 200.1.1.1

Pinging 200.1.1.1 with 32 bytes of data:

Reply from 200.1.1.1: bytes=32 time=11ms TTL=126
Reply from 200.1.1.1: bytes=32 time<1ms TTL=126
Reply from 200.1.1.1: bytes=32 time<1ms TTL=126
Reply from 200.1.1.1: bytes=32 time<1ms TTL=126

Ping statistics for 200.1.1.1:
Packets: Sent = 4, Received = 4, Lost = 0 (0% loss),
Approximate round trip times in milli-seconds:
Minimum = 0ms, Maximum = 11ms, Average = 2ms
```

从上面的显示可以看出，内网的 3 台计算机都可以访问外网。

下面再来测试，这次让每台计算机都连续发送 100 个数据包给外网计算机，如果按照 PC1、PC2 和 PC3 的顺序进行，则会发现 PC3 将无法与外网通信，如图 9-6 所示。造成这个现象的原因是动态 NAT 的每一个公有 IP 地址只能同时被一台设备使用，如果公有 IP 地址数量少于内网计算机数量，则无法实现内网所有计算机同时访问外网。

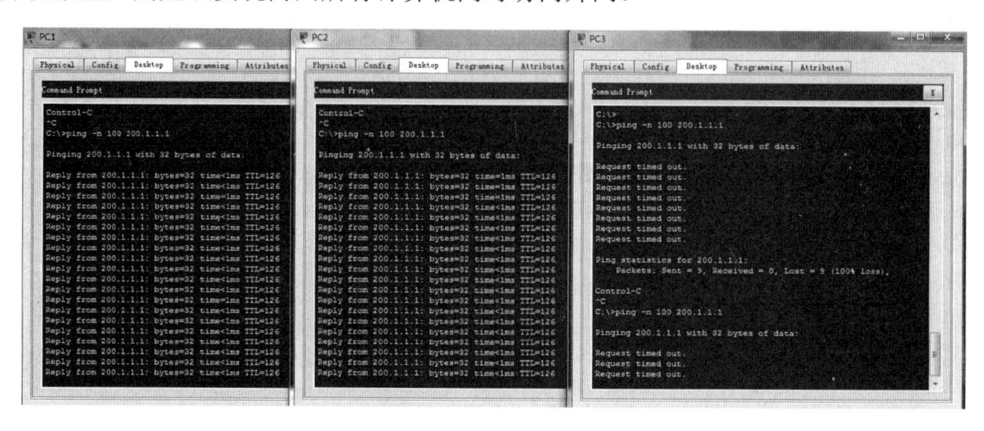

图 9-6　测试结果

9.5　任务 4　端口多路复用应用

1. 学习情境

小张在使用动态 NAT 为某部门实现计算机访问互联网时发现，由于公网地址数量少于部门的计算机数量，所以无法保证部门的所有计算机同时访问互联网。他把这个问题向王师傅反映，王师傅让小张利用端口多路复用（PAT）来解决这个问题。

2. 学习配置命令

端口多路复用地址转换有以下两种方法：

ip nat inside source list　<访问控制列表> pool <地址池名称> overload

ip nat inside source list 1 <路由器外部接口> overload

3. 操作过程

由于端口多路复用是在动态 NAT 的基础上实现的，所以这里直接沿用任务 3 的基础配置，只需要重新配置地址转换命令即可，配置如下。

（1）配置地址转换命令。

使用路由器 R1 的 G0/1 接口地址作为公有 IP 地址进行地址转换，这种方式在小型企业使用较多。

```
R1(config)#access-list 1 permit 192.168.1.0 0.0.0.255
R1(config)# ip nat inside source list 1 interface g0/1 overload
//配置端口多路复用地址转换
```

（2）测试。

让每台计算机连续发送 100 个数据包给公网计算机，如果按照 PC1、PC2 和 PC3 的次序进行，结果如图 9-7 所示。

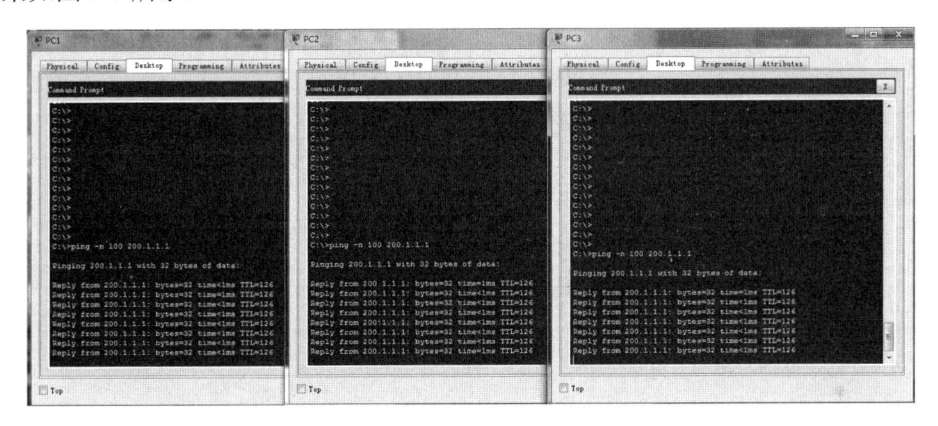

图 9-7　测试结果

从图 9-7 可以看出，3 台计算机此时均能够利用路由器 G0/1 接口的地址访问外网。

9.6　项目实施：内部网络访问 Internet 资源

1. 项目任务

（1）配置各设备接口的网络地址。

（2）配置单臂路由使私网主机访问外部网络。

（3）配置静态 NAT 转换，使公网主机可访问内部 Web 服务器。

（4）配置 NAT 协议并测试连通性。

（5）限定私网用户访问公网用户的范围。

2. 网络拓扑

网络拓扑如图 9-8 所示。

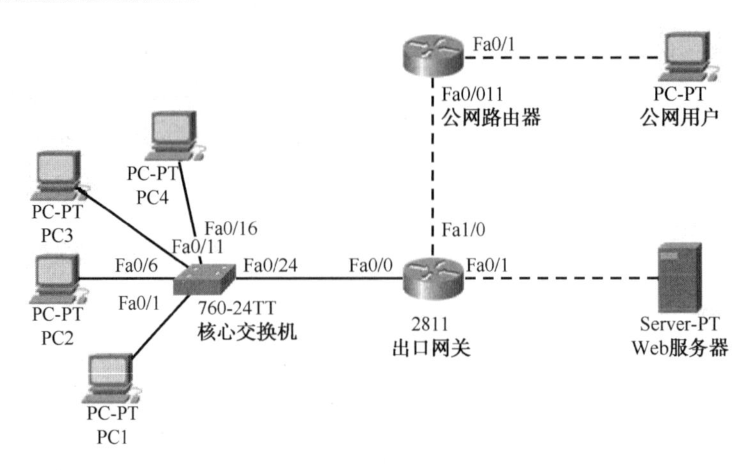

图 9-8　网络拓扑图

3. 配置参数

本项目网络参数见表 9-4。

表 9-4　本项目网络参数

设备名称	VLAN 编号	网　段	网关地址	接　口
PC1	10	192.168.10.0/24	192.168.10.1	fastEthernet 0/1~5
PC2	15	192.168.15.0/24	192.168.15.1	fastEthernet 0/6~10
PC3	20	192.168.20.0/24	192.168.20.1	fastEthernet 0/11~15
PC4	25	192.168.25.0/24	192.168.25.1	fastEthernet 0/16~20

公网地址及服务器地址见表 9-5。

表 9-5　公网地址及服务器地址

网络设备	接　口	IP 地址
出口网关	fastEthernet 1/0	1.1.1.1/30
	fastEthernet 0/0	用户网关地址
	fastEthernet 0/1	192.168.1.1/30
服务器地址	fastEthernet	192.168.1.2/30
公网路由器	fastEthernet 0/0	1.1.1.2/30
	fastEthernet 0/1	1.1.1.5/30
公网用户	fastEthernet	1.1.1.6/30

4. 操作过程

步骤 1　在核心交换机上配置 VLAN 信息，根据表 9-4 分配相应的接口。核心交换机连接出口网关的接口 fastEthernet0/24 启用 Trunk 模式。

```
Switch(config)#vlan 10
Switch(config)#vlan 15
Switch(config)#vlan 20
Switch(config)#vlan 25
```

```
Switch(config-vlan)#exit
Switch(config)#interface range f0/1-5
Switch(config-if-range)#switchport mode access
Switch(config-if-range)#switchport access vlan 10
Switch(config-if-range)#exit
```

其余接口配置命令同上。

```
Switch(config)#interface f0/24
Switch(config-if)#switchport mode trunk
Switch(config-if)#exit
```

步骤 2　完成上述步骤后，相同 VLAN 之间的设备可以相互访问。根据表 9-5 配置出口网关路由器接口 IP 地址。根据需求在相应接口上配置子接口，封装 Dot1q 模式。

```
Getway(config)#interface fastEthernet 1/0
Getway(config-if)#ip address 1.1.1.1 255.255.255.252
Getway(config-if)#no shutdown
Getway (config-if)#exit
Getway(config)#interface fastEthernet f0/1
Getway(config-if)#ip address 192.168.1.1 255.255.255.252
Getway(config-if)#no shutdown
Getway (config-if)#exit
Getway(config)#interface fastEthernet 0/0
Getway(config-if)#no shutdown
Getway(config-if)#exit
Getway(config)#interface fastEthernet 0/0.10
Getway(config-subif)#encapsulation dot1Q 10
Getway(config-subif)#ip add 192.168.10.1 255.255.255.0
Getway(config-subif)#exit
Getway(config)#interface fastEthernet 0/0.15
Getway(config-subif)#encapsulation dot1Q 15
Getway(config-subif)#ip add 192.168.15.1 255.255.255.0
Getway(config-subif)#exit
Getway(config)#interface fastEthernet 0/0.20
Getway(config-subif)#encapsulation dot1Q 20
Getway(config-subif)#ip add 192.168.20.1 255.255.255.0
Getway(config-subif)#exit
Getway(config)#interface fastEthernet 0/0.25
Getway(config-subif)#encapsulation dot1Q 25
Getway(config-subif)#ip address 192.168.25.1 255.255.255.0
Getway(config-subif)#exit
```

步骤 3　其余设备按照要求配置 IP 地址，同时在网关路由器配置默认路由，可使其正常访问公网设备。

```
Getway(config)#ip route 0.0.0.0 0.0.0.0 1.1.1.2
Router(config)#interface fastEthernet 0/0
```

```
Router(config-if)#ip address 1.1.1.2 255.255.255.252
Router(config-if)#no shutdown
Router(config-if)#exit
Router(config)#interface fastEthernet 0/1
Router(config-if)#ip add 1.1.1.5 255.255.255.252
Router(config-if)#no shutdown
Router(config-if)#exit
```

步骤 4 测试私网用户是否可以正常访问网关及私网服务器。

测试结果如图 9-9 所示。

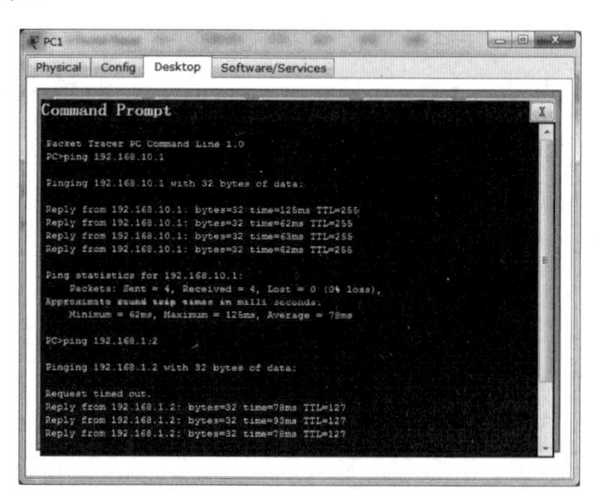

图 9-9 测试结果 1

步骤 5 使用访问控制列表（ACL）配置动态 PAT 映射，使双数 VLAN 的私网用户可以正常访问公网。单数 VLAN 的私网用户只可以访问私网服务器。

```
Getwary(config)#ip access-list extended out
Getwary(config-ext-nacl)#permit ip 192.168.10.0 0.0.0.255 any
Getwary(config-ext-nacl)#permit ip 192.168.20.0 0.0.0.255 any
Getwary(config-ext-nacl)#deny ip 192.168.15.0 0.0.0.255 any
Getwary(config-ext-nacl)#deny ip 192.168.25.0 0.0.0.255 any
Getwary(config-ext-nacl)#permit ip any any
Getwary(config-ext-nacl)#exit
Getwary(config)#interface fastEthernet 1/0
Getwary(config-if)#ip nat outside
Getwary(config)#interface fastEthernet 0/0.10
Getwary(config-subif)#ip nat inside
Getwary(config)#interface fastEthernet 0/0.15
Getwary(config-subif)#ip nat inside
Getwary(config)#interface fastEthernet 0/0.20
Getwary(config-subif)#ip nat inside
Getwary(config)#interface fastEthernet 0/0.25
Getwary(config-subif)#ip nat inside
Getwary(config)#ip nat inside source list out interface fastEthernet 1/0 overload
```

注：如果使用单臂路由技术配置 NAT，则所有子接口必须全部定义 NAT 区域，这将导致转换失败。

完成上述配置后，使用私网 PC 对公网用户进行测试，双数 VLAN 用户正常访问公网，单数 VLAN 用户无法访问。测试结果如图 9-10 和图 9-11 所示。

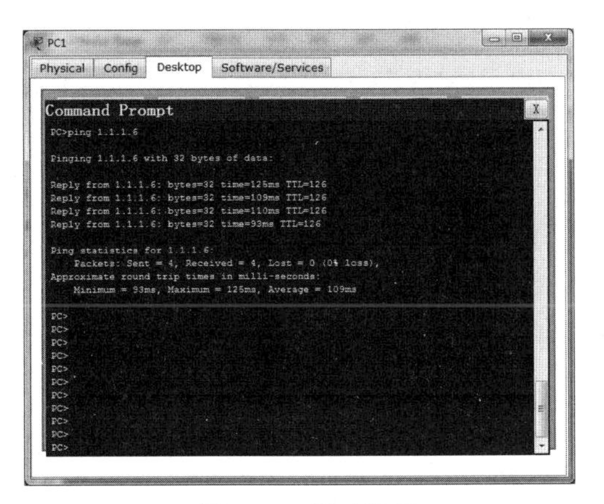

图 9-10 测试结果 2

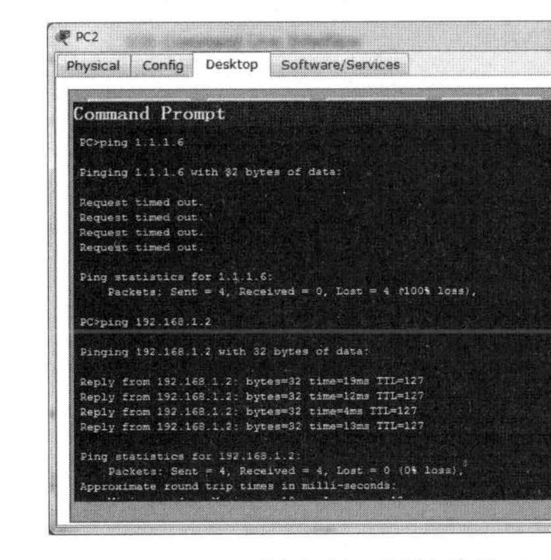

图 9-11 测试结果 3

```
Getwary#show ip nat translations
Pro   Inside global     Inside local       Outside local    Outside global
icmp 1.1.1.1:17        192.168.10.2:17    1.1.1.6:17       1.1.1.6:17
icmp 1.1.1.1:18        192.168.10.2:18    1.1.1.6:18       1.1.1.6:18
icmp 1.1.1.1:19        192.168.10.2:19    1.1.1.6:19       1.1.1.6:19
icmp 1.1.1.1:20        192.168.10.2:20    1.1.1.6:20       1.1.1.6:20
```

配置静态地址转换，使公网用户正常访问内部 Web 服务器。

```
Getwary(config)# interface fastEthernet 0/1
Getwary(config-if)#ip nat inside
Getwary(config)#ip nat inside source static 192.168.1.2 1.1.1.1
```

测试结果如图 9-12 所示。

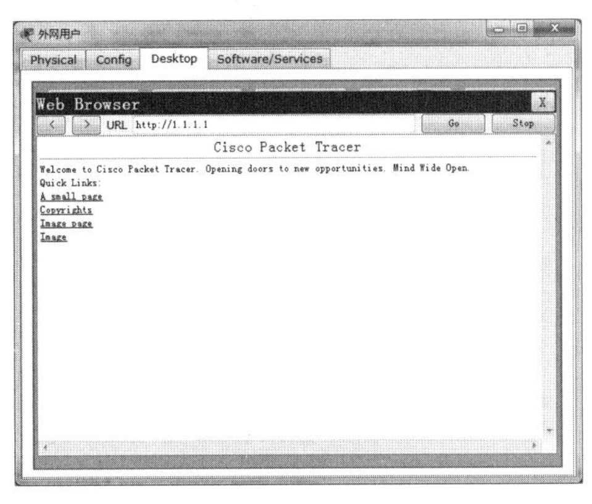

图 9-12 测试结果 4

9.7 练习题

实训 NAT 配置

实训目的：

掌握 NAT 的使用方法。

网络拓扑：

实验拓扑如图 9-13 所示。

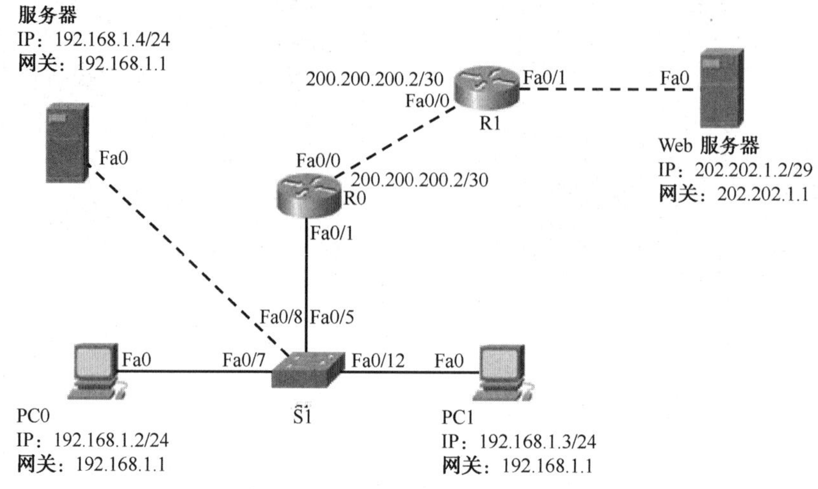

图 9-13 实验拓扑图

实训内容：

（1）根据图 9-13 在模拟器上搭建网络。

（2）根据图 9-13 配置设备的 IP 参数。

（3）配置 R0 的路由。

（4）在 R0 中配置地址端口 NAT 转换，然后配置静态地址转换，将 200.200.200.1 的 TCP 80 端口映射到私网 192.168.1.4 服务器的 TCP 80 端口。

（5）在 PC0 或 PC1 上访问外部 Web 服务器，然后查看 R0 的 NAT 信息。

第10章 广域网接入技术

计算机网络常见的分类依据是网络覆盖的地理范围。按照网络覆盖的地理范围分类，可将计算机网络分为局域网、广域网和城域网三类。

局域网（Local Area Network，LAN）是连接近距离计算机的网络，覆盖范围从几米到数千米。例如，办公室或实验室、同一建筑物内的网络及校园网等均属于局域网。

广域网（Wide Area Network，WAN）覆盖的地理范围从几十千米到几千千米，覆盖一个国家、地区或横跨几个洲，形成国际性的远程网络。例如，我国的公用数字数据网（China DDN）、电话交换网（PSDN）等均为广域网。

城域网（Metropolitan Area Network，MAN）是介于广域网和局域网之间的一种高速网络，覆盖范围为几十千米，大约是一个城市的规模。

当主机之间的距离较远时，例如，相隔几十或几百千米，甚至几千千米，局域网显然就无法完成主机之间的通信任务。这时就需要用到广域网。广域网是由许多交换机组成的，交换机之间采用点对点线路连接，几乎所有点对点的通信方式都可以用来建立广域网，包括租用线路、光纤、微波、卫星信道。广域网是通信公司和企业用户之间的特殊连接网络，本章通过两个不同校区之间的通信来介绍广域网连接技术。

10.1 项目导入

1. 项目描述

由于东、西两个校区的距离较远，使用局域网连接方式实现通信的可能性不大，利用广域网技术的远距离传输、拓扑结构灵活，以及可借用公共网络的特点，可进行稳定通信。广域网通信技术支持的设备也比较多样，交换机、路由器、防火墙，甚至调制解调器都可以作为网络的接入设备。通常广域网的数据传输速率比局域网高，而信号的传播延迟却比局域网要大得多。王师傅带领小张根据东、西两个校区的实际情况、接入设备和 Internet 网络的情况进行广域网配置。王师傅要求小张学习广域网接入的相关基础理论，并且在模拟器上进行项目的配置验证。校园网结构如图 10-1 所示。

2. 项目任务

- 掌握广域网接入的基础理论。
- 组建东校区和西校区之间的点对点通信。
- 为保证通信的安全性、可靠性和完整性，要对整个通信链路进行加密以保证数据的安全。
- 提高广域网通信安全和通信效率。
- 两个校区之间必须安全、有效地通信。

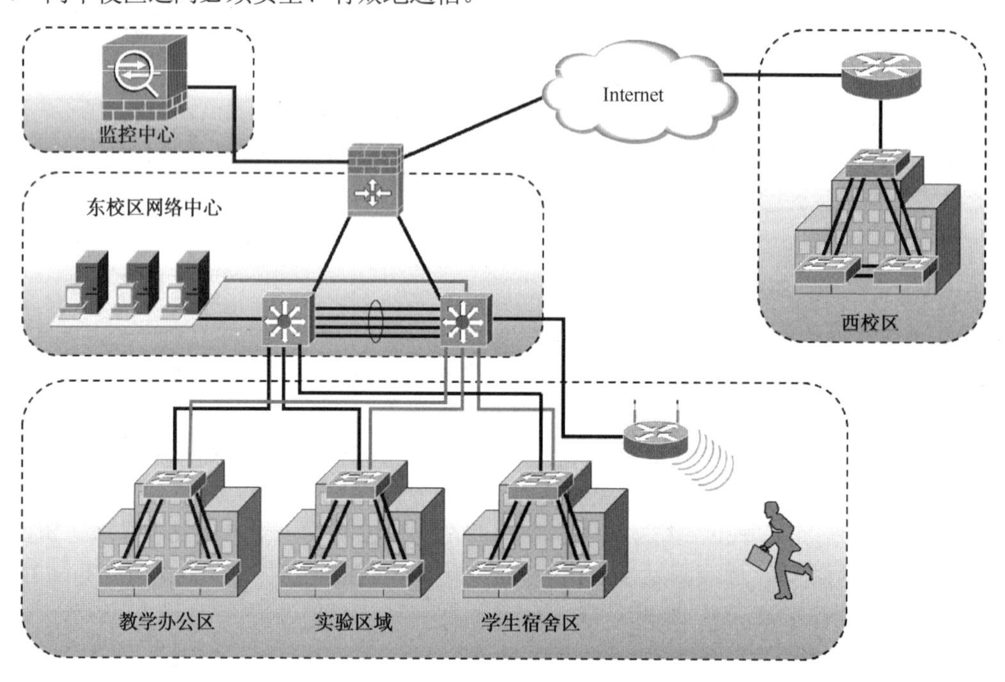

图 10-1　校园网结构

10.2　任务 1　学习广域网接入的基本知识

广域网服务是运营商或服务提供商针对公司或用户等，使其能与其他用户进行相互访问的技术总称。其中包含多种技术，如专线、PSTN（电话线上网）、DSL 上网等，目的都是为了进行数据沟通而产生的。本章将对一些基本的网络封装技术进行讲解。

1. 几种常用的广域网接入方式

（1）专线。

原始的专线采用点对点的连接方式，极大地限制了公司网络规模的扩展，一旦进行扩展，就必须重新增加一根专有线路，无论是新建还是租用，都极大地提高了公司的运营成本。目前的专线网络多采用复用方式或 VPN 直接使用已有线路进行互联，并且当数据被使用时可自行切断网络以减少费用。

（2）帧中继（Frame Relay）。

帧中继是基于专线开发的一种新的广域网技术。在以前专线中开设一条通信通道就要敷设一条电缆。帧中继采用动态的网络形式使用 DLCI 号进行通信，用户只需要向网络运营商进行申请购买就可以直接与外界进行通信而不需要每增加一个联络点就添加线路。运营商可以动态地进行切换以提供正常访问。

（3）点对点协议。

点对点协议（Point to Point Protocol，PPP）是 IETF（Internet Engineering Task Force，因特网工程任务组）推出的点对点类型线路的数据链路层协议。它解决了 SLIP 中的问题，并且成为正式的因特网标准。

PPP 支持在各种物理类型的点对点串行线路上传输上层协议报文，其有很多丰富的可选特性，如支持多协议、提供可选的身份认证服务、可以以各种方式压缩数据、支持动态地址协商、支持多链路捆绑等。这些丰富的选项增强了 PPP 的功能。无论是异步拨号线路还是路由器之间的同步链路均可使用。因此，应用十分广泛。

2. 广域网常用技术术语

（1）数据链路连接标识符（Data Link Connection Identifier，DLCI）。

帧中继使用 DLCI 来标识 DTE 和服务商交换机之间的虚电路，帧中继交换机将两端的 DLCI 关联起来，这是个 6 位标识，表示正在进行的客户和服务器之间的连接，用于 RFCOMM 层。它是帧中继帧格式中地址字段的一个重要部分。DLCI 字段的长度一般为 10bit，也可扩展为 16bit，前者用 2 字节地址字段，后者用 3 字节地址字段。23bit 用 4 字节地址字段。DLCI 值用于标识永久虚电路（PVC）、呼叫控制或管理信息。见表 10-2。

表 10-2　DLCI 字段说明

DLCI	用途
0	传递帧中继呼叫控制报文
1～15	保留
16～1007	分配给帧中继过程使用
1008～1022	保留
1024	链路管理

（2）本地管理接口（LMI）。

LMI 是用户设备与帧中继交换机之间的沟通信令，负责对链路状态进行通告及检测。主要作用是对 PVC 链路可用，以及确认 PVC 目前是否可以进行检测。当网络内信令沟通完毕后，将这条 PVC 链路的状态置为 Action。出现此状态时，代表网络内从帧中继交换机到用户路由器一端的链路全部配置正常，可以使用。

LMI 存在 3 种信令，分别为 ANSI、Cisco、Q933A。这 3 种信令也只限于网络中用户与帧中继交换机之间的一段链路。只需要配置相同的信令沟通方式就可以进行通信协商。在 Cisco 路由器上默认类型为 Cisco，可对其进行修改。

（3）虚电路。

对于采用虚电路方式的广域网，在源节点与目的节点进行通信之前，必须建立一条从源节点到目的节点的虚电路，即逻辑连接，然后通过该虚电路进行数据传输，当数据传输结束时，释放该虚电路。在虚电路方式中，每个交换机都维护一张虚电路表，用于记录经过该交换机的所有虚电路的情况，每条虚电路占据其中一项。在虚电路方式中，其数据报文在其报头中除序号、校验及其他字段外，还必须包含一个虚电路号。

在虚电路方式中，当某台机器试图与另一台机器建立一条虚电路时，首先选择本机还未使用的虚电路号作为该虚电路的标识，同时在该机器的虚电路表中填上一项。由于每台机器（包括交换机）独立选择虚电路号，所以虚电路号仅仅具有局部意义，也就是说，报文在通过虚电路传输的过程中，报文头中的虚电路号会发生变化。

一旦源节点与目的节点建立一条虚电路，就意味着在所有交换机的虚电路表上都登记有该条虚电路的信息。当两台建立了虚电路的机器相互通信时，可以根据数据报文中的虚电路号，通过查找交换机的虚电路表而得到其输出线路，进而将数据传送到目的端。

当数据传输结束时，必须释放所占用的虚电路表空间，具体做法是由任意一方发送一个撤除虚电路的报文，清除沿途交换机虚电路表中的相关项。

10.3 任务 2 单链路加密连接

10.3.1 单链路的加密方式

1. 密码验证协议（PAP）

PAP 是一种身份验证协议，也是一种最不安全的身份验证协议，还是一种当客户端不支持其他身份认证协议时才被用来连接到 PPP 服务器的方法。它需要用户输入密码才能访问安全系统。用户的名称和密码通过线路发送到服务器，并且在那里与一个用户名和密码数据库进行比较。这种技术容易受到窃听的攻击，因为某人可能截获密码并使用它登录系统。

多数情况下不建议使用 PAP。因为在身份验证过程中，密码可以被很容易地从 PPP 数据包中读取。不过如果没有更好的验证方案可用，有些验证系统还得求助于 PAP，如连接到基于 UNIX 的旧远程访问服务器。通过在远程访问服务器上禁用对 PAP 的支持，拨号客户端就不会发送明文密码。禁用 PAP 支持可提高身份验证的安全性，但是仅支持 PAP 的远程访问客户端将无法连接，如图 10-2 所示。

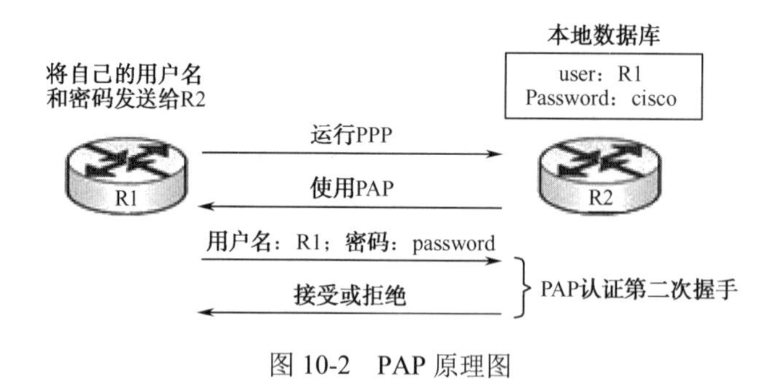

图 10-2 PAP 原理图

2. 挑战握手验证协议（CHAP）

CHAP 使用唯一且不可预知的挑战数据来防止回放攻击，利用 MD5 加密方式，对发送的数据进行加密，MD5 的特质就是时效性和不可复制性。区域服务器（如网景商业服务器）可以控制发送挑战消息的频率和时间。

CHAP 是一种替换协议，它使用 3 次握手来实现对网络节点的定期审查和认可，当链路建立时，CHAP 应该已经完成，并且链路建立以后，在必要时可以重复审查过程。这一点使 CHAP

较 PAP 更有效。PAP 只进行一次身份认证，这就使它很容易被黑客进行数据重放，并且 PAP 允许客户端发起认证申请，这也会导致它容易被黑客攻击。因此，CHAP 不允许客户端在没有收到挑战消息的情况下发起认证申请。在 PPP 链路建立以后，服务器将会发送挑战消息到远端，远端将回送一个响应值，然后服务器根据自己的值对返回值进行验证，如果吻合，认证将通过确认，否则，链路终止，如图 10-3 所示。

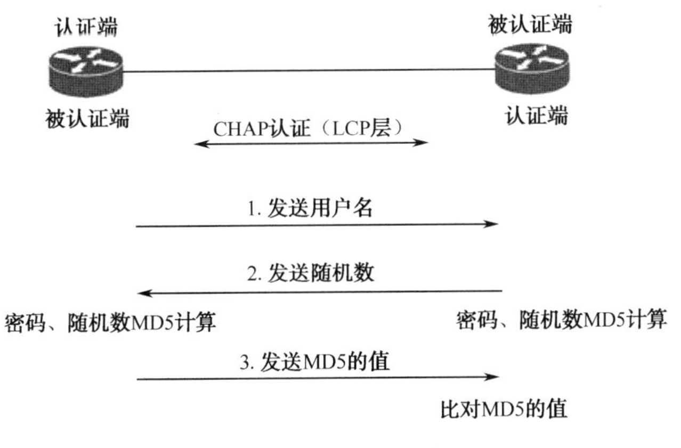

图 10-3　CHAP 验证流程

10.3.2　配置点对点加密认证

1. 学习情境

小张在学习了单链路加密技术理论后，根据王师傅的建议在模拟器上对两台路由器进行实验，并且验证相关操作。

2. 学习配置命令

下面先简单认识一下将要用到的配置命令。

① 封装 PPP 协议，激活 PPP 验证。

```
encapsulation ppp
```

如果需要关闭 PPP 协议，则可以采用“no encapsulation ppp”命令删除 PPP 封装。

② 设定需要验证的对方设备的用户名、密码。

```
username <用户名> password <密码>
```

③ 在接口下激活验证。

```
ppp authentication {chap|chap pap|pap chap|pap}
```

PPP 的认证方式有 pap 和 chap，这两种方式既可以单独使用又可以结合使用，并且既可以进行单向认证又可以进行双向认证。

PAP 是两次握手，首先由被认证方发起认证请求，将自己的用户名和密码以明文的方式发送给主认证方。主认证方接受请求，并且在自己的本地用户数据库里查找是否有对应的条目，如果有就接受请求，如果没有相应的用户密码条目，就拒绝请求。这种不安全的认证方式很容易引起密码泄露，但相对于 CHAP 认证方式来说，节省了宝贵的链路带宽。现在的 Internet 拨号认证接入方式就是 PAP 认证。

CHAP是三次握手，首先由主认证方发起认证请求，向被认证方发送“挑战”字符串（一些经过摘要算法加工过的随机序列）；然后被认证方接收到主认证方的认证请求后，将用户名和密码（这个密码是根据“挑战”字符串进行MD5加密的密码）发回给主认证方；最后主认证方接收到回应“挑战”字符串后，在自己的本地用户数据库中查找是否有对应的条目，并且将用户名对应的密码根据“挑战”字符串进行MD5加密，再将加密结果和被认证方发来的加密结果进行比较，如果两者相同，则认为认证通过，如果不同，则认为认证失败。

④ 配置PAP验证发送的用户名和密码。

```
ppp pap sent-username <用户名> password <密码>
```

⑤ 调试验证信息。

```
debug ppp authentication
```

3. 操作过程

（1）搭建网络拓扑。

网络拓扑如图10-4所示，两台路由器为2811，请读者根据拓扑图在模拟器上搭建网络拓扑。

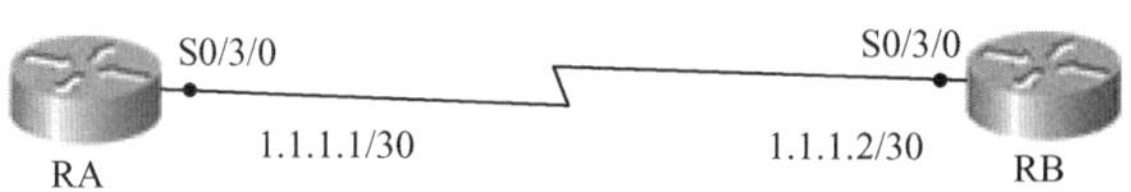

图10-4 网络拓扑

（2）配置设备的IP地址。

请根据图10-4所示的内容配置路由器的IP地址，完成后测试两台路由器之间的通信，此时应该可以通信，这些过程请读者自行操作，这里不再演示。

（3）配置CHAP认证。

步骤1 路由器RA的配置。

```
RA(config)#enable secret cisco                    //配置特权模式密码
RA(config)#username RB password cisco             //设置用户名和密码
RA(config)#interface serial 0/3/0
RA (config-if)#encapsulation ppp                  //封装PPP协议，开启认证
RA (config-if)# ppp authentication chap           //设置认证协议为CHAP
```

注意：在配置CHAP认证时，路由器密码必须要用特权模式密码，所以需要配置特权模式密码。

若此时在路由器RA上利用ping命令测试与路由器RB的通信，则会发现两台路由器之间已无法通信，原因在于目前只在路由器RA向RB发起验证请求。

步骤2 路由器RB的配置。

要使对方路由器可以和本地路由器进行验证通信，两端路由器的协议必须一致。

```
RB(config)#enable secret cisco                //配置特权模式密码
RB(config)#username RA password cisco         //设置用户名和密码
RB(config)#interface serial 0/3/0
RB(config-if)#encapsulation ppp               //封装PPP协议，开启认证
RB(config-if)# ppp authentication chap        //设置认证协议为CHAP
```

步骤 3 查看配置结果。

以路由器 RA 为例，查看路由器 RA 的接口配置内容。

```
RA#show interfaces s0/3/0
Serial0/3/0 is up, line protocol is up (connected)
Hardware is HD64570
Internet address is 1.1.1.1/30
MTU 1500 bytes, BW 1544 Kbit, DLY 20000 usec,
reliability 255/255, txload 1/255, rxload 1/255
Encapsulation PPP, loopback not set, keepalive set (10 sec)
LCP Open
Open: IPCP, CDPCP
……（省略部分内容）
```

从上面显示的内容可以看出 PPP 配置正确。

步骤 4 结果测试。

① 在路由器 RA 上利用 ping 命令测试与路由器 RB 的通信会发现，在未启用 PPP 协议的情况下两台设备可以通信。

② 当路由器 RA 单独开启 PPP 协议后通信中断，在路由器 RB 正确配置 PPP 验证后通信才会恢复。

（4）配置 PAP 认证。

步骤 1 路由器 RA 的配置。

```
RA(config)#username RB password RB123
RA(config)#interface serial 0/3/0
RA(config-if)#encapsulation ppp
RA(config-if)#ppp pap sent-username RA password RA123          //发送用户名和密码
```

步骤 2 路由器 RB 的配置。

```
RB(config)#username RA password RA123
RB(config)#interface serial 0/3/0
RB(config-if)#encapsulation ppp
RB(config-if)#ppp pap sent-username RB password RB123          //发送用户名和密码
```

注意上面两个步骤中用户名和密码的配置内容。

步骤 3 查看配置结果。

以路由器 RA 为例，查看路由器 RA 的接口配置内容。

```
RA#show interfaces s0/3/0
Serial0/3/0 is up, line protocol is down (disabled)
Hardware is HD64570
Internet address is 1.1.1.1/30
MTU 1500 bytes, BW 1544 Kbit, DLY 20000 usec,
reliability 255/255, txload 1/255, rxload 1/255
Encapsulation PPP, loopback not set, keepalive set (10 sec)
LCP Closed
……（省略部分内容）
```

步骤 4 结果测试。

配置完成后利用 ping 命令测试两台路由器之间的通信，应该可以实现通信。

10.4 任务 3 帧中继配置

10.4.1 帧中继网络介绍

帧中继是一种用于连接计算机系统的面向分组的通信方法，主要用于公共网络之间的互联。大多数公共电信局都提供帧中继服务，把它作为建立高性能虚拟广域连接的一种途径。帧中继是进入带宽范围从 56Kb/s 到 1.544Mb/s 的广域分组交换网的用户接口。

帧中继是从综合业务数字网中发展起来的，并且在 1984 年推荐为国际电话电报咨询委员会（CCITT）的一项标准，另外，由美国国家标准协会授权的美国 TIS 标准委员会也对帧中继做了一些初步工作。由于光纤网的误码率（单位为%，小于 10^{-9}）比早期的电话网误码率（单位为%，10^{-4}～10^{-5}）低得多，因此可以减少 X.25 的某些差错控制过程，从而减少节点的处理时间，提高网络的吞吐量。帧中继就是在这种环境下产生的。帧中继提供的是数据链路层和物理层的协议规范，任何高层协议都独立于帧中继协议，大大简化了帧中继的实现。帧中继的主要应用之一是局域网互联，特别是在局域网通过广域网进行互联时，使用帧中继更能体现它的低网络时延、低设备费用、高带宽利用率等优点。帧中继是一种先进的广域网技术，实质上也是分组通信的一种形式，只不过它将 X.25 分组网中分组交换机之间的恢复差错、防止阻塞的处理过程进行了简化，如图 10-5 所示。

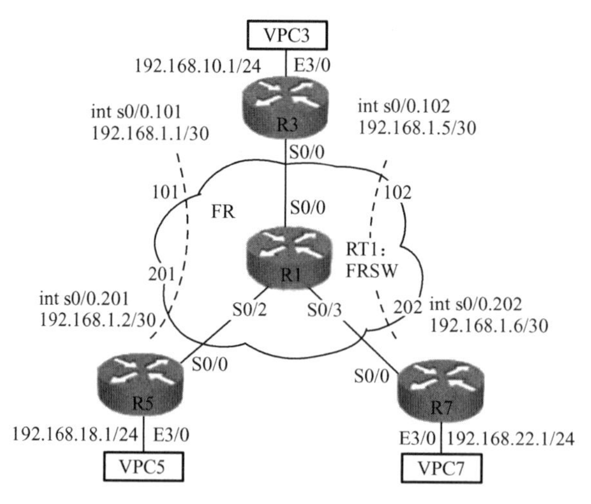

图 10-5 基本帧中继网络

（1）帧中继的特点。

① 使用光纤作为传输介质，误码率极低，能实现近似无差错传输，减少了进行差错校验的开销，提高了网络的吞吐量，其数据传输速率和传输时延比 X.25 网络要分别高和低至少一个数量级。

② 因为采用了基于变长帧的异步多路复用技术，所以帧中继主要用于数据传输，而不适合语音、视频或其他对时延敏感的信息传输。

③ 仅提供面向连接的虚电路服务。

④ 仅能检测到传输错误，而不试图纠正错误，只是简单地将错误帧丢弃。

⑤ 帧长度可变，允许最大帧长度在1600B以上。

⑥ 帧中继是一种宽带分组交换，使用复用技术时，其传输速率高达44.6Mb/s。

（2）复用与寻址。

帧中继在数据链路层采用统计复用方式，用虚电路机制为每个帧提供地址信息。通过不同编号的DLCI（DataLine Connection Identifier，数据链路连接识别符）建立逻辑电路。一般来讲，同一条物理链路层可以承载多条逻辑虚电路，并且网络可以根据实际流量动态调配虚电路的可用带宽，帧中继的每个帧沿着各自的虚电路在网络内传送，如图10-6所示。

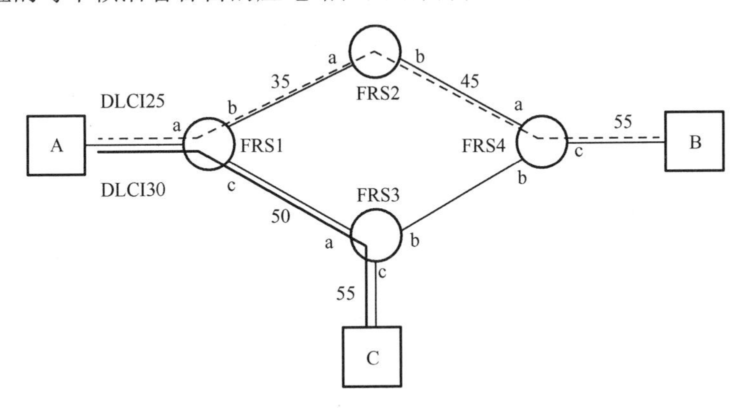

图10-6　帧中继示意图

（3）帧中继带宽控制技术。

帧中继带宽控制技术是帧中继技术的特点，更是帧中继技术的优点。帧中继的带宽控制通过CIR（承诺的信息速率）、Bc（承诺的突发量）和Be（超过的突发量）3个参数设定完成。Tc（承诺时间间隔）和EIR（超过的信息速率）与此3个参数的关系是：Tc=Bc/CIR；EIR=Be/Tc。

在传统的数据通信业务中，如果用户申请了一条64KB的电路，那么他只能以64Kb/s的速率来传送数据；而在帧中继技术中，用户向帧中继业务运营商申请的是承诺的信息速率（CIR），而实际使用过程中用户可以以高于CIR的速率发送数据，却不必承担额外的费用。

举例来说，某用户申请了CIR为64Kb/s的帧中继电路，并且与电信运营商签定了另外两个指标Bc和Be。当用户以等于或低于64Kb/s的速率发送数据时，网络将确保此速率传送，当用户以大于64Kb/s的速率发送数据时，只要网络不拥塞，并且用户在Tc内发送的突发量小于Bc+Be，则网络还会传送，当突发量大于Bc+Be时，网络将丢弃帧，所以帧中继用户虽然支付了64Kb/s的信息速率费（收费标准依CIR来定），却可以传送高于64Kb/s的数据，这是帧中继吸引用户的主要原因之一。

随着帧中继、信元中继和ATM技术的发展，帧中继交换机的内部结构也在逐步改变，业务性能进一步完善，并且向ATM过渡。

市场上的帧中继交换产品大致有三类：

➢ 改装型X25分组交换机。

➢ 以全新的帧中继结构设计为基础的新型交换机。

➢ 采用信元中继、ATM 技术、支持帧中继接口的 ATM 交换机。

第一种交换机在帧中继发展初期比较普遍，主要通过改装 X25 交换机并增加软件使交换机具有接收和发送帧中继的能力，但仍然保留分组层的一些功能，时延较大。第二种是专门设计的交换机，具备帧中继的全部必备功能。第三种是最新型的交换机，采用信元中继或 ATM 技术，具有帧中继接口和 ATM 接口，内部完成 FR 和 ATM 之间的互通。在以 ATM 为骨干的网络中，起着用户接入的作用。中国所采用的帧中继交换机一般采用 ATM 技术，即用户终端设备采用帧中继接口来接入帧中继节点机，帧中继节点机的中继口为 ATM 接口，交换机将以帧为单位的用户数据转换为 ATM 信元在网上传送，在终端侧再将信元变换为帧中继的帧格式传送给用户。

（4）帧中继链接方法。

大多数电信公司像 AT&T、MCI、US Sprint，以及地方贝尔运营公司均提供了帧中继服务。与帧中继网相连，需要一个路由器和一条接入帧中继网络的专用线路。这种线路一般是像 T1 那样的租用数字线路，但取决于通信量。两种可能的广域连接方法如下所述。

① 专用网方法。在这种方法中，每个场点需要 3 条专用（租用）线路和相连的路由器，以便与其他每个场点相连，共需要 6 条专用线路和 12 个路由器。

② 帧中继方法。在这种公共网方法中，每个场点仅需要一条专用（租用）线路和相连的路由器直至帧中继网。这时，在其他网间的交换是在帧中继网内处理的。来自多个用户的分组被多路复用到一条连到帧中继网上的线路，通过帧中继网，它们被送到一个或多个目的站。

永久虚电路（PVC）是通过帧中继网连接两个端节点的预先确定的通路。帧中继服务的提供者根据客户的要求，在两个指定的节点间分配 PVC。这些信道保持连续不间断运行，并且保证提供每种客户协商好的、指定级别的服务。交换式虚电路在 1993 年后期被加入帧中继标准中，从而帧中继成为真正的“快速分组”交换网。

在过去几年里，在美国国内和国际网上已经安装了大量光缆，可以大幅增加带宽。为了充分利用高带宽的优点，新的通信方案去掉原有方案中固有的常规开销，变得更为切实可用。帧中继通过取消网络自身进行流控和错误处理做到这一点，避免了因网络自身做这些事情而导致的延迟。

帧中继设想端节点设备是可编程的智能机器，它们能进行错误处理。端系统不会由于这种错误控制而超负荷，因为通常很少有错误。相对而言，X.25 设想网络需要检错、纠错是因为端节点是连到主机的终端。

在帧中继中，中间节点（交换机）仅仅沿着预定的通路中继帧。在 X.25 中，中间节点必须完整地接收每个分组并在转发之前进行检错，如果有错误发生，则节点要求发送方重传。使用这种方法，一旦分组丢失，发送方就尽快重发一个分组。在 X.25 中，每个中间节点使用状态表来处理管理、流控和检错，而在帧中继中是不需要的。

如果一个分组由于帧中继网的拥塞而被破坏或丢失，那么检测帧丢失和请求重发是接收系统的工作。帧中继网把自己的所有精力都用来传递分组，在子网中的交换节点不会执行任何纠错，尽管它们能检测出被损坏的分组，一旦检测出，分组就会被丢弃。

为了建立帧中继连接，需要与电信公司联系，通常要像下面那样进行通信速度的选择，以及专用线通信或交换式通信的选择。

① 由 Switched 56 服务或综合业务数字网（ISDN）提供 56/64Kb/s 交换式访问；高级数字网（ADN）提供专用线访问。

② 两条 ISDN 线路或两条 ADN 线路提供 128Kb/s 的访问。

③ 通过 T1 线路或部分 T1 线路可使用 384Kb/s 到 1.544Mb/s 的连接。

帧中继端口一般用 PVC 连接。PVC 是逻辑链路，具有特定的端节点和服务特性。它们在网状拓扑结构上提供逻辑连接，并且在使用前为交换局提供一种确定服务特性和速率的方法。它们也在端节点之间提供快速连接。在得到提供者的服务时，可以为 PVC 规定一些服务特性。

下面列举一些服务特性。

① 访问速率。这是线路的速度，取决于网上的数据传输速度。在美国，一般访问速率是 1.544Mb/s（T1）和 56Kb/s。

② 承诺的信息速率（CIR）。CIR 是帧中继电路上最高平均数据传输速率，通常比传输速率慢；当传输突发数据时，传输速率可以超过 CIR。

③ 承诺的成组数据大小（CBS）。CBS 是网络提供者在一定的时间间隔内和正常的网络条件下所允许传输的最大数据量（位数）。

④ 额外的成组数据大小（EBS）。EBS 是超过 CBS 的最大非提交数据量，CBS 是网络将在一定的时间间隔内发送出去的数据。EBS 是被网络看作可以丢弃的数据。

下面列举另外一些由帧中继网提供的特性。

① 虚电路状态消息远程服务在网络和用户之间提供通信，确保 PVC 的存在及报告被删除的 PVC。

② 广播。这种可选服务使一个用户能把帧发给多个目的站。

③ 全局寻址。这种可选服务使帧中继网具有像局域网一样的能力。

④ 简单流控。这种可选服务为那些需要流控的设备提供 XON/XOFF 流控机制。

⑤ 拥塞控制。当帧中继网拥塞时，帧可以适宜地丢弃（端节点负责重发它们）或根据用户指定的级别丢弃。例如，用户可以指明一些对事务运作不是很关键的通信帧是可以丢弃的（DE）。路由器或帧中继交换机可以用 DE 来标识帧，DE 的使用提供了一种方法：确保重要的信息通过网络传送，而不重要的信息可以在网络不太忙时重传。

⑥ 安全性。帧中继中有几个安全性选项：

- 仅用专用线路才能访问网络。
- 需要口令访问网络。
- 不活动的站点超过一定时间就被注销。

在公共分组交换网上，一个帧中继网可以连接两个局域网（LAN）。这个过程非常简单，来自 LAN 的帧被放到帧中继的帧中，并且通过网络的底层（帧中继的网状连接）送到目的地。统计式多路实用技术把来自客户站点多个源的数据有效地交替放在一条单一线路上传到帧中继网。帧中继是高级数据链路控制规程（HDLC）的改进，所以它能用于一些桥接器和路由器的升级。由于帧中继采用的是变长帧格式，故而不适合音/视频通信。

10.4.2　帧中继配置实施

1. 学习情境

小张在项目实施过程中发现两个校区通过 Internet 连接，在通信过程中，需要通过运营商的帧中继交换网云，在询问了王师傅后，小张知道了原因和解决方法，为了更好地掌握这些配置，他还在模拟器上搭建了拓扑进行配置练习和验证。

2. 学习配置命令

① 开启帧中继协议。

```
encapsulation frame-relay
```

此命令使用于路由器连接帧中继交换的端口，其作用是让帧中继协议开启，可以运行 FR（frame-relay 的缩写）。

② 设置 LMI 类型为 cisco。

```
frame-relay lmi-type cisco
```

帧中继利用 LMI 进行链路和用户管理，LMI 是帧中继的一个扩展，用于在 DTE 和 DCE 之间动态获得网络状态信息。

由于厂商和标准组织分别开发，导致 LMI 有 3 种互不兼容的类型：ansi（ANSI）、cisco（cisco+Nortel+DEC）、q933a（ITU-T）。运营商的帧中继交换机和用户的 DTE 设备间的 LMI 类型必须匹配。在 Cisco IOS 版本 11.2 以后，LMI 类型可以由 LMI 信令自动感知，因此用户的 DTE 设备上可以不用配置 LMI 类型。

LMI 使用保留的 DLCI 值。比如，DLCI=0 表示 ANSI 和 ITU-T 定义的 LMI，而 DLCI=1023 为 Cisco 定义的 LMI。LMI 的作用如下。

- keepalive 机制：用于验证数据正在流动。
- 状态机制：定期报告 PVC 的存在和加入/删除情况。
- 多播机制：允许发送者发送一个单一帧，但能够通过网络传递给多个接收者。
- 全局寻址：赋予 DLCI 全局意义。

3. 操作过程

（1）搭建网络拓扑。

网络拓扑如图 10-7 所示，请读者根据拓扑图在模拟器上搭建网络拓扑。

（2）配置计算机的 IP 地址。

请根据图 10-7 所示的内容配置路由器 RA 和 RB，其 Se1/0 的 IP 地址分别为 1.1.1.1/30 和 1.1.1.2/30，配置过程不再演示。配置完成后测试计算机之间的通信情况。

```
RA#ping 1.1.1.1   //测试 RA 和 RB 的通信情况

Type escape sequence to abort.
Sending 5, 100-byte ICMP Echos to 1.1.1.1, timeout is 2 seconds:
.....
Success rate is 0 percent (0/5)
```

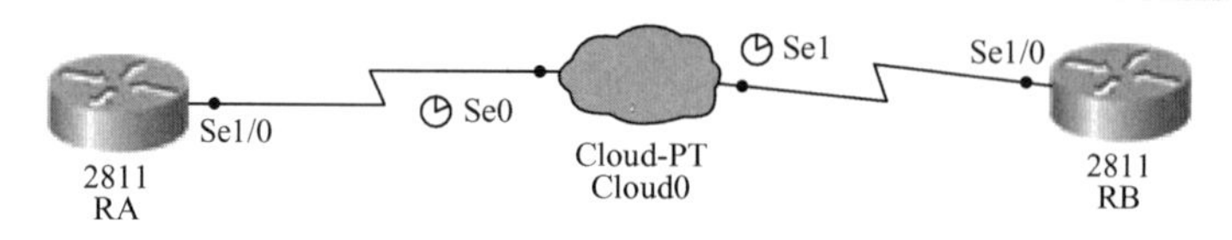

图 10-7 网络拓扑图

从上面的结果可以看出，虽然目前两个路由器处于同一网段，但是由于没有启用帧中继技术，所以还是无法通信。

（3）配置帧中继交换云。

根据拓扑图配置帧中继交换云。

步骤 1　右键选择 Cloud0，如图 10-8 所示。

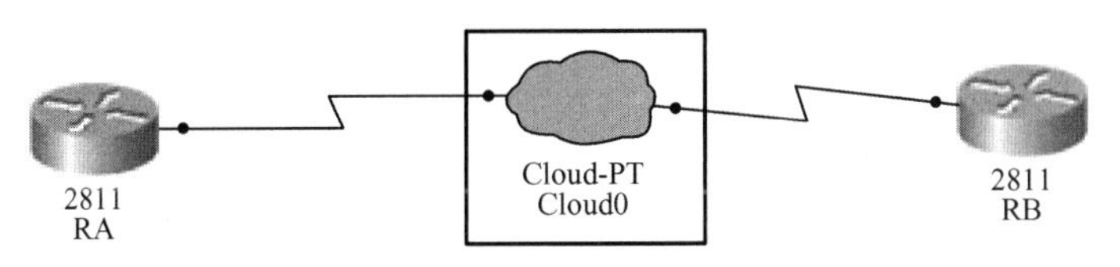

图 10-8　选择 Cloud0

步骤 2　选择连接路由器 RA 的 Serial0 接口和连接 RB 的 Serial1 接口，设置 DLCI 号和名称，如图 10-9 所示。

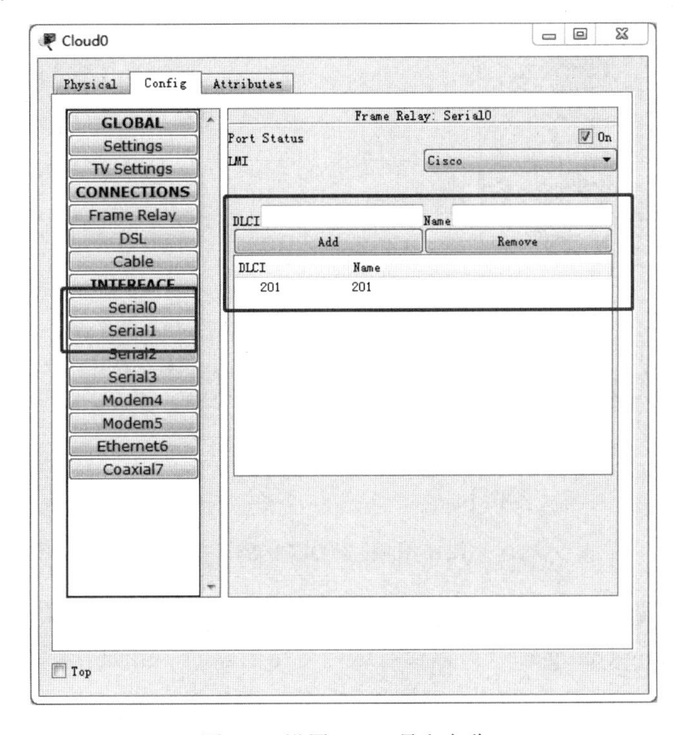

图 10-9 设置 DLCI 号和名称

步骤 3　设置 DLCI 接口，如图 10-10 所示。

步骤 4　配置路由器 RA 和 RB 的帧中继协议。

```
RA(config)#interface serial 1/0
RA(config-if)#encapsulation frame-relay      //开启帧中继协议
RA(config-if)#
%LINEPROTO-5-UPDOWN: Line protocol on Interface Serial1/0, changed state to up
RA(config-if)#
RA(config-if)#frame-relay lmi-type cisco     //设置 LMI 的类型为 cisco
RA(config-if)#

RB(config)#interface serial 1/0
```

```
RB(config-if)#encapsulation frame-relay        //开启帧中继协议
RB(config-if)#
%LINEPROTO-5-UPDOWN: Line protocol on Interface Serial1/0, changed state to up
RB(config-if)#
RB(config-if)#frame-relay lmi-type cisco       //设置 LMI 的类型为 cisco
RB(config-if)#
```

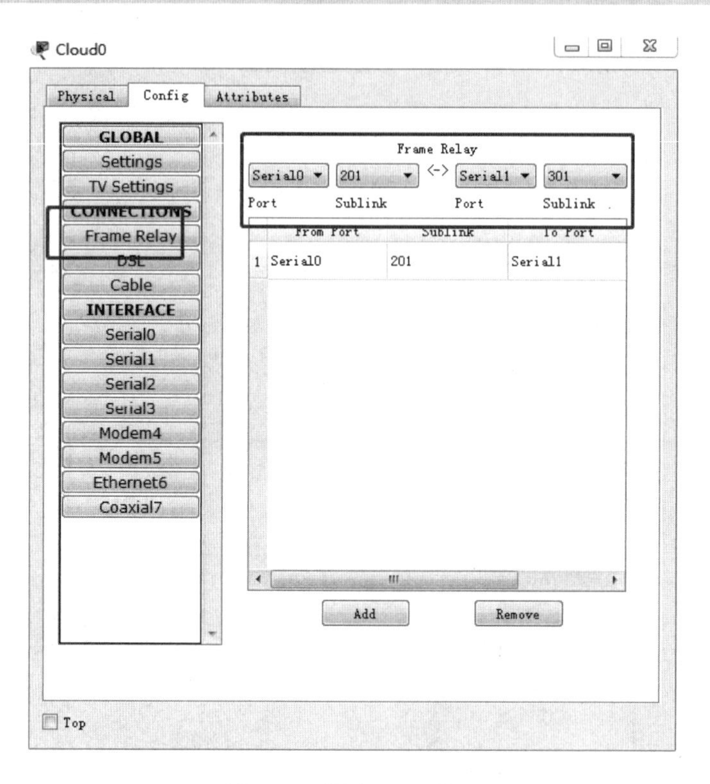

图 10-10 设置 DLCI 接口

步骤 5　查看配置结果。

利用 show running-config 命令可以查看这两台路由器的 Serial1/0 端口为帧中继模式，以 RA 为例。

```
RA#show running-config
……省略部分内容
!
interface Serial1/0
 ip address 1.1.1.1 255.255.255.252
 encapsulation frame-relay
!
……（省略部分内容）
```

步骤 6　测试结果。

```
RB#ping 1.1.1.1

Type escape sequence to abort.
```

```
Sending 5, 100-byte ICMP Echos to 1.1.1.1, timeout is 2 seconds:
!!!!!
Success rate is 100 percent (5/5), round-trip min/avg/max = 2/5/15 m
……（省略部分内容）

RA#ping 1.1.1.2

Type escape sequence to abort.
Sending 5, 100-byte ICMP Echos to 1.1.1.2, timeout is 2 seconds:
!!!!!
Success rate is 100 percent (5/5), round-trip min/avg/max = 2/7/23 ms
……（省略部分内容）
```

从上面的测试结果可以看出，在配置了开启及正确配置帧中继交换协议后，路由器 RA 和 RB 之间可以正常通信。

10.5　练习题

实训 1　配置帧中继协议

实训目的：

掌握帧中继协议的配置方法。

网络拓扑：（略）

实训内容：

（1）根据网络拓扑图在模拟器上搭建网络。

（2）根据网络拓扑图配置设备的 IP 参数。

（3）根据网络拓扑图配置帧中继协议和静态路由，要求所有计算机之间都能够通信。

实训 2　配置 PPP 协议

实训目的：

掌握 PPP 协议的封装，熟悉 PAP 和 CHAP 认证的配置方法。

网络拓扑：

实验拓扑如图 10-11 和图 10-12 所示。

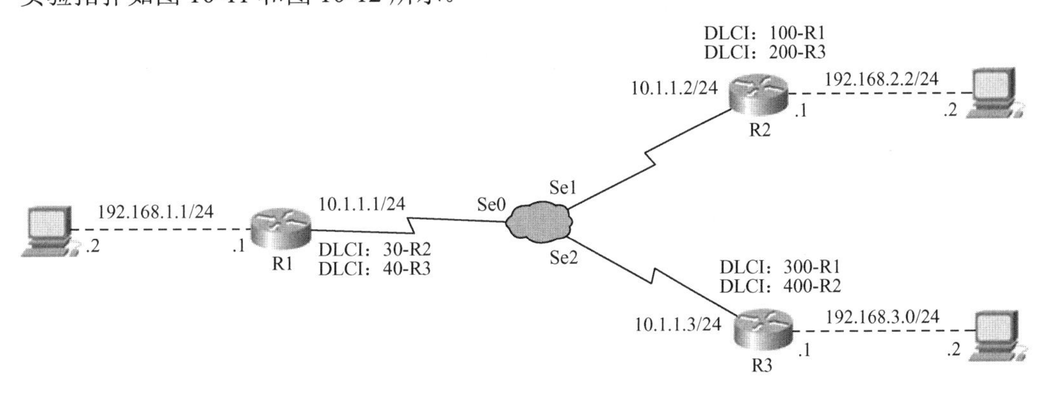

图 10-11　实验拓扑 1

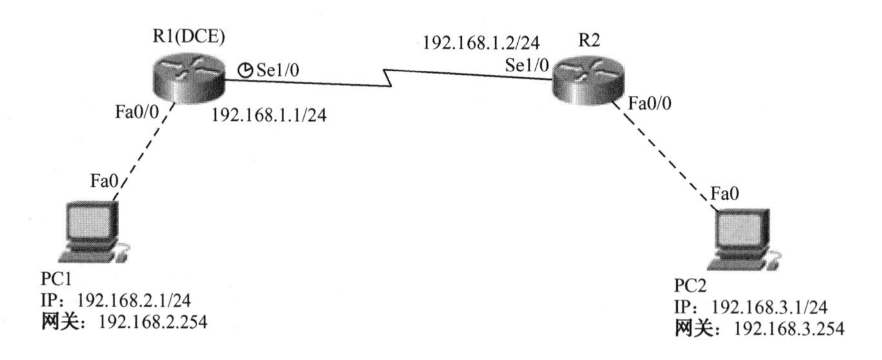

图 10-12　实验拓扑 2

实训内容：

（1）根据网络拓扑图在模拟器上搭建网络。

（2）根据网络拓扑图配置设备的 IP 参数。

（3）配置路由器的 Serial 端口，在端口上封装 PPP 协议。

（4）用 ping 命令测试路由器是否连通（开启封装，无认证）。

（5）在路由器的 Serial 端口配置 PAP 认证。

（6）用 ping 命令测试路由器是否连通（使用 PAP 认证）。

（7）取消 PAP 认证，使用 CHAP 认证重新配置。

（8）用 ping 命令测试路由器是否连通（使用 CHAP 认证）。

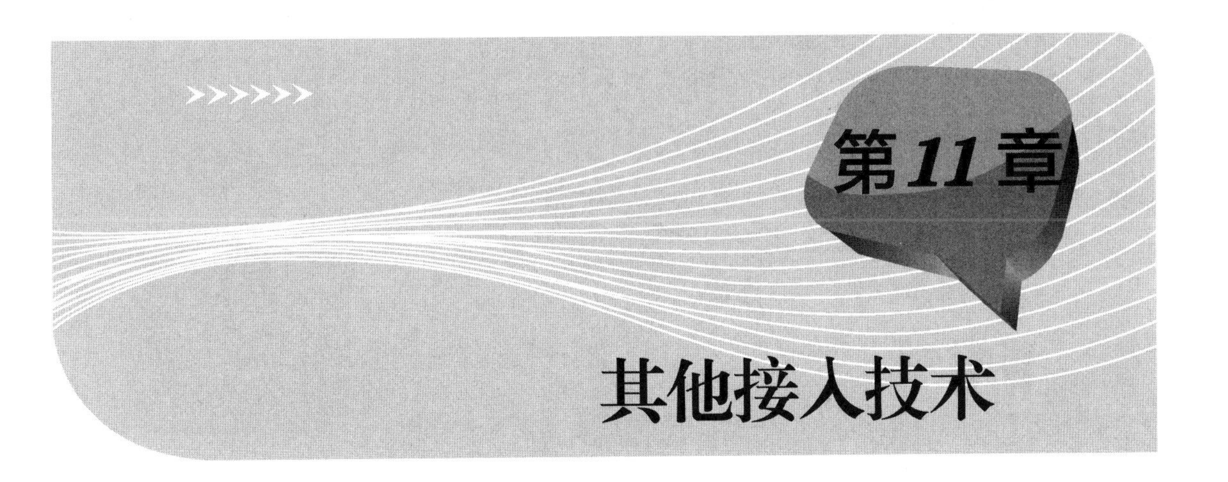

第11章 其他接入技术

随着无线应用技术的普及，移动互联网用户呈线性增长趋势，移动数据更是以近乎指数式模式增长。无论是校园、医疗、商贸、会展，还是酒店、无线城市等行业，无线的市场规模都呈现出需求量大、要求高、响应快等特点。为了方便使用，通常在实际应用中使用无线局域网（WLAN）。

无线局域网是计算机网络与无线通信技术相结合的产物。它利用射频技术取代旧式的双绞铜线构成局域网，提供传统有线局域网的所有功能，网络所需的基础设施不需要再埋在地下或隐藏在墙里也能够随需移动或变化，使得无线局域网能利用简单的存取架构让用户透过它，从而达到“信息随身化、便利走天下”的理想境界。

为了保证通信的安全，使用虚拟专用网（VPN）技术。虚拟专用网的功能是在公用网络上建立专用网络，进行加密通信，在企业网络（总公司和分公司通信场景）中有广泛应用。VPN网关通过对数据包的加密和数据包目标地址的转换实现远程访问。VPN 有多种分类方式，按协议进行分类有 PPTP、L2TP 和 IPSec，可通过服务器、硬件、软件等多种方式实现。

11.1 项目导入

1. 项目描述

由于东、西两个校区的距离较远，使用局域网连接方式实现通信的可能性不大，利用广域网技术的远距离传输、拓扑结构灵活，以及可借用公用网络的特点，可进行稳定通信。考虑到借用公用网络进行数据传输有被窃听、截取数据等潜在的数据安全隐患，所以在东、西两个校区间启用点对点 VPN 网络，保证数据安全、稳定的传输。另外，为了使老师和学生可以在校园内享受随时随地的网络，我们在校园内架设了无线网络，其结构如图 11-1 所示。

2. 项目任务

- 掌握虚拟专用网（VPN）的基础理论。
- 组建东校区和西校区之间的点对点 VPN 通信。

➢ 掌握无线网络基础理论。
➢ 在东校区组建基础无线网络。
➢ 使两个校区安全、有效地进行通信。

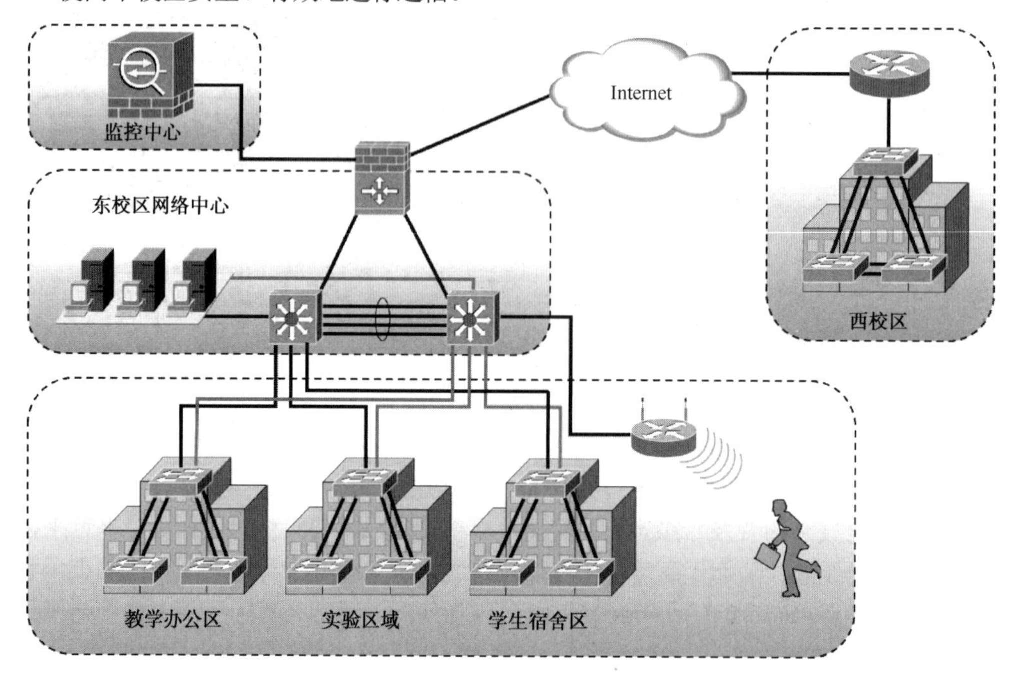

图 11-1　校园网结构

11.2　任务 1　学习虚拟专用网接入的基本知识

虚拟专用网（VPN）属于远程访问技术，简单地说就是利用公用网络架设专用网络。例如，某公司员工出差到外地想访问企业内网的服务器资源，这种访问就属于远程访问。

在传统的企业网络配置中，要进行远程访问的方法是租用 DDN（数字数据网）专线或帧中继，这样的通信方案必然导致高昂的网络通信和维护费用。对于移动用户（移动办公人员）或远端个人用户而言，一般会通过拨号线路（Internet）进入企业的局域网，但这样必然会带来安全隐患。

利用 VPN 技术在内网中架设一台 VPN 服务器，外地员工在当地连上互联网后，通过互联网连接 VPN 服务器，通过 VPN 服务器进入企业内网。为了保证数据安全，VPN 服务器和客户机之间的通信数据都进行了加密处理。有了数据加密，就可以认为数据是在一条专用的数据链路上进行安全传输，就如同专门架设了一个专用网络一样，但实际上 VPN 使用的是互联网上的公用链路，因此 VPN 称为虚拟专用网络，其实质就是利用加密技术在公网上封装出一个数据通信隧道。有了 VPN 技术，用户无论是在外地出差还是在家中办公，只要能上互联网就能利用 VPN 访问内网资源，这就是 VPN 在企业中应用得如此广泛的原因。

1. 虚拟专用网的技术特点

（1）安全保障。

虽然实现 VPN 的技术和方式很多，但所有的 VPN 均应保证通过公用网络平台传输数据的专用性和安全性。在安全性方面，由于 VPN 直接构建在公用网上，可以实现简单、方便、灵活，但其安全问题也更为突出。企业必须确保其 VPN 上传送的数据不被攻击者窥视和篡改，并且要防止非法用户对网络资源或私有信息的访问。

（2）服务质量保证。

VPN 网应为企业数据提供不同等级的服务质量保证。不同的用户和业务对服务质量保证的要求差别很大，在网络优化方面，构建 VPN 的另一个重要需求是充分、有效地利用有限的广域网资源，为重要数据提供可靠的带宽。广域网流量的不确定性使其带宽的利用率很低，在流量高峰时易引起网络阻塞，使实时性要求高的数据得不到及时发送；而在流量低谷时又造成大量的网络带宽空闲。

QoS 通过流量预测与控制策略，按照优先级实现带宽管理，使得各类数据能够被合理地先后发送，并且预防阻塞的发生。

（3）可扩充性和灵活性。

VPN 必须能够支持通过 Intranet 和 Extranet 的任何类型的数据流，方便增加新的节点，支持多种类型的传输媒介，可以满足同时传输语音、图像和数据等新应用对高质量传输及带宽增加的需求。

（4）可管理性。

从用户和运营商角度出发，应可方便地进行管理、维护。VPN 管理的目标为减小网络风险，具有高扩展性、经济性、高可靠性等优点。事实上，VPN 管理主要包括安全管理、设备管理、配置管理、访问控制列表管理及 QoS 管理等内容。

2. 虚拟专用网分类

根据不同的划分标准，VPN 按以下几个标准进行分类划分。

（1）按 VPN 的协议分类。

VPN 的隧道协议主要有 PPTP、L2TP 和 IPSec 三种，其中，PPTP 和 L2TP 协议工作在 OSI 模型的第二层，又称为二层隧道协议；IPSec 是第三层隧道协议。

（2）按 VPN 的应用分类。

- Access VPN（远程接入 VPN）：客户端到网关，使用公网作为骨干网在设备之间传输 VPN 数据流量。
- Intranet VPN（内联网 VPN）：网关到网关，通过公司的网络架构连接来自同公司的资源。
- Extranet VPN（外联网 VPN）：与合作伙伴企业网构成 Extranet，将一个公司与另一个公司的资源进行连接。

（3）按所用的设备类型分类。

网络设备提供商针对不同客户的需求，开发出不同的 VPN 网络设备，主要为交换机、路由器和防火墙。

- 路由器式 VPN：路由器式 VPN 部署较容易，只要在路由器上添加 VPN 服务即可。
- 交换机式 VPN：主要应用于连接用户较少的 VPN 网络。

➢ 防火墙式VPN：防火墙式VPN是最常见的一种VPN的实现方式，许多厂商都提供这种配置类型。

（4）按照实现原理分类。

➢ 重叠VPN：这类VPN需要用户自己建立端节点之间的VPN链路，主要包括GRE、L2TP、IPSec等技术。

➢ 对等VPN：由网络运营商在主干网上完成VPN通道的建立，主要包括MPLS、VPN技术。

3. 虚拟专用网常用技术

（1）MPLS VPN。

MPLS VPN是一种基于MPLS技术的IP VPN，是在网络路由和交换设备上应用MPLS（Multiprotocol Label Switching，多协议标记交换）技术，简化核心路由器的路由选择方式，利用结合传统路由技术的标记交换实现的IP VPN。MPLS的优势在于将二层交换和三层路由技术结合起来，在解决VPN、服务分类和流量工程这些IP网络的重大问题时具有很优异的表现。因此，MPLS VPN在解决企业互联、提供各种新业务方面也越来越被运营商看好，成为IP网络运营商提供增值业务的重要手段。MPLS VPN又可分为二层MPLS VPN（MPLS L2 VPN）和三层MPLS VPN（MPLS L3 VPN）。

（2）SSL VPN。

SSL VPN是以HTTPS（Secure HTTP，安全的HTTP，即支持SSL的HTTP协议）为基础的VPN技术，工作在传输层和应用层之间。SSL VPN充分利用了SSL协议提供的基于证书的身份认证、数据加密和消息完整性验证机制，可以为应用层之间的通信建立安全连接。SSL VPN广泛应用于基于Web的远程安全接入，为用户远程访问公司内部网络提供了安全保障。

（3）IPSec VPN。

IPSec VPN是基于IPSec协议的VPN技术，由IPSec协议提供隧道安全保障。IPSec是一种由IETF设计的端到端的确保基于IP通信的数据安全性机制，为Internet上传输的数据提供了高质量的、可互操作的、基于密码学的安全保障。

11.3 任务2 EasyVPN连接

11.3.1 EasyVPN介绍

EasyVPN又称EzVPN，是Cisco专用VPN技术，分为EasyVPN Server和EasyVPN Remote两种，EasyVPN Server是Remote-Access VPN专业设备，配置复杂，支持Policy Pushing等特性，现在的900、1700、PIX、VPN3002和ASA等很多设备都支持。此种技术应用于中小企业居多，如Cisco精睿系列的路由器都有整合EasyVPN。

1. EasyVPN服务器

EasyVPN服务器接收来自客户端的连接请求，认证通过后会把预先定义好的安全策略和配置参数自动推送给客户端，从而可以简化客户端的配置，降低客户端的管理压力。EasyVPN服务器的管理内容：协商隧道参数，如地址、算法和生存时间；使用已配置的参数建立隧道；动态地为硬件客户端配置NAT（Network Address Translation，网络地址转换）或PAT（Port

Address Translation，端口地址转换)；使用组/密码、用户名/密码认证客户；管理加密和解密密钥；验证加密和解密隧道数据。

2. EasyVPN 协商连接过程

首先 EasyVPN 协商建立一条 EasyVPN 通道，始发端为 Client 端，初始化 IKE Phase Process，第一阶段协商 Policy，Client 端将预配置 Policy 全部发到 Server 端，由 Server 端做一个验证，然后交换 Key，做一个 Peer 认证（Peer 的两端分别是 EasyVPN 的 Server 端和 Client 端），第一阶段协商就建立一个 ISAKMP 的 SA，Server 端要接收所有 SA 的 Proposal，Client 端预配置的 Proposal、Policy 全部发到 Server 端，Server 端是接收其中一个还是从序列号最小的开始匹配，由 Server 端的配置值决定。然后 EasyVPN 的 Server 端要求一个用户名和密码的验证请求，称为 Extended Authentication，紧接着进入 Mode Configuration（认证模式设置）。Server 端集中配置了策略推送给 Client 做 XAuth，另一个做 Mode Configuration，如 XAuth 禁用，则不要求输入用户名和密码。通常为了网络安全，XAuth 不可禁用，Mode Configuration 推送策略包含 IP 地址和反向路由注入（RRI）。

具体过程如下：

（1）第一阶段由 Client 端初始化使用什么模式，在前面介绍的都是主模式，如果 EzVPN 使用 Pre-shared key 作为验证，就使用积极模式，这个模式相对简单，只有 3 个认证消息交换，在第一个认证消息做 Policy 验证的同时会把 DH 产生 Key 的材料如公钥一同发过去，Server 端在接收某个 Policy 的同时也会把它做 DH 交换的这些材料如公钥发给对端，最后做一个验证。如果使用的是数字证书，它同样也是主模式，如图 11-2 所示。

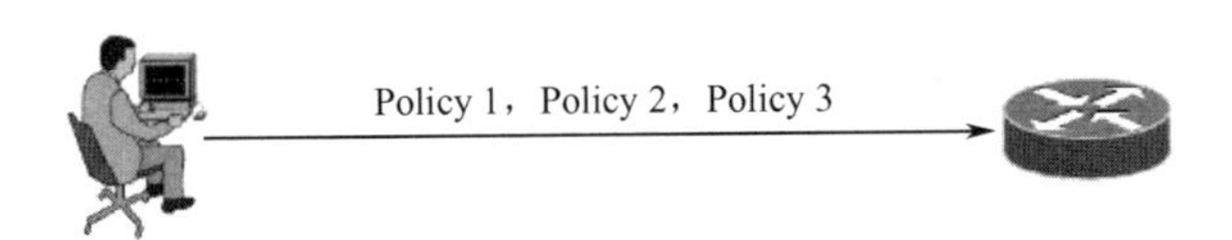

图 11-2　Client 端初始化

（2）Server 端同意使用一个 Policy，如加密 3DES、哈希 MD5，包括一些认证的方法，Pre-shared key 同意其中的一个，建立 ISAKMP 的 SA，也就是第一阶段的协商完成，协商完成后，除 Peer 的验证外还需要一个用户验证，也就是 XAuth。如图 11-3 所示。

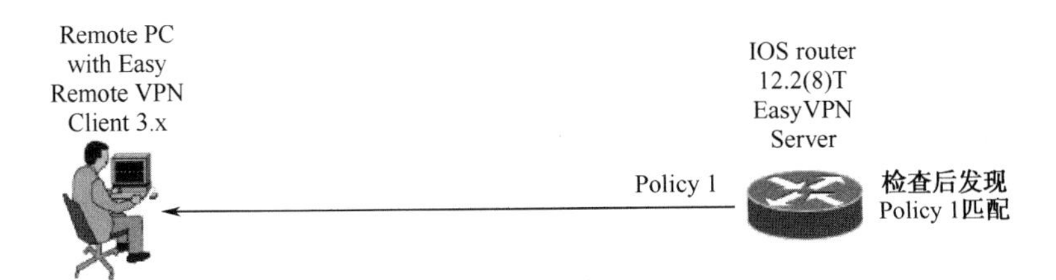

图 11-3　EasyVPN 的第二阶段

（3）要求输入一个用户名和密码，这个用户名和密码可以在 EasyVPN Server 本地，也可以在 AAA 服务器上，当这个用户名和密码的验证通过之后，就进入 Mode Configuration，Server 端推送一些参数给 Client 端。如图 11-4 所示。

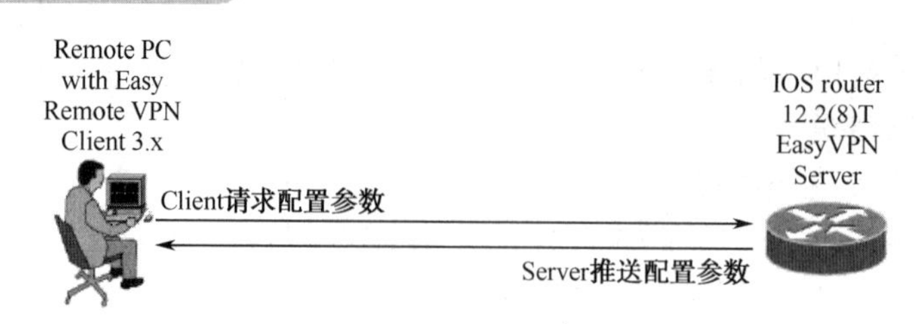

图 11-4　EasyVPN 的第三阶段

11.3.2　EasyVPN 配置

1．学习情境

小张在学习了 EasyVPN 技术理论后，根据王师傅的建议在模拟器上进行路由器和模拟主机之间的练习实验，并且验证相关操作。

2．学习配置命令

下面先简单认识一下将要用到的配置命令。

（1）开启 AAA 认证，激活 VPN 用户认证。

```
aaa new-model
```

（2）定义认证行为。

```
aaa authentication  <行为>  <列表名>  <认证方法>
```

① 行为。

行为主要有以下三种。

- aaa authentication login：当有一个登录行为时进行认证。
- aaa authentication ppp：对基于 PPP 协议的一些网络应用进行认证。
- aaa authentication enable：对使用 enable 命令进入特权模式时进行认证。

② 列表名。

列表名为自定义的，可以把各种认证方式互相组合保存成一个个列表，方便使用。只要改了一个列表里的认证方式，所有使用这个列表的地方就都改了，不需要一一修改。Dedautl 为系统自建列表。

③ 认证方法。

使用密码或指纹匹配进行设置，主要有以下几种。

- enable：使用 enable 口令认证。
- krb5：使用 Kerberos5 认证。
- line：使用线路口令认证。
- local：使用本地用户数据库认证。
- none：不认证。
- group radius：使用 radius 服务器认证。
- group tacacs+：使用 tacacs+服务器认证。

（3）定义用户授权。

```
aaa authorization network <列表名>  local
```

（4）第一阶段认证。

```
crypto isakmp policy 10 encr 3des hash md5
autntication pre-share
group 2
ip local pool <组名><地址>（VPN 接入后所分配的地址）
crypto isakmp client configuration group<组名>（VPN 的组和密码配置）
```

（5）第二阶段认证。

```
crypto ipec ransform-set im   esp-3des esp-md5-hmac
crypto dynamic-map ezmap 10（动态加密图）
set transform-set tim
reverse-route（反向路由注入）
```

3. 操作过程

（1）搭建网络拓扑。

如图 11-5 所示，路由器和模拟笔记本连接，请读者根据拓扑图在模拟器上搭建网络拓扑。

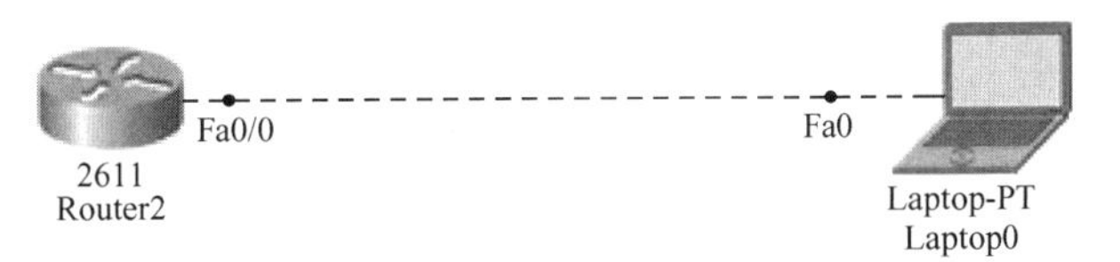

图 11-5　网络拓扑图

（2）配置设备的 IP 地址。

请根据图 11-5 所示的内容配置计算机的 IP 地址，配置过程不再演示。

（3）配置路由器的 AAA 协议。

步骤 1　激活 AAA 认证，开启登录授权。

在路由器上激活 AAA 协议。

```
RA(config)#
RA(config)#aaa new-model                              //开启 AAA 认证
RA(config)#aaa authentication login eza local         //命名 eza，对 eza 认证
RA(config)#aaa authorization network ezo local        //命名 ezo，对 ezo 的事件授权
RA(config)# username zli password 123456
RA(config)
```

步骤 2　第一阶段协商。

```
RA(config)#crypto isakmp policy 10
RA(config-isakmp)#hash md5
RA(config-isakmp)#authentication pre-share
RA(config-isakmp)#group 2
RA(config-isakmp)#ip local pool ez 192.168.2.1 192.168.2.10
RA(config)#crypto isakmp client configuration group myez
```

```
RA(config-isakmp-group)#key 123
RA(config-isakmp-group)#pool ez
RA(config-isakmp-group)#
```

步骤 3　第二阶段协商。

```
RA(config)#crypto ipsec transform-set tim esp-3des esp-md5-hmac
RA(config)#crypto dynamic-map ezmap 10
RA(config-crypto-map)#set transform-set tim
RA(config-crypto-map)#reverse-route
RA(config-crypto-map)#
```

步骤 4　对 EasyVPN 进行授权。

```
RA(config)#
RA(config)#crypto map tom client authentication list eza
RA(config)#crypto map tom isakmp authorization list ezo
RA(config)#crypto map tom client configuration address respond
RA(config)#crypto map tom 10 ipsec-isakmp dynamic ezmap
RA (config)#
```

步骤 5　绑定认证接口。

在路由器端 VPN 接口上设置认证，命令如下：

```
RB(config-if)#
RA(config-if)#crypto map tom
RB (config-if)#
```

（4）查看配置结果。

查看路由器 A running-config 的配置内容。

```
RA#show running-config
……（省略部分内容）
!
crypto isakmp policy 10
 hash md5
 authentication pre-share
 group 2
!
!
!
crypto isakmp client configuration group myez
 key 123
 pool ez
!
!
crypto ipsec transform-set tim esp-3des esp-md5-hmac
!
crypto dynamic-map ezmap 10
 set transform-set tim
```

```
 reverse-route
!
crypto map tom client authentication list eza
crypto map tom isakmp authorization list ezo
crypto map tom client configuration address respond
crypto map tom 10 ipsec-isakmp dynamic ezmap
……（省略部分内容）
```

（5）进行计算机的 VPN 设置。

步骤 1　打开拓扑图中的笔记本配置窗口，如图 11-6 所示。

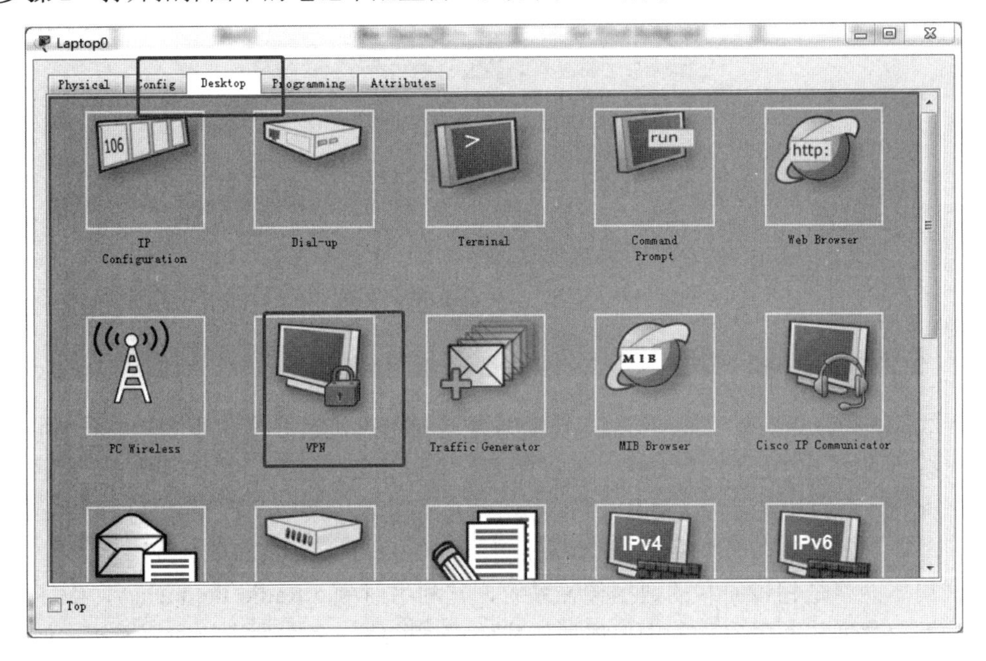

图 11-6　笔记本配置窗口

步骤 2　配置 VPN 信息，如图 11-7 所示。

VPN Configuration
VPN
GroupName: myez
Group Key: 123
Host IP (Server IP): 1.1.1.1
Username: zli
Password: ●●●●●●
Connect

图 11-7　配置 VPN 信息

步骤 3　利用 VPN 进行连接。

笔记本连接成功，并且得到 IP 地址，如图 11-8 所示。

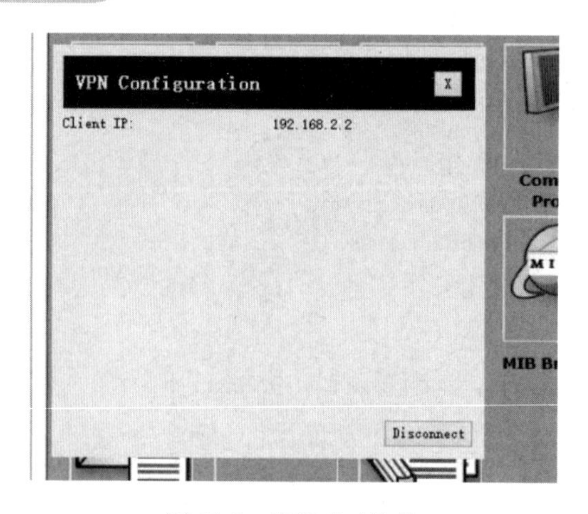

图 11-8　连接成功信息

11.4　任务 3 无线网络配置

11.4.1　无线局域网介绍

在无线局域网（WLAN）发明之前，人们要想通过网络进行联络和通信，必须先用物理线缆——铜绞线组建一个电子运行通路，为了提高效率和速度，后来又发明了光纤。当网络发展到一定规模后，人们又发现，这种有线网络无论是在组建、拆装还是在原有基础上进行重新布局和改建都非常困难且成本和代价也非常高，于是 WLAN 的组网方式应运而生。

无线局域网络是相当便利的数据传输系统，它利用射频（Radio Frequency，RF）技术，使用电磁波取代旧式碍手碍脚的铜绞线所构成的局域网络，在空中进行通信连接，使得无线局域网络能利用简单的存取架构让用户通过它达到"信息随身化、便利走天下"的理想境界。如图 11-9 所示。

图 11-9　无线局域网络

（1）无线。

主流应用的无线网络分为GPRS手机无线网络和无线局域网两种方式。GPRS手机无线网络方式是一种借助移动电话网络接入Internet的无线上网方式，只要你所在城市开通了GPRS上网业务，你在任何一个角落就都可以通过手机来上网。

无线网络并不是何等神秘之物，可以说它是相对于有线网络而言的一种全新的网络组建方式。无线网络在一定程度上扔掉了有线网络必须依赖的网线，这样一来，可以坐在家里的任何一个角落，抱着笔记本电脑，享受网络乐趣，而不必像从前那样迁就于网络接口的布线位置。

（2）结构。

无线局域网拓扑结构概述：基于IEEE 802.11标准的无线局域网允许在局域网络环境中使用可以不必授权的ISM频段中的2.4GHz或5GHz射频波段进行无线连接。它们被广泛应用，从家庭到企业，再到Internet接入热点。

简单的家庭无线 WLAN：在家庭无线局域网中，一台设备既作为防火墙、路由器，又作为交换机和无线接入点是最通用和最便宜的例子，这些无线路由器可以提供广泛的功能，例如，保护家庭网络远离外界的入侵、允许共享一个ISP（Internet服务提供商）的单一IP地址。可为4台计算机提供有线以太网服务，但是也可以和另一个以太网交换机或集线器进行扩展，为多个无线计算机作一个无线接入点。通常基本模块提供2.4GHz 802.11b/g操作的WIFI，而更高端模块将提供双波段WIFI或高速MIMO性能。

双波段接入点提供2.4GHz 802.11b/g/n和5.8GHz 802.11a性能，而MIMO接入点在2.4GHz范围内可使用多个射频以提高性能。双波段接入点本质上是两个接入点为一体并可以同时提供两个非干扰频率，而更新的MIMO设备在2.4GHz或更高的范围内提高了速度。2.4GHz范围经常拥挤不堪且由于成本问题，厂商避开了双波段MIMO设备。双波段MIMO设备不具有最高性能或范围，但是允许在相对不那么拥挤的5.8GHz范围内操作，并且如果两个设备在不同波段，则允许它们同时全速操作。家庭网络中的例子并不常见。该拓扑费用更高，但是提供了更强的灵活性。路由器和无线设备可能不提供高级用户希望的所有特性。在这个配置中，此类接入点的费用可能会超过一个相当的路由器和单独的AP一体机的价格，归因于市场中这种产品较少，因为多数人喜欢组合功能。一些人需要更高的终端路由器和交换机，因为这些设备具有诸如带宽控制、千兆以太网的特性，以及具有允许他们拥有需要的灵活性的标准设计。

（3）无线桥接。

当有线连接以太网或需要为有线连接建立第二条冗余连接以作备份时，无线桥接允许在建筑物之间进行无线连接。802.11设备通常用来进行这项应用及无线光纤桥。802.11基本解决方案更便宜，并且不需要在天线之间有直视性，但是比光纤解决方案要慢很多。802.11解决方案通常在5～30Mb/s范围内操作，而光纤解决方案在100～1000Mb/s范围内操作。这两种桥操作距离可以超过10英里（1英里约等于1.6km），基于802.11的解决方案可达到这个距离，并且不需要线缆连接，但基于802.11的解决方案的缺点是速度慢及存在干扰，而光纤解决方案不会。光纤解决方案的缺点是价格高及两个地点间不具有直视性。

11.4.2 无线网络配置实施

1. 学习情境

在项目实施过程，为了保证学校教职员工可以随时随地进行移动办公，在询问了王师傅后，小张知道了解决方法，为了更好地掌握这些配置，他还在模拟器上搭建了拓扑进行配置练习和验证。

2. 操作过程

（1）搭建网络拓扑。

如图 11-10 所示，请读者根据拓扑图在模拟器上搭建网络拓扑。

图 11-10 网络拓扑图

（2）配置基础无线路由信息。

请根据图 11-11 所示的内容配置无线路由器 WRT300N 和 PC0，配置完成后测试计算机之间的通信情况。

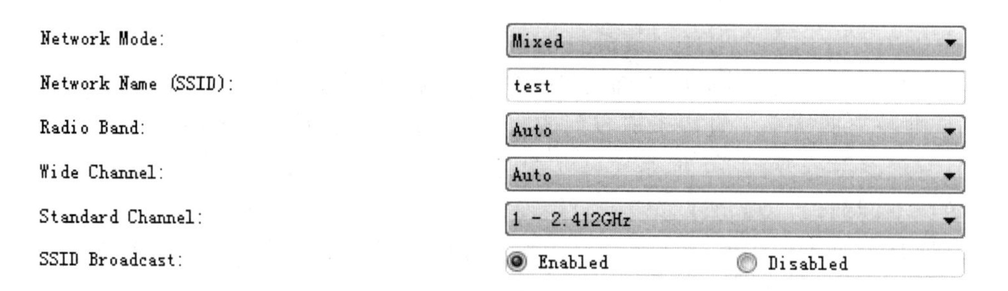

图 11-11 配置 SSID

（3）配置加密方式，如图 11-12 所示。

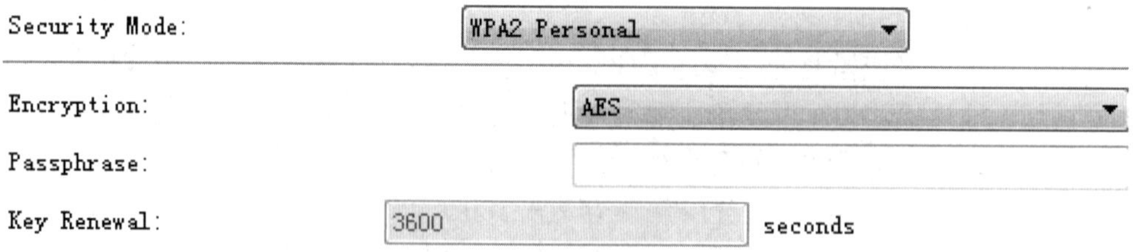

Security Mode: WPA2 Personal

Encryption: AES

Passphrase:

Key Renewal: 3600 seconds

图 11-12 配置加密方式

（4）连接 SSID 加入无线网络，如图 11-13 所示。

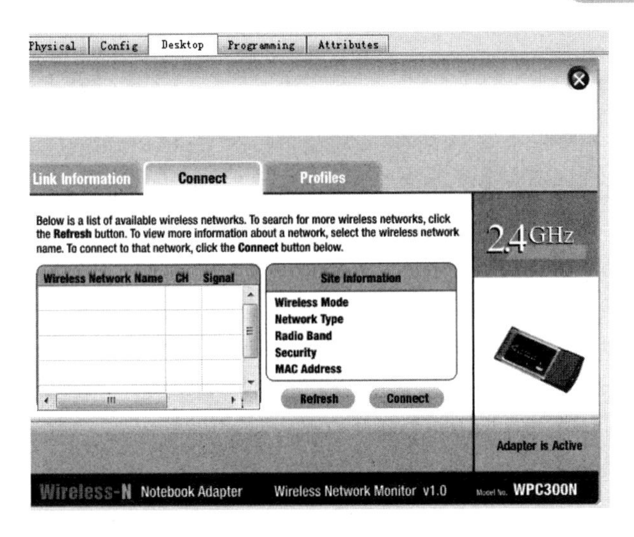

图 11-13　加入无线网络

11.5　练习题

实训 1　配置无线网络

实训目的：

掌握无线网络的配置方法。

网络拓扑：

实验拓扑如图 11-14 所示。

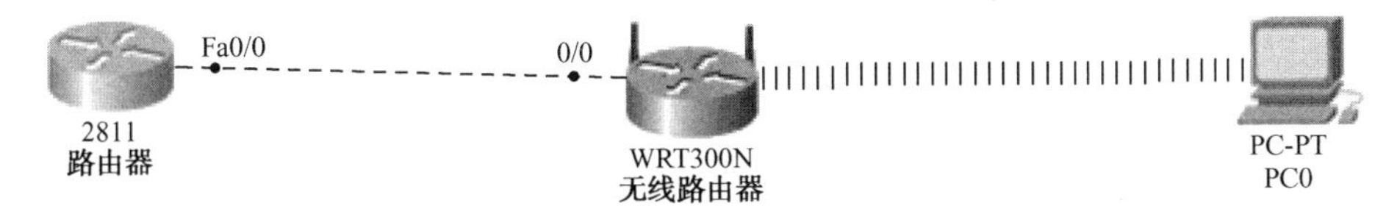

图 11-14　实验拓扑图 1

实训内容：

（1）根据网络拓扑图在模拟器上搭建网络。

（2）配置设备的 IP 参数，路由器 2811 的 Fa0/0 接口为 192.168.1.1，无线路由器的 0/0 接口为 192.168.1.2。

（3）根据拓扑图无线路由器，要求所有的计算机都能够获得 IP 地址，并且能够与路由器 2811 通信。

实训 2　配置 VPN

实训目的：

掌握 VPN 的应用。

网络拓扑：

实验拓扑如图 11-15 所示。

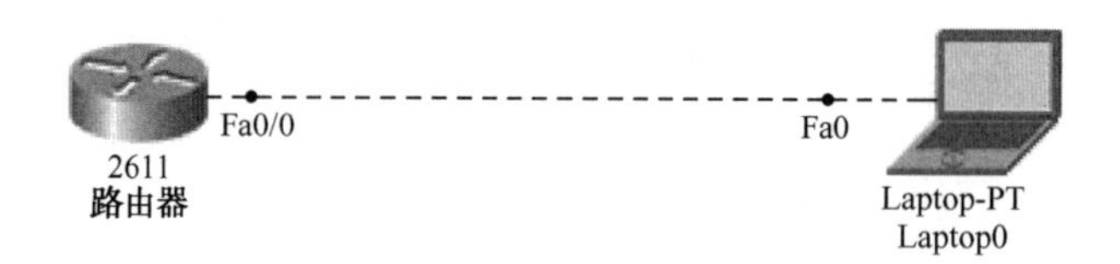

图 11-15　实验拓扑图

实训内容：

（1）根据网络拓扑图在模拟器上搭建网络。

（2）自行决定设备的 IP 参数。

（3）配置路由器的开启 VPN 协议。

（4）通过笔记本电脑实现 VPN 登录。

第12章 网络设备的管理

随着项目的不断推进，整个校园网工程即将结束，为了管理员今后在网络设备维护过程中能快速操作，需要学习网络设备的基本维护方法，这对于保证网络正常运行、提高管理效率有着非常重要的帮助。本章将利用校园网项目中的路由器设备来介绍网络设备维护过程中的基本方法。

12.1 项目导入

1. 项目描述

校园网是一个大型的局域网，也可以视为由许多小型局域网组成。例如，教学办公区、实验区域、学生宿舍区都可以相对独立的局域网，而这些网络中最主要的设备就是交换机、路由器，本章目标就是学习网络设备的基本维护方法。

校园网结构如图 12-1 所示。

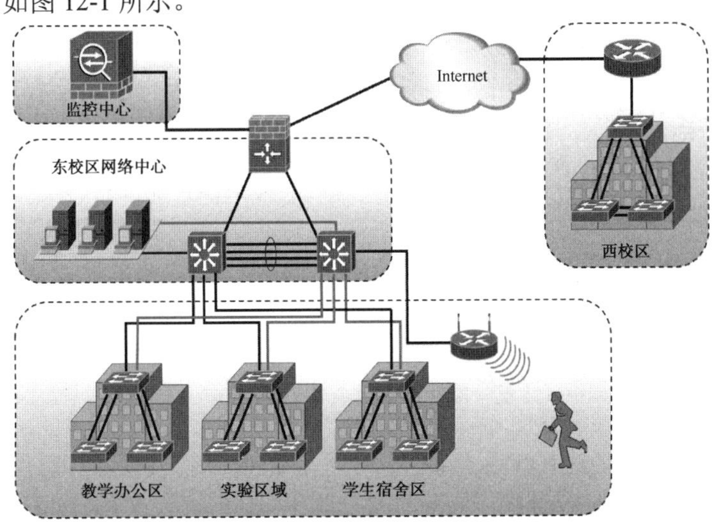

图 12-1 校园网结构

2. 项目任务

➢ 学习设备管理的基本知识。
➢ 学习保存配置文件和 IOS 系统的方法。
➢ 学习升级网络设备的 IOS 方法。
➢ 学习设备密码恢复方法。

12.2 任务 1 学习设备管理的基本知识

12.2.1 Cisco 设备的 IOS 介绍

Cisco 公司的 IOS（Internetwork Operating System，网际操作系统）是一种特殊的软件，管理员可用它配置 Cisco 的交换机、路由器等硬件设备，IOS 是 Cisco 各种交换机和路由器产品的“力量之源”。正是由于 IOS 的存在，才使 Cisco 网络设备有了强大的功能。购买一台 Cisco 设备时，也必须购买运行 IOS 的一份许可证，IOS 存在多种版本涉及不同的功能，因此在采购时需要根据网络项目的实际需求和发展来选择相应的 IOS 版本。

Cisco 用一套编码方案（版本号）来定义 IOS 的版本信息，IOS 的完整版本号由 3 部分组成：

➢ 主版本号。
➢ 辅助版本号。
➢ 维护版本号。

其中，主版本号和辅助版本号用一个小数点分隔，两者构成了 IOS 的主要版本号，而维护版本号显示于括弧中。例如，IOS 版本号 11.2(10)，其主要版本是 11.2，维护版本就是 10（第 10 次维护或补丁）。Cisco 公司经常发布 IOS 更新，修正原来存在的一些错误，或者增加新的功能。在其发布了一次更新后，通常要递增维护版本的编号。

由于 IOS 的版本过多，所以 Cisco 公司同时会提供发布说明，描述版本的变化与新增内容。如果想知道一个版本有哪些改变，或者新版本中增加了什么内容，应仔细阅读发布说明。

为了方便用户，Cisco 公司采用一套特别的命名方案，让用户通过版本名称就能很容易地认识版本的主要特点，这些版本名称的定义如下：

➢ General Deployment（标准版，GD）。
➢ Limited Deployment（限制版，LD）。
➢ Early Deployment（早期版，ED）。

通常，标准版是最可靠的。一般情况下，若一套 IOS 进入市场已有较长时间，Cisco 公司通过更新修正了足够多的错误，并且 Cisco 公司认为该版本已经获得大多数人的满意，就会为其冠以一个 GD 名称。

总体而言，在版本号发生变化之后，IOS 功能或特性的变化幅度并不大，所以应根据设备需要运行的功能来选择合适的 IOS 版本。例如，你只是希望运行“互联网协议”(Internet Protocol，IP)，还是想同时运行 IP、Novell 的“网间报文交换”（Internetwork Packet Exchange，IPX）及 DECnet？所以在选择 IOS 版本时可根据网络需要，提前规划出希望设备在网络中具有的全部特性，再根据这些特性来选定 IOS 版本。

运行IOS的设备存在各种各样的型号。通常应根据设备的用途及价格来决定自己购买的型号。如果是为网络干线配备路由器，应考虑高端路由器以保证较高的传输速度和可靠性，此类路由器还可以配置多种物理接口。但如果路由器是为了将办公室LAN或WAN同主干线相连，则应考虑访问类型的路由器系列。

对设备管理人员而言，比较值得欣慰的是IOS的配置命令在整个利用IOS作为系统的产品线中基本都是相同的，这意味着用户只需掌握一种命令界面即可，所以无论是通过控制台端口，还是通过一个Telnet等方式登录设备后，所看到的命令行界面都是相同的。

IOS发展过程如图12-2所示，到目前为止主要经过了如下几个阶段：

- 统一化（monolithic）。
- 模块化（modular）。
- 可移植（port ready）。
- 可伸缩（bullet proofing）。

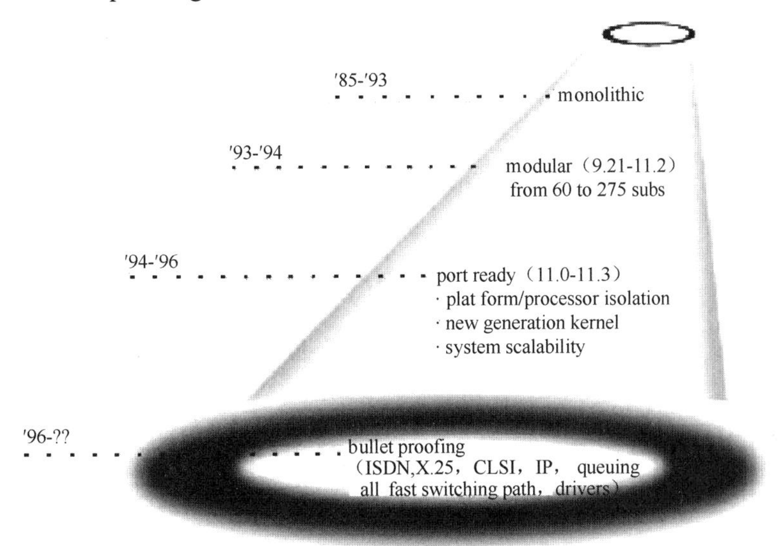

图12-2 IOS发展过程

12.2.2 SSH连接技术介绍

SSH为Secure Shell的缩写，由IETF的网络工作小组（Network Working Group）制定。SSH是建立在应用层和传输层基础上的安全协议，目前较为可靠，是一种实现远程登录会话和为其他网络服务提供安全的协议，利用SSH协议可以有效防止在远程管理过程中的信息泄露问题。SSH最初是UNIX系统上的一个程序，后来又迅速扩展到其他操作平台。SSH客户端适用于多种平台，几乎所有版本的UNIX平台及其他平台都可运行。传统的网络服务程序，如FTP、POP和Telnet在本质上都是不安全的，因为它们在网络上用明文传送口令和数据，别有用心的人非常容易截获这些口令和数据。这些服务程序的安全验证方式也是有其弱点的，很容易受到“中间人”（man-in-the-middle）方式的攻击。所谓“中间人”的攻击方式就是冒充真正的服务器接收你传送的数据，然后再冒充你把数据传给真正的服务器。服务器和你之间的数据传送被“中间人”转手做了“手脚”之后就会出现很严重的安全问题。通过使用SSH，你可以把所有传输的数据进行加密，这样“中间人”的攻击方式就不可能实现，并且能够防止 DNS 欺骗和 IP 欺骗。使用 SSH 还有一个好处就是所传输的数据是经过压缩的，所以可以加快传输速度。SSH 有很多功能，既可以代替 Telnet，也可以为 FTP、POP，甚至 PPP 提供一个安全的“通道”。

从客户端来看，SSH 提供两种级别的安全验证。

（1）第一种级别（基于口令的安全验证）。

只要知道账号和口令，就可以登录到远程主机。所有传输的数据都会被加密，但是不能保证你正在连接的服务器就是想连接的服务器。可能会有别的服务器在冒充真正的服务器，也就是受到“中间人”方式的攻击。

（2）第二种级别（基于密钥的安全验证）。

需要依靠密钥，也就是你必须为自己创建一对密钥，并且把公用密钥放在需要访问的服务器上。如果你想要连接到 SSH 服务器上，客户端软件就会向服务器发出请求，请求用你的公用密钥进行安全验证。服务器收到请求之后，先在该服务器上寻找公用密钥，然后把它和你发送过来的公用密钥进行比较。如果两个密钥一致，服务器就用公用密钥加密“质询”（challenge）并把它发送给客户端软件。客户端软件收到“质询”之后就可以用你的私有密钥解密再把它发送给服务器。

使用 SSH，不安全的网络中发送信息时不必担心可能被监听。SSH 也支持一些其他身份认证方法，如 Kerberos 和安全 ID 卡等。

SSH 主要由 3 部分组成：

- 传输层协议。
- 用户认证协议。
- 连接协议。

SSH 是由客户端和服务器端软件组成的，有两个不兼容版本，分别是 1.x 和 2.x。运行 SSH 2.x 版本的客户端是不能连接到运行 SSH 1.x 版本的服务器上的。

12.3 任务 2 路由器配置的备份

1. 学习情境

路由器配置完成并测试正确后，王师傅让小张将所有的路由器配置文件备份到服务器上，由于小张没有做过类似操作，所以对这方面的操作不太熟悉。为了能够更好地完成这个工作任务，他先利用模拟器搭建了拓扑，再在上面进行相关操作练习。

2. 学习配置命令

① 将配置文件复制到 TFTP 服务器。

将启动配置文件复制到 TFTP 服务器：copy startup-config tftp。

将运行的配置文件复制到 TFTP 服务器：copy running-config tftp。

② 利用备份文件恢复配置。

利用备份文件恢复启动配置文件：copy tftp: startup-config。

利用备份文件恢复运行配置文件：copy tftp: running-config。

3. 操作过程

（1）搭建网络拓扑。

如图 12-3 所示，请读者根据拓扑图在模拟器上搭建网络拓扑。

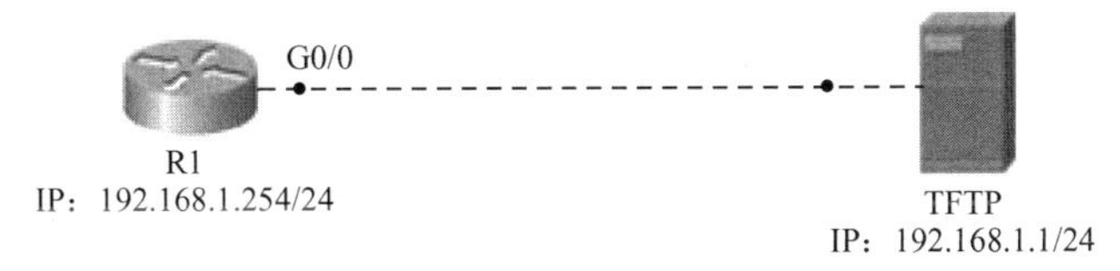

图 12-3　网络拓扑图

（2）配置服务器的 IP 地址。

配置方式如图 12-4 所示。

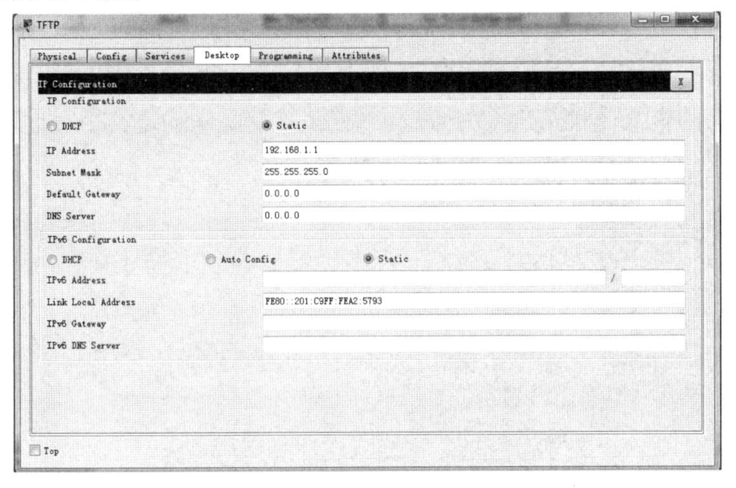

图 12-4　TFTP 服务器 IP 地址的配置

（3）配置路由器接口的 IP 地址。

步骤 1　配置接口的 IP 地址。

```
R1(config)#interface GigabitEthernet0/0
R1(config-if)#ip address 192.168.1.254 255.255.255.0
R1(config-if)#no shutdown
```

步骤 2　测试通信情况。

```
R1#ping 192.168.1.1

Type escape sequence to abort.
Sending 5, 100-byte ICMP Echos to 192.168.1.1, timeout is 2 seconds:
.!!!!
Success rate is 80 percent (4/5), round-trip min/avg/max = 0/0/0 ms
```

要求路由器与服务器之间应该能够通信。

步骤 3　保存配置。

```
R1#write
Building configuration...
```

（4）备份和恢复路由器配置文件。

步骤 1 备份路由器配置文件至 TFTP 服务器。

```
R1#copy startup-config tftp:                              //启动配置文件复制到 TFTP 服务器
Address or name of remote host []? 192.168.1.1            //输入 TFTP 服务器的 IP 地址
Destination filename [R1-confg]? R1-Test-confg            //输入要保存的文件名称

Writing startup-config...!!
[OK - 699 bytes]

699 bytes copied in 0.001 secs (699000 bytes/sec)         //上传成功
```

步骤 2 在 TFTP 服务器上查看备份文件。

打开服务器的配置窗口，选择“Services”标签，再选择“TFTP”选项，可以看到文件名“R1-Test-confg”，说明配置文件已经上传到 TFTP 服务器，如图 12-5 所示。

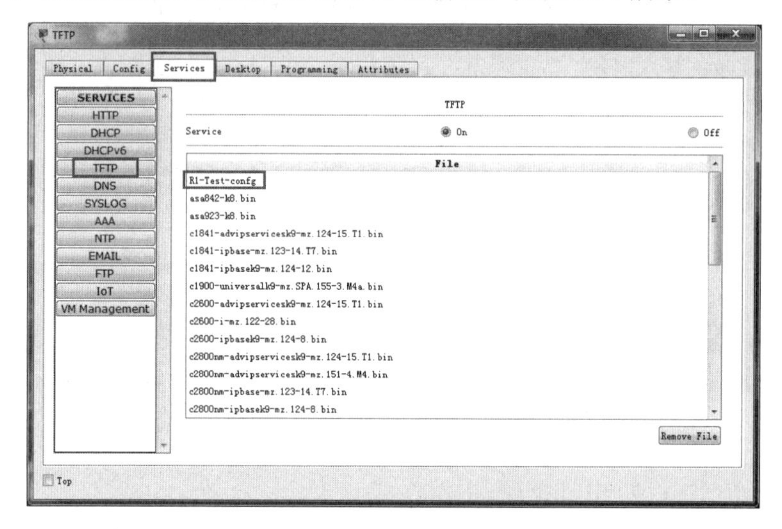

图 12-5 TFTP 服务器中的备份文件

（5）利用备份恢复路由器配置。

如果路由器出现问题，则可以通过 TFTP 服务器将备份的配置文件上传到路由器上。

```
R1#copy tftp: startup-config                 //利用备份文件恢复启动配置
Address or name of remote host []? 192.168.1.1
Source filename []? R1-Test-confg
Destination filename [startup-config]?

Accessing tftp://192.168.1.1/R1-Test-confg...
Loading R1-Test-confg from 192.168.1.1: !
[OK - 699 bytes]

699 bytes copied in 0.001 secs (699000 bytes/sec)          //备份上传成功
```

在实际操作中，需要在服务器上安装 TFTP 软件，此类软件比较小巧，如 Cisco 公司的“CiscoTFTP”软件，基本无须配置，只需要确定存储路径即可，如图 12-6 所示。

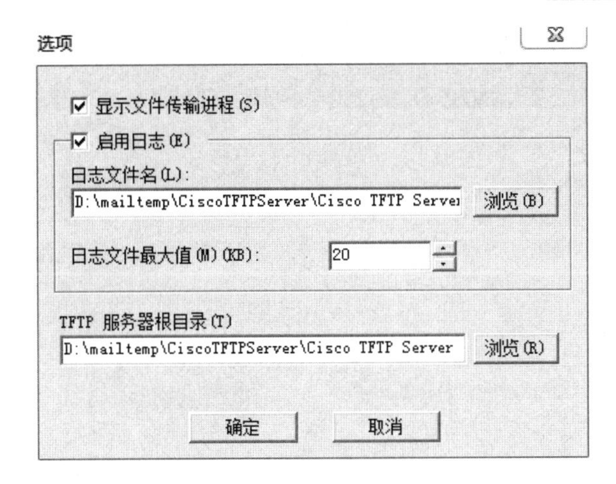

图 12-6 TFTP 的存储路径

12.4 任务 3 升级路由器的 IOS

1. 学习情境

王师傅让小张将所有路由器的 IOS 升级到某一版本，由于小张没有做过类似操作，所以对这方面的操作不太熟悉。为了能够更好地完成这个工作任务，他先利用模拟器搭建拓扑，再在上面进行相关操作练习。

2. 学习配置命令

① 查看路由器的版本信息。

```
show version
```

② 复制 TFTP 服务器上的文件到路由器的 flash。

```
copy tftp: flash:
```

③ 查看 flash 存储器中的内容。

```
dir flash:
```

④ 删除 flash 存储器中的文件。

```
delete flash:
```

⑤ 重启路由器系统。

```
reload
```

3. 操作过程

（1）搭建网络拓扑。

这里继续使用图 12-3 所示的网络拓扑图，请读者根据拓扑图在模拟器上搭建网络拓扑。

（2）配置服务器的 IP 地址。

配置方式如图 12-7 所示。

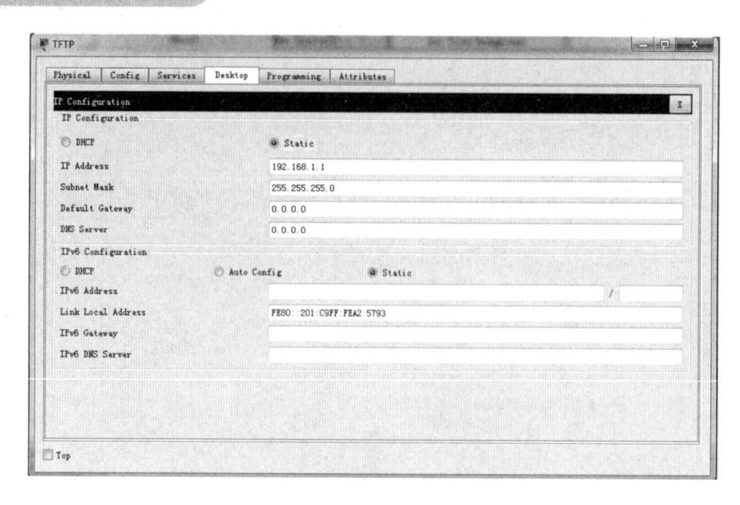

图 12-7　TFTP 服务器 IP 地址的配置

（3）配置路由器接口的 IP 地址。

步骤 1　配置接口 IP 地址。

```
R1(config)#interface GigabitEthernet0/0
R1(config-if)#ip address 192.168.1.254 255.255.255.0
R1(config-if)#no shutdown
```

步骤 2　测试通信情况。

```
R1#ping 192.168.1.1

Type escape sequence to abort.
Sending 5, 100-byte ICMP Echos to 192.168.1.1, timeout is 2 seconds:
.!!!!
Success rate is 80 percent (4/5), round-trip min/avg/max = 0/0/0 ms
```

要求路由器与服务器之间能够通信。

（4）升级路由器的 IOS 版本。

步骤 1　查看路由器的 IOS 版本信息。

```
R1>show version
Cisco IOS Software, C2900 Software (C2900-UNIVERSALK9-M), Version 15.1(4)M4, RELEASE SOFTWARE (fc2)
Technical Support: http://www.cisco.com/techsupport
Copyright (c) 1986-2012 by Cisco Systems, Inc.
Compiled Thurs 5-Jan-12 15:41 by pt_team

ROM: System Bootstrap, Version 15.1(4)M4, RELEASE SOFTWARE (fc1)
cisco2911 uptime is 47 seconds
System returned to ROM by power-on
System image file is "flash0:c2900-universalk9-mz.SPA.151-1.M4.bin"
……（省略部分内容）
```

从上面加粗显示的内容可以看到，IOS 的版本号为“15.1(4)M4”，对应的文件为

“c2900-universalk9-mz.SPA.151-1.M4.bin”。

步骤 2 查看 TFTP 服务器上的 IOS 文件。

查看内容如图 12-8 所示。

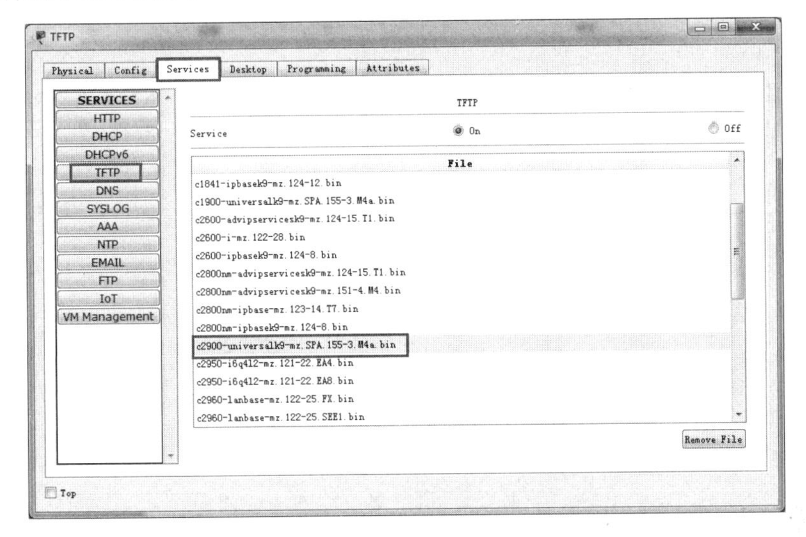

图 12-8 查看 TFTP 服务器上的 IOS 文件

步骤 3 将 TFTP 服务器上的 IOS 更新文件上传到路由器。

在步骤 1 中可以知道目前路由器运行的 IOS 系统文件是“c2900-universalk9-mz.SPA.151-1.M4.bin”，在 TFTP 服务器上还有一个名为“c2900-universalk9-mz.SPA.155-3.M4a.bin”的系统文件，此 IOS 版本比路由器上的 IOS 版本要新，下面就用此文件升级现有的系统文件。

```
R1#copy tftp: flash:   //复制 TFTP 服务器上文件到路由器的 flash 上
Address or name of remote host []? 192.168.1.1
Source filename []? c2900-universalk9-mz.SPA.155-3.M4a.bin
Destination filename [c2900-universalk9-mz.SPA.155-3.M4a.bin]?

Accessing tftp://192.168.1.1/c2900-universalk9-mz.SPA.155-3.M4a.bin....
Loading c2900-universalk9-mz.SPA.155-3.M4a.bin from 192.168.1.1: !!!!!!!!!!!!!!!!!!!!!!!!!!!!!!!!!!!!!!!!!!!!!!!!
!!!!!!!!!!!!!!!!!!!!!!!!!!!!!!!!!!!!!!!!!!!!!!!!!!!!!!!!!!!!!!!!!!!!!!!!!!!!!!!!!!!!!!!!!!!!!!!!!!!!!!!!!!!!!!!!!!!!!!!!
!!!!!!!!!!!!!!!!!!!!!!!!!!!!!!!!!!!!!!!!!!!!!!!!!!!!!!!!!!!!!!!!!!!!!!!!!!!!!!!!!!!!!!!!!!!!!!!!!!!!!!!!!!!!!!!!!!!!!!!!
!!!!!!!!!!!!!!!!!!!!!!!!!!!!!!!!!!!!!!!!!!!!!!!!!!!!!!!!!!!!!!!!!!!!!!!!!!!!!!!!!!!!!!!!!!!!!!!!!!!!!!!!!!!!!!!!!!!!!!!!
!!!!!!!!!!!!!!!!!!!!!!!!!!!!!!!!!!!!!!!!!!!!!!!!!!!!!!!!!!!!!!!!!!!!!!!!!!!!!!!!!!!!!!!!!!!!!!!!!!!!!!!!!!!!!!!!!!!!!!!!
!!!!!!!!!!!!!!!!!!!!!!!!!!!!!!!!!!
[OK - 33591768 bytes]

33591768 bytes copied in 3.67 secs (961034 bytes/sec)   //上传成功信息
```

步骤 4 查看上传到路由器的 IOS 文件。

```
R1#dir flash:   //查看 flash 存储器的内容
Directory of flash0:/

3 -rw- 33591768 <no date> c2900-universalk9-mz.SPA.151-4.M4.bin
4 -rw- 33591768 <no date> c2900-universalk9-mz.SPA.155-3.M4a.bin        //上传的 IOS 文件
```

```
2 -rw- 28282 <no date> sigdef-category.xml
1 -rw- 227537 <no date> sigdef-default.xml

255744000 bytes total (188304645 bytes free)
```

（5）更新当前的 IOS 系统文件。

新系统应用有几种方法，这里用最简单的方法来实现。

步骤 1　删除原有的系统文件。

```
R1#delete flash:                    //删除 flash 存储器的文件
Delete filename []?c2900-universalk9-mz.SPA.151-4.M4.bin
Delete flash:/c2900-universalk9-mz.SPA.151-4.M4.bin? [confirm]
```

步骤 2　重启路由器系统。

```
R1#reload                //重启路由器系统
Proceed with reload? [confirm]
```

步骤 3　查看当前的系统版本。

```
R1>show version
Cisco IOS Software, C2900 Software (C2900-UNIVERSALK9-M), Version 15.5(3)M4a, RELEASE SOFTWARE (fc1)
Technical Support: http://www.cisco.com/techsupport
Copyright (c) 1986-2016 by Cisco Systems, Inc.
Compiled Thu 06-Oct-16 14:43 by mnguyen

ROM: System Bootstrap, Version 15.1(4)M4, RELEASE SOFTWARE (fc1)
cisco1941 uptime is 3 minutes, 37 seconds
System returned to ROM by power-on
System image file is "flash0:c2900-universalk9-mz.SPA.155-3.M4a.bin"
……（省略部分内容）
```

通过上面加粗的内容可以看出，当前使用的 IOS 已更新为新版本。

12.5　任务 4　恢复丢失的密码

12.5.1　密码恢复原理

Cisco 系列路由器的存储器有 ROM、Flash、NVRAM 和 DRAM 等。一般情况下，路由器启动时，首先运行 ROM 中的程序进行系统自检及引导，然后运行 Flash 中的 IOS，并在 NVRAM 中寻找路由器配置装入 DRAM。

ROM 存放系统的引导程序，类似于 PC 的 BIOS，是一种只读存储器，设备断电时，保存的数据不会丢失。Flash 存放 IOS 文件，类似于 PC 的硬盘，是一种可擦写、可编程的 ROM，设备断电时，保存的数据不会丢失。NVRAM 存放配置文件（Startup Config）。DRAM 存放当前系统的使用配置（Running Config），包含路由表、ARP 缓存等，设备断电时，DRAM 中的数据会丢失。

密码恢复的关键在于对寄存器值进行修改，从而让路由器启动时不去读取保存在NVRAM中的配置文件。密码存放在NVRAM中的配置文件里，所以修改密码的实质是通过调整寄存器值绕过配置文件直接启动，修改完成后再将寄存器值恢复（如忘记恢复，则路由器重新启动后修改的配置可能会丢失）。

12.5.2 恢复路由器密码

1. 学习情境

王师傅让小张为所有的路由器配置密码，在配置过程中小张想到如果遗忘了特权模式密码该如何补救。他向王师傅咨询了相关问题，王师傅向他传授了恢复特权模式密码的方法。为了能够更好地掌握这项技能，他先利用模拟器进行相关操作练习。

2. 学习配置命令

（1）修改寄存器值。

```
confreg  <寄存器值>
```

此命令在rom monitor模式下操作。

（2）在rom monitor模式下重启路由器。

```
reset
```

（3）修改寄存器值。

```
config-register  <寄存器值>
```

此命令在全局模式下操作。

（4）保存配置。

```
copy running-config startup-config
```

也可以用write命令。

3. 操作过程

前面描述过恢复路由器密码的方法其实是绕过原有密码，以便重新设置密码。绕过原有密码就是让路由器启动时不去读取NVRAM中的配置文件。

（1）记录寄存器值。

```
R1>show version
……（省略部分内容）
Configuration register is 0x2102          //寄存器值
```

默认情况下寄存器值是0x2102，此案存器值尽量不要修改。

（2）进入rom monitor模式。

在路由器启动的60s内，按下“Ctrl+Break”键，使设备进入rom monitor状态，提示符为“>”。

```
……（省略部分内容）
Self decompressing the image :
####################################          //在此阶段按下“Ctrl+Break”键
monitor: command "boot" aborted due to user interrupt
```

```
rommon 1 >              //进入 rom monitor 模式
```

（3）修改路由器的寄存器值。

```
rommon 1 > confreg 0x2142        //修改寄存器值
```

将寄存器值修改为0x2142，使得路由器启动时不读取 NVRAM 中的配置文件。

（4）重启路由器。

```
rommon 2 > reset
```

（5）修改密码并恢复设置。

```
Router(config)#enable password 123
Router(config)#config-register 0x2102          //恢复寄存器值为 0x2102
Router#copy running-config startup-config   //保存配置
Destination filename [startup-config]?
Building configuration...
[OK]
Router#reload
```

修改完密码后需要将寄存器值恢复，然后再将配置保存到启动配置文件中（这里也可以用write 命令），然后重启路由器。

（6）测试。

```
Router>en
Password:
Router#
```

从上面的内容可以看出密码已经生效。

12.6 任务5 利用SSH登录路由器

1. 学习情境

小张在检查项目中的设备时，突然发现利用抓包软件可以轻松截获利用 Telnet 命令登录路由器的数据，并且能够很容易地查看到用户名和登录密码。他把这个发现告诉了王师傅并询问如何解决，随后王师傅向小张介绍了利用 SSH 方式登录路由器的原理和方法，并且让小张将所有路由器都设置为仅允许 SSH 方式登录。

2. 学习配置命令

① 查看 SSH 版本。

```
show ip ssh
```

② 配置域名。

```
ip domain-name   <域名>
```

③ 启用 RSA。

```
crypto key generate rsa
```

④ 创建用户名和密码。

```
username <用户名> secret <密码>
```

在命令中 **secret** 表示加密保存密码，也可以使用 **password** 以明文方式保存密码。

⑤ VTY 配置。

仅允许 SSH 登录：**transport input ssh**。

使用本地账户登录：**login local**。

上面的命令都在 VTY 配置中应用。

3. 操作过程

（1）搭建网络拓扑。

如图 12-9 所示，请读者根据拓扑图在模拟器上搭建网络拓扑。

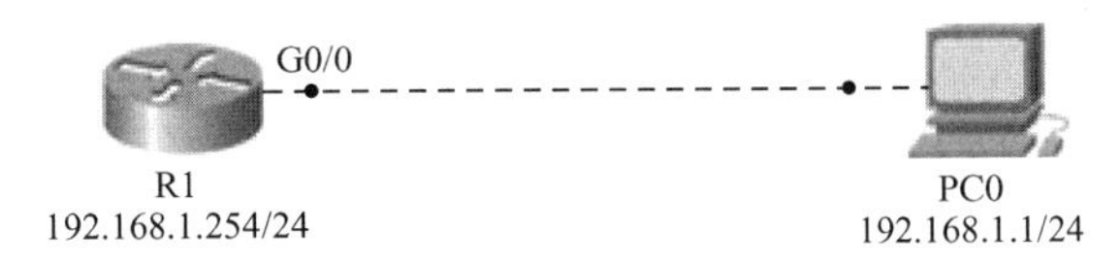

图 12-9 网络拓扑图

（2）配置路由器接口和计算机的 IP 地址。

请读者根据图 12-9 所示自行配置相关 IP 地址。

（3）路由器的配置。

步骤 1 检查路由器是否支持 SSH。

```
R1#show ip ssh          //查看 SSH 版本
SSH Disabled - version 1.99
%Please create RSA keys (of atleast 768 bits size) to enable SSH v2.
Authentication timeout: 120 secs; Authentication retries: 3
```

从上面的内容可以看出路由器支持的 SSH 版本为第二版。

步骤 2 配置域名。

```
R1(config)#ip domain-name cisco.com          //配置域名
```

必须配置合适的域名。

步骤 3 启用 RSA。

```
R1(config)#crypto key generate rsa          //启用 RSA 密钥
The name for the keys will be: R1.cisco.com
Choose the size of the key modulus in the range of 360 to 2048 for your
General Purpose Keys. Choosing a key modulus greater than 512 may take
a few minutes.
How many bits in the modulus [512]:          //默认 512 位，回车即可
% Generating 512 bit RSA keys, keys will be non-exportable...[OK]
*Mar  1 00:01:26.303: %SSH-5-ENABLED: SSH 1.99 has been enabled
```

生成 RSA 密钥对后，路由器将自动启用 SSH 服务，当生成 RSA 密钥时，系统会提示管理员输入模数长度。模数长度越长越安全，但生成和使用密钥的时间也越长。

如果要删除 RSA 密钥对，可使用命令 **crypto key zeroize rsa**，删除 RSA 密钥对后，SSH 服务将自动禁用。

步骤 4 配置用户身份验证。

SSH 服务器可以对用户进行本地身份验证或使用身份验证服务器进行验证。

```
R1(config)#username user1 secret cisco            //创建用户和密钥
```

步骤 5 配置 VTY。

```
R1(config)#line vty 0 4
R1(config-line)#transport input ssh               //仅允许 SSH 登录
R1(config-line)#login local                       //使用本地账户登录
```

通过 VTY 的设置，只允许用户通过 SSH 方式登录到路由器。

（4）登录测试。

在计算机 PC0 上利用 SSH 命令进行登录。

```
C:\>ssh -l user1 192.168.1.254
Open
Password:


R1>
```

从上面的内容可以看出成功登录到路由器。如果切换到特权模式，还需要在路由器上配置特权模式密码。

在路由器的配置中设置了 VTY 0~4 线路仅允许 SSH 登录，在实际配置时需留意有无除 0~4 之外的其他 VTY 线路。若有，建议删除，有特殊需要保留的，则应该配置登录限制，否则他人依旧可以通过 Telnet 方式登录路由器，SSH 将形同虚设。

12.7 练习题

实训　文件的备份和恢复

实训目的：

掌握配置文件备份和恢复的方法。

网络拓扑：

网络拓扑如图 12-10 所示。

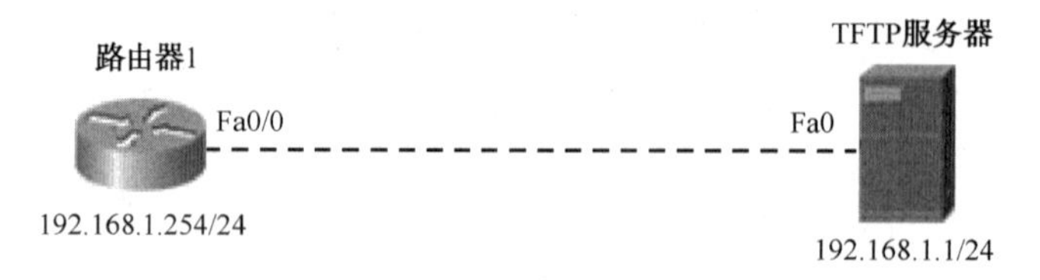

图 12-10　网络拓扑图

实训内容：

（1）根据网络拓扑图在模拟器上搭建网络。

（2）根据网络拓扑图配置设备的 IP 参数。

（3）在路由器上执行 copy 命令，将配置文件备份到 TFTP 服务器上，并且命名为 C2811cfg。完成后在 TFTP 服务器中查看是否增加了此文件。

（4）删除路由器的启动配置文件，然后用 copy 命令进行恢复。

反侵权盗版声明